大学物理实验教程

主　编　梅孝安
副主编　陶家友　廖高华　李　蓓
参　编　张　娜　张　梅　陆艳艳
　　　　王继飞　刘喜斌　李科敏
　　　　罗文华　孙亚辉　朱曙华
　　　　李奇云　吴琴琴　徐旭玲
主　审　苏卡林

中南大學出版社
www.csupress.com.cn
·长沙·

前　言

物理实验课是高等理工科院校对学生进行科学实验基本训练的必修基础课程，是本科生接受系统实验方法和实验技能训练的开端。物理实验课覆盖面广，具有丰富的实验思想、方法、手段，同时能提供综合性很强的基本实验技能训练，是培养学生科学实验能力、提高科学素质的重要基础。物理实验课在培养学生严谨的治学态度、活跃的创新意识、理论联系实际和适应科技发展的综合应用能力等方面，具有其他实践类课程不可替代的作用。

本书根据面向21世纪理工科大学物理实验教学内容与课程体系改革的精神，参照国家教育部《大学物理实验课程教学基本要求》，结合湖南理工学院大学物理实验室原有的物理实验教材和近几年湖南省高等学校基础课示范实验室建设成果编写而成。

书中第一章详细介绍了物理量的测量、误差和数据处理，这是大学物理实验课程中的基本知识之一。第二章为基础性实验，主要学习基本物理量的测量、基本实验仪器的使用、基本实验技能和基本测量方法、误差与不确定度及数据处理的理论与方法等，可涉及力、热、电、光、近代物理等各个领域的内容。此类实验为适应各专业的普及性实验。第三章为综合性实验，综合性实验是指在同一个实验中涉及力学、热学、电磁学、光学、近代物理等多个知识领域，综合应用多种方法和技术的实验。此类实验的目的是巩固学生在基础性实验阶段的学习成果、开阔学生的眼界和思路，提高学生对实验方法和实验技术的综合运用能力。第四章为设计性实验，第五章为研究性实验，设计性或研究性实验的目的是使学生了解科学实验的全过程、逐步掌握科学思想和科学方法，培养学生独立实验的能力和运用所学知识解决给定问题的能力。第六章为物理演示与探索实验，此类实验的目的是使学生通过一系列趣味物理实验的学习，激发学生学习物理实验兴趣，培养学生探索精神与创新素质。

书中各实验项目由实验室中多年从事相应实验项目教学的老师执笔编写，本书的主要编者有梅孝安、周菊林、李蓓、周华林、陶家友、李科敏、徐旭玲、朱曙华等老师，全书由苏卡林教授主审。实验教材和教学离不开实验室建设和发展，无论是实验项目的筹建、准备和开出，还是教材的编写，都是实验室全体任课教师和实验技术人员多年辛勤劳动的成果，是集体智慧的结晶。

此书的编写得到了湖南省教育厅教学改革研究项目的资助，项目编号为2009257。此书相应的电子教学资料均可在湖南理工学院大学物理实验室网站下载，网址为 http://lab.hnist.cn。湖南理工学院教务处非常重视大学物理实验室的建设和发展，对本书的编写提供了大量的支持，在此表示衷心的感谢。另外，本书在编写过程中参考了许多兄弟院校的教材，甚至引用了某些内容，在此表示衷心感谢。由于编者水平有限，加上时间紧张，书中的错误和不足之处敬请读者批评指正。

编　者

目 录

第一章 绪 论

第一节 大学物理实验课的目的和任务

物理学是一门实验科学。人类对物理现象的规律性认识，一般是首先通过观察提出假说，经过实验(或实践)再总结其规律而得到理论，或把由观察所得到的结论用实验方法加以验证，然后再提升为理论。已有的科学理论及其推论，仍不断地受到实验(实践)的检验，使其更完善更深化，理论又能指导实验仪器设计与制造水平的提高，实验方法手段也将随之更新；新的实验仪器和方法又可发现某些理论的片面性与局限性，由此又可促进理论的发展。由此可知，实践→理论→再实践→再理论螺旋式发展的过程，正是物理学发展的普遍过程。

所谓物理实验，就是人们为了研究、分析自然界中某些物理现象，人为地使现象再现所作的安排，它可抑制次要因素，而使主要因素从错综复杂的现象中呈现出来，还可变换现象进行的条件，以便对某些物理现象进行反复慎密、多次的观测分析，从而找出现象之间的联系，并通过一定的相对准确的测量方法和手段建立相应的数量关系。物理学发展到现在，若离开了科学实验，要不断地揭示宇宙的奥秘和基本粒子的内部结构几乎是不可能的。此外，在物理学渗透到各边缘学科和技术领域中去时，物理实验也往往起着决定性的作用。由此可见物理实验是物理这门学科的基础和重要组成部分。因此，对于理工科专业的学生，掌握物理实验和掌握物理理论是同样重要的。

学习大学物理实验这门课程时不仅可以学习前辈们创造的丰富巧妙的实验方法，接触到各种各样的实验仪器，掌握一些基本的实验技能，还可以培养自己脚踏实地、实事求是的科学研究作风。不仅能使我们获得物理实验这门课程完整系统的知识，还可使我们为其他学科的学习打下良好的基础。

对于理工科院校学生，物理实验课的主要目的和任务如下：

(1)通过观察、测量与分析，我们对研究物理学的基本方法有所理解，从而加深对物理概念和理论的认识。物理学本质上是一门实验的科学，已有的物理理论是前人从实验中直接或间接得来的并经过多次检验了的。我们学习它时，虽然不可能也没必要都用实验去重新检验，但针对其中的主要概念和规律来进行观测和分析，从中学习研究方法和加深理解知识是完全必要的。

(2)学习物理实验的基础知识、基本方法，培养基本的实验技能。要做好一个实验，除了要了解有关的理论外，还必须能运用恰当的实验方法，合理地选取符合实验要求的仪器；懂得怎样装配、调整及正确操作这些装置；熟练掌握一些基本物理量和重要物理常数的测量方法；对观察的现象、测量的数据、实验结果能正确记录、运算和分析，并能写出科学而完整的实验报告。

(3)培养严肃认真、实事求是的科学态度和刻苦顽强、耐心细致的作风。实践是检验真理的唯一标准，物理学是科学真理，来不得半点虚假。做物理实验时我们一定要严肃认真、严格要求，做到测量真实，准确可靠，分析有理，结果正确，不达目的决不罢休。

物理实验课虽然有老师的指导，但在实验中主要靠同学们自己动手独立完成。因此，我们应以一个研究者的姿态去独立组装仪器，进行观测与分析，大胆而细致地探讨最佳的实验方案，从中积累经验，锻炼操作技巧，这将为以后独立地设计实验方案、选择并使用新的仪器设备和解决新的实际问题打下扎实的基础。

第二节　测量和误差的基本概念

1. 测量及其分类

物理实验总是离不开物理量的测量。所谓测量，就是借助仪器(或量具)将待测量和规定的标准单位量进行比较，确定其倍数的过程。例如，用刻度尺测量某物体的长度是23.6 mm，则表示以毫米(mm)为标准单位，待测物体的长度为毫米的23.6倍，测量结果必须同时给出待测物理量的数值和单位。

依获得测量结果的方法不同，可以把测量分为直接测量和间接测量两类。能由仪器(或量具)直接测出被测量的数值(大小)的测量称为直接测量。例如：用米尺测长度，天平测质量，秒表测时间，温度计测温度，等等。但也有许多物理量不能直接测得，而要通过对某些有关物理量的直接测量，再借助于某些函数关系(或公式)计算得出待测量的大小，这种测量方法称为间接测量。例如：在单摆实验中，通过对单摆长 L 和摆动周期 T 的直接测量，再利用公式 $g=\dfrac{4\pi^2 C}{T^2}$，计算出重力加速度 g。当然随着科学技术的发展，测量仪器有了很大的进步，许多过去要间接测量的量，现在可以进行直接测量了。因此，我们在完成实验报告时，一定要标出所用的主要仪器。

其次，根据测量的条件和过程也可把测量分为等精度测量和不等精度测量。测量的条件和过程主要指观察者、仪器、测量方法、环境等。如果对某物理量重复测量了许多次，而每次的测量条件都完全相同，我们称这种测量为等精度测量；若测量中某个条件发生了变化，就称为不等精度测量，例如：原来用米尺测长度，后来用游标卡尺测长度就是不等精度测量。

2. 测量结果的准确度

各物理量的测量，不论是直接测量还是间接测量，都只是客观实际的近似反映，都具有不准确性，所以实验者应能依据仪器的精度(仪器所能精确测得的最小单位)，正确估计实验结果的准确度，来决定实验结果有无价值、实验是否成功，并可据此来改进实验方法和实验仪器。

3. 误差及其分类

在物理实验中，我们所要测量的某一物理量在一定条件或状态下总有一个客观存在的实际数值，叫做真值。但在实际测量中，由于实验的原理方法、测量仪器不够完善，或实验环境的变化、人们的观测能力的限制等种种原因，所得的测量值和真值之间总有一定的差异，这种测量值和真值之差，称为误差。若某物理量的真值为 x_0，测量值为 x，则误差可表示为

$$\varepsilon=x-x_0 \tag{1-1}$$

测量误差是不可避免的，而真值又是测不出的，所以测量的目的应当是在尽量减少误差之后求出在该测量条件下测量的最近真值，以及对它的准确度作恰当的估计，有关误差理论

就是为了达到这一目的而发展起来的。

误差按其产生的原因，可分为系统误差、偶然误差和过失误差三类。

（1）系统误差，在一定的条件下（指仪器方法环境和观测者），对同一物理量进行多次测量时其测量结果总是向一个方向偏离（偏大或偏小），即测量误差的符号与大小总是保持不变或按一定的规律变化，这种误差称为系统误差。其来源有：

①观测者的生理缺陷、不良的实验习惯或实验技能不佳带来的偏向所造成的误差，称为个人误差。例如：反应的快慢、分辨能力的高低总使读数偏大或偏小（如按表时总是稍早或稍迟）。这种误差只有实验者细心体察和经过训练才能有所减小。

②实验仪器制造上的缺陷或使用时调节不当或未加校准、元件老化所造成的误差，称为仪器误差。例如，米尺刻度不精确或不均匀或因温度变化而热胀冷缩等造成读数不准。这类误差只有对仪器进行校准才能减小。应注意：第一，仪器误差通常标记在仪器铭牌上或说明书中，有时也用仪器的精度级别表示，故实验者应当养成先仔细看仪器铭牌的习惯，并记住仪器型号、量程、等级、接线图等，以便正确使用。第二，若未给出仪器误差，则可作如下估计：对有游标量具和非连续读数的仪表（如电子表、数字仪表）取（单次测量而言）其最小分度值；对能连续读数仪表，则取最小分度值的一半。

③实验理论和方法的不完善造成的偏差，称为理论误差。间接测量时所利用的公式，一般是在很严格的条件下导出来的，而实验往往难于全部满足这些条件，因此用测量值计算的结果，无论测量如何准确、计算如何精细，也必然与理论值有偏差。如用单摆测 g 时所用的公式 $T=2\pi\sqrt{L/g}$，是在摆的偏角 θ 很小（满足 $\sin\theta\approx\theta$）和忽略摩擦阻力的条件下推导出来的。显然这些条件实验中无法满足，从而将使测量结果产生误差。这些误差可通过对公式的修正（如加修正项）而减小。

系统误差中有的能够确定其符号和大小，可对观测值加以修正，但有些系统误差的大小和符号都不知道，则应在实验中采取一些办法去限制和减小它对测量结果的影响。当然在实验中，一般不考虑系统误差的修正，但同学们在思想上必须明确，在测量结果中，包含着系统误差的因素在内。

（2）偶然误差，又称随机误差，在相同的条件下对同一物理量进行多次测量，其误差的大小和符号的变化时大时小，时正时负，没有确定的规律，也不可能预料，这种误差叫做偶然误差。它的可能来源是：

①外界偶然因素的干扰和影响。例如，使用物体天平称衡时，外界系统的影响；地板或桌子的规则振动造成测量结果的大小不一。

②实验者的感官（如听觉、视觉、触觉）的分辨能力不尽相同（同一个人不同时刻也可能不同），表现为估读能力不一致，以及实验者技术水平的限制。例如，用温度计测温度，用米尺或螺旋测微计测长度时，最后一位读数是估计的，由于受到眼睛分辨能力的限制，读数可能偏大，也可能偏小，根据式（1-1）求 ε 时而为正，时而为负，而且正或负的误差发生的机会（概率）服从统计规律——各次测量值总是在其真值附近涨落，且正负概率均等。

据此，在实验中，偶然误差虽然是不能消除的，但可以减少。在相同条件下，对同一待测量进行多次重复测量所求得的算术平均值最为接近真值。因此为了减少偶然误差，我们要尽可能地采取多次测量，取多次测量值的算术平均值作为测量结果，同时对测量结果的可靠程度作出合理的估计。

(3)过失误差，又称粗心误差。这是明显的人为因素导致测量结果出现误差，这种误差是由于实验者使用仪器的方法不正确，实验方法使操作不合理、粗心大意、过度疲劳，读数记录数据发生错误，以及实验状态还未达到预定的标志就匆忙测量等引起的。这种误差是人为的，实验中应绝对避免。正确测量结果中不容许含有过失误差，含有过失误差的测量值称为坏值，如发现坏值应立即剔除。

根据上述讨论可知，在实验中过失误差是完全可以避免的。而系统误差和偶然误差虽不能避免，但能尽量减小。由于系统误差不遵循统计规律(应采取修正的办法)，因此在误差理论中一般只计算偶然误差。

第三节　有效数字及其运算

一、有效数字的基本概念

有效数字对科研工作者十分重要。下面我们从一实例引入有效数字的知识。

图1－1是用毫米刻度尺对一杆的长度进行测量，其长度在3.4 cm到3.5 cm之间。例如我们将其记为 $l=3.43$ cm。这个数据的前两位是准确的，叫准确数字。最后一位“3”是估计的，叫可疑数字，不同的测量者可能估计出不同的可疑数字。我们把上述的准确数字和可疑数字都叫有效数字。任何仪器读数都要读到最小刻度的下一位。记录的数据应当且只能保留一位可疑数字，决不允许随意增减有效数字的位数。对于图1－1的测量，将结果写成3.4 cm或3.5 cm或3.450 cm或3.430 cm都是错误的。如果杆长恰好压在3 cm这条线上，应将其记为3.00cm。要注意小数点之前定位所用的零不是有效数字。一个数从左至右遇到的第一个非零数字本身及其后面所有的数字(包括零)都为有效数字。从测量数据的有效数字的位数上，一看就可大体判断测量仪器的精度。例如3个测量数据分别为12.4 mm，12.46 mm，12.463 mm。可以判断第一个数据是用最小刻度为mm的米尺测量而得，第二个可能是精度为0.02 mm的游标卡尺所测，第三个数据则可能是由(千分尺)螺旋测微计所测。

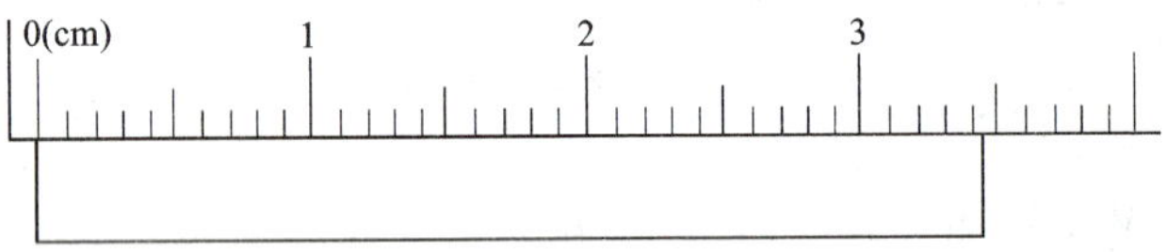

图1－1　毫米刻度尺

有效数字的位数不多，但又要表示较大的数时，应采用科学计数法。例如下面一组数据都是三位有效数字且表示同一刻度：3.43 cm；34.3 mm；0.0343 m；3.43×10^{8} Å；3.43×10^{-5} km。

二、有效数字的运算规律

因间接测量的结果要将直接测得的量代入某些公式中算出，而直接测量的准确度不可能一致，有效数字的倍数也不一定相同，那么在运算中如何处理有效数字才能使结果是科学可信的呢？这就要靠有效数字的科学运算来保证。

1. 加减法规则

两数和或差的结果中的可疑数字的位置应与两数中最高的可疑位数对齐，此后的可疑数采用四舍五入的办法去掉。

例 1 求 43.3206 + 36.25 = ?

解：

$$\begin{array}{r} 43.3206 \\ +36.25 \\ \hline 79.5\underline{706} \end{array}$$

取 79.57

例 2 求 43.3286 − 36.25 = ?

解：

$$\begin{array}{r} 43.3286 \\ -36.25 \\ \hline 7.0\underline{786} \end{array}$$

取 7.08

为简化运算，可以选两数中最高的可疑位数为准，而把另一数中在这位数以后的数字按四舍五入去掉，再进行加减运算，上两例可为：

43.3206 + 36.25 = 43.32 + 36.25 = 79.57

43.3286 − 36.25 = 43.33 − 36.25 = 7.08

2. 乘除法规则

两数相乘或相除时，积或商所保留的有效数字的位数，应与两数中有效数字最少的那个数的位数相同（有时可能多一位或少一位）。

例 1 0.003456 × 0.038 = ?

解：

$$\begin{array}{r} 0.003456 \\ \times 0.003\underline{8} \\ \hline \underline{27648} \\ 10368 \\ \hline 0.0001313128 \end{array}$$

取0.00013

例 2 5.348 × 20.5 = ?

解：

$$\begin{array}{r} 5.34\underline{8} \\ \times 20.5 \\ \hline \underline{26740} \\ 000\underline{0} \\ 1069\underline{6} \\ \hline 10\underline{9.6340} \end{array}$$

取110

例 3 1.4 ÷ 3.142 = ?

解：

$$\begin{array}{r} 0.4\underline{45} \\ 3.14\underline{2}\overline{)1.\underline{4000}} \\ 12568 \\ \hline \underline{14320} \\ 1256\underline{8} \\ \hline \underline{17520} \\ 1571\underline{0} \\ \hline 1810 \end{array}$$

14320 ← 全是可疑数：故商必为可疑数

取0.4$\underline{5}$

例 4 3.14159 ÷ 2.50 = ?

解：

$$\begin{array}{r} 1.256\underline{6} \\ 2.5\underline{0}\overline{)3.1415\underline{9}} \\ 25\underline{0} \\ \hline 6\underline{41} \\ 50\underline{0} \\ \hline 1\underline{415} \\ 125\underline{0} \\ \hline \underline{1659} \\ 1500 \\ \hline \underline{1590} \\ 1500 \\ \hline 9\underline{0} \end{array}$$

取1.257（比2.50多一位）

1659 ← 全是可疑数，故商必为可疑数

例 5 3764 ÷ 217 = ?

```
          173.4  ···  ——→  取173
2.17 ) 37640
       217
      ------
       1594   ——→  9为可疑数，但不影响
       1519        商7，7仍为准确数
      ------
        750   ——→  全是可疑数，商为可疑数
        651
      ------
        990
```

其实，上述乘除法还可以作以下简化运算：求两个数的积或商时，可以按四舍五入办法将有效数字位数多的那个数改为与有效数字位数少者位数相同的数，再进行运算，如：

$3.456\times10^{-3}\times3.8\times10^{-2}=3.5\times10^{-3}\times3.8\times10^{-2}=1.330\times10^{-4}=1.3\times10^{-4}$

$1.4\div3.142=1.4\div3.1=0.45$

$3.14159\div2.50=3.14\div2.50=1.257$

例 6 地球的质量 $M=5.983\times10^{24}$ kg，月球质量 $M=7.34\times10^{22}$ kg，地心与地间距离 $r=3.84393\times10^{8}$ m，求其间的万有引力（$G=6.67\times10^{-11}$ N · m^2/kg）

解： 在公式 $F=G\dfrac{Mm}{r^2}$ 中，G 与 m 都是$\sqrt{2}$位有效数字，所以 M 与 r 也只需取三位有效数字，第四位按四舍五入处理，即得

$$F=6.67\times10^{-11}\cdot\frac{5.98\times10^{24}\times7.34\times10^{22}}{(3.84\times10^{8})^2}=\frac{6.67\times10^{-11}\times4.39\times10^{36}}{1.47\times10^{17}}=\frac{2.93\times10^{26}}{1.47\times10^{17}}=1.99\times10^{9}$$

(N)

答：略。

3. 乘方、开方规则

某数的乘方（或开方）的参数（或被开方数）有几位有效数字，其结果中就保留几位有效数字。

例 1 $3.84^2=14.7456=14.7$

例 2 $\sqrt{16.4}=4.0\underline{497}=4.05$

4. 测量值与常数或与已知的正确值（即无穷多位有效数字）的运算法则

其运算结果中也只保留一位可疑数字，即有效数字的位数与测量值的位数相同（有进多一位或少一位）

例 1 $72.4\times3=217.2=217$

例 2 $72.4\div3=24.13=24.1$

例 3 $\pi\times5.70=3.14\times5.70=16.041=16.0$

例 4 $\pi\times5.1=3.1\times5.1=15.81=15.8$（多一位）

5. 指数、对数三角函数运算

法则结果的有效数字可由用下法确定。当参加运算数据的最末稍作改变时，看影响结果的哪一位则那一位为可疑位。

例 $\sin43°26'=0.6875100985$

所以 $\sin43°26'=0.6875$

sin43°276 = 0.687723051

6. 尾数的舍入法则

小于五则舍，大于五则入，等于五而保留的最后一位数是奇数，则舍5进1，若保留的最后一位是偶数，则舍5不进位，但5的下一位不是0时仍要进位。

例 将下列数保留三位小数

2.14346→2.143

2.14372→2.144

2.14350→2.144

2.14450→2.144

2.14451→2.145

以上这些结论，在一般情况下是成立的，但也有例外，如果我们了解了有效数字的意义和可疑数字取舍原则，是不难处理的。

第四节 实验结果的表示

实验的目的就是得到某个结果，可是怎样才能用测量、记录的准确值来正确地表示这个数呢？又如何来评价这个结果的误差范围呢？下面我们来讨论这个问题。

一、误差的估计

实验结果的准确度都要用实验误差的大小来衡量，所以每一实验的结果都应指出其误差范围，以表示实验的准确度。实验者不仅要能算出实验的误差大小，而且还要能判断这一误差大小是否在仪器的最大误差内，若在其内，则说明实验本身是合理的；若不在其内，则说明实验本身有错误，应予改进。

误差的表示方法为：

(1)单次直接测量的误差用仪器误差表示，一般由教师给出，或由仪器生产厂家按国家标准提供。在应急的场合，也可简单取仪器最小刻度的一半作为估计值。如此处理后，可以认为测量结果的置信概率在95%以上。但准确地说，应该由仪器本身经过检定以后以一种规定的形式标出。例如：

游标卡尺　测量范围：0～200 mm
　　分度值：0.02 mm
　　仪器误差：$\Delta_{仪} = 0.02$ mm

螺旋测微器　测量范围：0～50 mm
　　分度值：0.01 mm
　　仪器误差：$\Delta_{仪} = 0.005$ mm

分析天平　最大称量：200 g
　　感　　量：10 mg/格
　　仪器误差：$\Delta_{仪} = \Delta_{砝码} + \Delta_{感}$

电表(mA)　量　　程：$X_m = 500$ mA
　　精度级别：$a = 0.5$ 级

仪器误差：$\Delta_{仪} = X_m \cdot a\% = 2.5\ \text{mA}$

上述单次测量结果表示为：$x = x_{测} \pm \Delta_{仪}$ (1-2)

仪器误差 $\Delta_{仪}$一般均含有偶然误差和系统误差(已定和未定的)，其含意是：正确使用仪器的情况下可能产生的最大误差。由于$\Delta \bar{x}$与$\Delta_{仪}$代表的都是最大误差，因此，在对某一物理量进行多次测量时，若是测量值起伏很小，则：

当$\Delta \bar{x} < \Delta_{仪}$时，测量结果由$\Delta \bar{x} \pm \Delta_{仪}$表示。

若$\Delta \bar{x} > \Delta_{仪}$(即测量值起伏很大)时，测量结果应由$\overline{x_{测}} \pm \Delta \bar{x}$表示。

(2)设对某物理量测量 N 次的值分别为 x_1，x_2，…，x_n，则测量结果的算数平均值 $\bar{X}$ 为：

$$\bar{X} = \frac{x_1 + x_2 + \cdots + x_n}{n} = \frac{1}{n}\sum_{i=1}^{n} x_i \tag{1-3}$$

根据偶然误差的统计规律可知，算术平均值 $\bar{X}$ 应比任何一次测量结果更接近于真值。当不知有真值 X_0值时，一般就可用算术平均值作为真值 X_0的最佳估计值，称之为近真值。此时，各次测量的值与算术平均值的差为各次测量的“绝对误差”，由式(1-2)得：

$$\Delta x_i = x_i - \bar{x} \tag{1-4}$$

式中：Δx_i为第 i 次测量的绝对误差。

各次测量的绝对误差可为正，也可为负，但计算时，为了使人对测量结果放心，应当取最坏的结果，所以只取其绝对值$|x_i - \bar{x}|$，而不考虑正、负号，并且误差中多余的数字不按四舍五入取舍，而是按向前进位的办法，这就是所谓取测量误差的“宁大勿小原则”。

各次测量的绝对误差的平均值称为平均绝对误差：

即：
$$\Delta \bar{X} = \frac{1}{n}\sum_{i=1}^{n} |\Delta x_i| \tag{1-5}$$

平均绝对误差只能反映测量结果偏离真值的平均误差程度，而不能反映相对于被测量值的准确程度。为了反映出这一点，我们用平均绝对误差与算术平均值的比来表示，这个比值叫做0测量结果的相对误差。即：

$$E = \frac{\Delta \bar{x}}{\bar{x}} \times 100\% \tag{1-6}$$

但若已有真值(或公认值)x_0，则式(1-4)和式(1-6)中的 $\bar{x}$ 就应改为 x_0值，为了把测量结果的误差科学地表示出来，其方法有两种：

第一种：用平均绝对误差表示，即：

$$测量值\quad x = \bar{x} \pm \Delta \bar{x}\ (单位) \tag{1-7}$$

所以，测量的平均值、误差及单位是表示测量结果的三个要素。

第二种：用平均相对误差来表示，即式(1-6)。

例1 用刻度尺测量一棒的长度，其测量值分别为 $x_1 = 2.32$ cm，$x_2 = 2.34$ cm，$x_3 = 2.35$ cm，$x_5 = 2.35$ cm，求棒长。

解：棒长为：$\bar{x} = \frac{x_1 + \cdots + x_5}{5} = 2.338(\text{cm})$取 2.34 cm

且 $\Delta x_1 = x_1 - \bar{x} = 0.02$ cm，$\Delta x_2 = 0.00$ cm，$\Delta x_3 = 0.01$ cm，$\Delta x_4 = 0.01$ cm，$\Delta x_5 =$

0.01 cm.

所以 $\Delta\bar{x}=\dfrac{\Delta x_1+\cdots+\Delta x_5}{5}=0.01\ \text{cm}$

$$E=\frac{\Delta\bar{x}}{\bar{x}}\times100\%=\frac{0.01}{2.34}\times100\%=0.43\%，取5\%$$

最后棒长为：$L=(\bar{x}\pm\Delta\bar{x})\text{cm}$

即：$L=(2.34\pm0.01)\text{cm}$

用平均相对误差比用平均绝对误差能更明显地反映出测量结果的准确度。如用同一刻度值测量两棒的长度，其值分别为：

$L_1=206.43\pm0.01$ cm；$L_2=2.34\pm0.01$ cm

虽然两者的绝对误差相同，但相对误差分别为

$$E_1=\frac{0.01}{206.43}\times100\%=0.0048\%=0.005\%$$

$$E_2=\frac{0.01}{2.43}\times100\%=0.5\%$$

不难看出，测第二根棒的准确度比第一根棒的低两个数量级。

应当指出，根据有效数字的运算规则，测量值的绝对误差与相对误差都只能有一位有效数字，又根据误差估算应遵循“宁大勿小”的原则，此例中的相对误差应为 $E_1=0.005\%$，$E_2=0.5\%$。

由上面的讨论可得出以下两个结论：第一，平均绝对误差与被测量值的大小无关，只由仪器的精确度和测量方法决定。如第二根棒若用精度更高的游标卡尺测得的长度为 $L_2=(2.342\pm0.002)$ cm，则其平均绝对误差只有用前刻度尺测量的2/10。第二，平均相对误差与测量值的大小有关，用同一仪器和相同方法测量时，若测量值越大，则其相对误差越小。如第一棒的平均相对误差就比第二棒的小得多。因此，在要求准确度相同的条件下，应被测量值大时，可使用精度低一些的仪器；被测量值小时，则要求精度高的仪器。这是实验前选用仪器的重要原则。

二、间接测量结果的误差

间接测量的结果都要将直接测量的量代入某些公式而算出，由于直接测量有误差而必然使得间接测量也有误差，这称为误差传播。误差的传播根据上一节中的原则得出以下计算规则。

1. 两量的和或差的绝对误差、相对误差

设某间接测量物理量 φ 等于直接测量物理量 A、B 之和，即 $\varphi=A+B$，它们的绝对误差各为 $\Delta\varphi$，ΔA，ΔB。则由式(1-7)有：

$$\varphi\pm\Delta\varphi=(A\pm\Delta A)+(B\pm\Delta B)=(A+B)\pm(\Delta A+\Delta B)$$

上式中根据误差“宁大勿小”的原则，ΔA 与 ΔB 取了相同符号，比较以上二式得到 φ 的绝对误差为 $\Delta\varphi=(\Delta A+\Delta B)$，其相对误差 $E_\varphi=(\Delta\varphi)/\varphi=(\Delta A+\Delta B)/(A+B)$。

同理对于 $\varphi=A-B$，有 $\varphi\pm\Delta\varphi=(A\pm\Delta A)-(B\pm\Delta B)=(A-B)\pm(\Delta A+\Delta B)$，得：绝对误差：$\Delta\varphi=(\Delta A+\Delta B)$，相对误差为：$E=(\Delta\varphi)/\varphi=(\Delta A+\Delta B)/(A-B)$。

由此，可将两量的和或差的误差归纳为：

$$\varphi = A \pm B,\ \Delta\varphi = (\Delta A + \Delta B) \tag{1-8}$$

即：两量的和或差的绝对误差都等于各分量的绝对误差之和。

其相对误差为：

$$E = \Delta\varphi/\varphi = (\Delta A + \Delta B)/(A \pm B) \tag{1-9}$$

式(1-8)、式(1-9)可推广到多个分量的和或差。

2. 两量乘积的绝对误差和相对误差

设 $\varphi = A \cdot B$，

则 $\varphi \pm \Delta\varphi = (A \pm \Delta A) \cdot (B \pm \Delta B) = A \cdot B \pm A \cdot \Delta B \pm B \cdot \Delta A \pm \Delta A \cdot \Delta B$

略去高阶无穷小量($\Delta A \cdot \Delta B$)并依据误差“宁大勿小”原则其饱对误差为：

$$\Delta\varphi = (A \cdot \Delta B + B \cdot \Delta A) \tag{1-10}$$

相对误差为：

$$E_\varphi = \frac{\Delta\varphi}{\varphi} = \frac{A \cdot \Delta B + B \cdot \Delta A}{A \cdot B} = \frac{\Delta A}{A} + \frac{\Delta B}{B} = E_A + E_B \tag{1-11}$$

即两量乘积的相对误差等于两分量的相对误差之和。

若 A 是变量，而 $B = C$ 常数，则 $\Delta\varphi = C\Delta A$，$E_\varphi = \dfrac{\Delta A}{A}$。

3. 两量相除时的绝对误差、相对误差

设 $\varphi = \dfrac{A}{B}$，则 $\varphi \pm \Delta\varphi = \dfrac{A \pm \Delta A}{B \pm \Delta B}$，分子分母同乘 $B \mp \Delta B$ 得：

$$\varphi \pm \Delta\varphi = \frac{(A \pm \Delta A)(B \pm \Delta B)}{B^2 - \Delta B^2} = \frac{AB \pm B\Delta A \pm A\Delta B \pm \Delta A\Delta B}{B^2 - \Delta B^2}$$

略去高阶无穷小量 $\Delta A\Delta B$，ΔB^2 得：

绝对误差

$$\Delta\varphi = \frac{A \cdot \Delta B + B \cdot \Delta A}{B^2} \tag{1-12}$$

相对误差

$$E_\varphi = \frac{\Delta\varphi}{\varphi} = \frac{\Delta A}{A} + \frac{\Delta B}{B} = E_A + E_B \tag{1-13}$$

即两量乘积或商的相对误差都等于两分量相对误差之和。

4. 幂函数的绝对误差、相对误差

设 $\varphi = A^n$ 式中 n 为整数，依式(1-11)得 φ 的相对误差为：

$$E_\varphi = \sum_{i=1}^{n}\left(\frac{\Delta A}{A}\right) = n\frac{\Delta A}{A} \tag{1-14}$$

绝对误差为

$$\Delta\varphi = \varphi \cdot E_\varphi = A^n \cdot n\frac{\Delta A}{A} = nA^{n-1} \cdot \Delta A \tag{1-15}$$

当 $\varphi = \sqrt[n]{A}A^{1/n}$ 时，

则 $\varphi \pm \Delta\varphi = (A \pm \Delta A)^{1/n}$，将此式两边同乘以 n 次方后展开，且略去 $\Delta\varphi$ 的高次项得：

$\varphi^n \pm n\varphi^{n-1} \cdot \Delta\varphi = A \pm \Delta A$

绝对误差：

$$\Delta\varphi = \frac{1}{n}A^{\frac{1}{n}-1} \cdot \Delta A = \frac{1}{n}\sqrt[n]{A^{1-n}} \cdot \Delta A \tag{1-16}$$

相对误差

$$E_{\varphi} = \frac{\Delta\varphi}{\varphi} = \frac{1}{n}\frac{\Delta A}{A} \tag{1-17}$$

所以幂函数的相对误差等于其底的相对误差的指数倍。

其实，用微分法计算误差(特别是对于复杂函数式)是最简便又可靠的。如求 $\varphi = A \cdot B$ 的绝对误差 $\Delta\varphi$ 就是求 φ 的全微分，依全微分公式得：

$$\mathrm{d}\varphi = A\mathrm{d}B + B\mathrm{d}A$$

式中：$\mathrm{d}A$ 和 $\mathrm{d}B$ 分别是量 A 和 B 的绝对误差，φ 的相对误差为：

$$E_{\varphi} = \frac{\mathrm{d}\varphi}{\varphi} = \frac{\mathrm{d}A}{A} + \frac{\mathrm{d}B}{B}$$

对于一般函数 $\varphi = f(A,B)$ 求全微分，得：

$$\mathrm{d}\varphi = \frac{\partial f}{\partial A}\mathrm{d}A + \frac{\partial f}{\partial B}\mathrm{d}B \xrightarrow{\text{误差取}} \Delta\varphi = \left|\frac{\partial f}{\partial A}\Delta A\right| + \left|\frac{\partial f}{\partial B}\Delta B\right| \tag{1-18}$$

有时取对数后再微分要简便得多：

$$\ln\varphi = \ln f(A,B) \rightarrow \mathrm{d}(\ln\varphi) = \mathrm{d}(\ln f(A,B))$$

即：$\dfrac{\mathrm{d}\varphi}{\varphi} = \dfrac{\partial \ln f}{\partial A}\mathrm{d}A + \dfrac{\partial \ln f}{\partial B}\mathrm{d}B$

相对误差为

$$\frac{\Delta\varphi}{\varphi} = \left|\frac{\partial \ln f}{\partial A}\Delta A\right| + \left|\frac{\partial \ln f}{\partial B}\Delta B\right| \tag{1-19}$$

根据基本公式求间接测量结果误差的传递合成的步骤可归纳为：

(1)对函数求全微分(或先取对数再求全微分)。

(2)合并同一变量的系数。

(3)将微分号变为误差号。注意各项均取绝对值，并用“+”号相连，现将按上述讨论的步骤求出的常用函数的算术合成式列于表 1-1：

例 2 用尺测得某圆柱体的直径 $D = (5.00 \pm 0.01)$ cm，其高 $h = (10.00 \pm 0.01)$ cm。问(1)此量具的精度是多少？其最大的误差是多少？这量具是皮尺、米尺、游标尺吗？(2)该圆柱体体积的相对误差和绝对误差是多少？其体积多少？(3)在体积的误差中测量直径的误差与测量高度的误差哪个是主要的？(4)若要使体积的相对误差小于 0.1%，D 和 h 各要用什么量具来测量？

表 1-1 计算合成式

函数关系	绝对误差	相对误差
$\varphi = A + B$	$\Delta\varphi = \Delta A + \Delta B$	$E = (\Delta A + \Delta B)/A + B$
$\varphi = A - B$	$\Delta\varphi = \Delta A + \Delta B$	$E = (\Delta A + \Delta B)/A - B$
$\varphi = A \cdot B$	$\Delta\varphi = A \cdot \Delta B + \Delta A \cdot B$	$E = \Delta A/A + \Delta B/B$
$\varphi = nA$	$\Delta\varphi = n\Delta A$	$E = \Delta A/A$

续上表

函数关系	绝对误差	相对误差
$\varphi=A/B$	$\Delta\varphi=(B\Delta A+A\Delta B)/B^2$	$E=\Delta A/A+\Delta B/B$
$\varphi=A^n$	$\Delta\varphi=nA^{n-1}\Delta A$	$E=n\cdot\Delta A/A$
$\varphi=\sqrt[n]{A}$	$\Delta\varphi=\frac{1}{n}A^{(1/n)-1}\Delta A$	$E=\frac{1}{n}(\Delta A/A)$
$\Phi=\sin A$	$\Delta\Phi=\lvert\cos A\rvert\cdot\Delta A$	$E=\cot A\cdot\Delta A$
$\Phi=\mathrm{tg}A$	$\Delta\Phi=\frac{\Delta A}{\lvert\cos A\rvert}$	$E=\frac{\Delta A}{\sin A}$
$\Phi=\ln A$	$\Delta\Phi=\frac{\Delta A}{A}$	$E=\frac{\Delta A}{A\ln A}$

解：(1)此量具的精度是0.1 cm。若是能连续读数的长度尺，则其最大误差是最小刻度的一半，即0.05 cm；若是不能连续读数的数字长度计，则其最大误差是分度值，即0.1 cm，此测量值是最小刻度为毫米的刻度尺。

(2)因 $V=\frac{\pi}{4}D^2\cdot h$　所以由式(1－17)、式(1－14)得 $E_V=\frac{2\Delta D}{D}+\frac{\Delta h}{h}=\frac{2\times0.01}{5.00}+\frac{0.01}{10.00}$ $=0.004+0.001=0.005\%=0.5\%$

绝对误差：$\mathrm{d}V=\frac{\pi}{4}(D^2\mathrm{d}h+h\mathrm{d}D^2)=\frac{\pi}{4}(p^2\mathrm{d}h+2phD)$

$$=\frac{\pi}{4}(5.00^2\times0.01+2\times5.00\times10.00\times0.01)\mathrm{cm}^3$$

$=0.981\ \mathrm{cm}^3=1\ \mathrm{cm}^3$(绝对误差只能取一位)

或者：$E_V=\frac{\Delta V}{V}$

$$\Delta V=E_V\cdot V=\frac{0.5}{100}\times\frac{\pi}{4}\times5.00^2\times10.00\ \mathrm{cm}^3=\frac{0.5}{100}\times196\ \mathrm{cm}^3$$

$$=0.981\ \mathrm{cm}^3=1\ \mathrm{cm}^3$$

故其体积为：$V=\frac{\pi}{4}D^2h\pm\Delta V=(196\pm1)\mathrm{cm}^3$

(3)由 $E_V=\frac{2\Delta D}{D}+\frac{\Delta h}{h}=\frac{2\times0.01}{5.00}+\frac{0.01}{10.00}$可知，$\frac{2\Delta D}{D}>\frac{\Delta h}{h}$

测 D 的误差是主要的。

(4)由 $E=\frac{2\Delta D}{D}+\frac{\Delta h}{h}=\frac{2X}{5.00}+\frac{X}{10.00}=0.1\%$

若 $X=0.002$ cm，要用精度为0.002 cm($\frac{1}{50}$ mm)的游标卡尺才行。

若用螺旋测微器测量直径 D，而要求体积的相对误差仍为0.1%，则至少要用多大精度的量具测量 h 呢？因螺旋测微计是可连续的量具，则依 $E=\frac{2\Delta D}{D}+\frac{\Delta h}{h}=\frac{2\times0.001/2}{5.00}+\frac{\Delta h}{10.00}$ $=0.1\%$，得 $\Delta h=0.008$ cm。所以至少要用精度为$\frac{1}{20}$ mm 的游标尺测量 h 才行。

例 3 当用单摆测岳阳地区的重力加速度 g 时，用刻度尺测得摆长 $L=(35.00\pm0.01)$ cm，用停表测量 $50T=(59.35\pm0.05)$ s，试估计 g 的误差。

解：由 $T=2\pi\sqrt{\dfrac{L}{g}}$ 推出 $g=\dfrac{4\pi^2}{T^2}L$，取对数得：

$\ln g=\ln4\pi^2+\ln L-2\ln T$，求微分得：

$d\ln g=d(\ln4\pi^2)+d(\ln L)-2d(\ln T)$

$\dfrac{dg}{g}=\dfrac{dl}{l}-\dfrac{2dT}{T}$（宁大勿小）

相对误差 $\dfrac{\Delta g}{g}=\left|\dfrac{\Delta L}{L}\right|+2\left|\dfrac{\Delta T}{T}\right|=\left|\dfrac{0.01}{35.00}\right|+2\left|\dfrac{0.05}{59.35}\right|=0.00029+0.00168=0.2\%$

又可运算得：

$$g_{岳阳}=\frac{4\times314^2\times35.00}{\left(\dfrac{59.35}{50}\right)^2}=980.7(\mathrm{cm/s^2})$$

$\Delta g=g\times0.2\%=2\ \mathrm{cm/s^2}$

$g_{岳阳}=981\pm2(\mathrm{cm/s^2})$

若测 10 个周期的误差也是 0.05 s，即 $10T=11.90\pm0.05(\mathrm{s})$

则相对误差 $\dfrac{\Delta g}{g}=\dfrac{0.01}{35.00}+2\dfrac{0.05}{11.9}=0.00029+0.0084=0.9\%$

即增大了三倍多，此时，$\Delta g=976\times0.9\%=9(\mathrm{cm/s^2})$

$g=976\pm9(\mathrm{cm/s^2})$

上述我们介绍的是误差的传递（合成），它在误差分析、实验设计作粗略的计算时是常用的。

三、标准偏差（均方根偏差）

1. 标准偏差（S）和算术平均值的标准偏差 $S(\bar{x})$ 的定义（直接测量）

标准偏差又称均方根偏差，它能较为精确地估算出偶然误差和测量数列的离散程度。

设对某一物理进行 n 次等精度测量，得测量值分别为（$x_1, x_2, \cdots, x_n$），其算术平均值为（$\bar{x}$），真值为（x_0），于是定义：

$$S_x=\sqrt{\frac{1}{n}\sum_{i=1}^{n}(x_i-x_0)^2} \tag{1-20}$$

S_x 通常称为标准偏差或均方根偏差。当测量次数有限时，平均值 $\bar{x}$ 和真值 x_0 有较大区别，其差值为 $\left(\bar{x}-x_0=\dfrac{1}{n}\sum\limits_{i=1}^{n}\Delta x_i\right)$。将 $\bar{x}$ 代入上式得：

$$S_x=\sqrt{\frac{\sum\limits_{i-1}^{n}(x_i-\bar{x})^2}{n-1}} \tag{1-21}$$

式中：S_x 为测量列中某一次测量 x_i 的标准偏差，其物理意义是表示该测量列的离散程度，即该测量值落在真值附近的范围，其数值又称为测量精密度。

由标准差求和公式可以推证

$$S(\bar{x}) = \frac{S(x)}{\sqrt{n}} = \sqrt{\frac{\sum_{i=1}^{n}(x_i - \bar{x})^2}{n(n-1)}} \tag{1-22}$$

式中：$S(\bar{x})$为测量列的平均值 $\bar{x}$ 的标准偏差，其意义是：表示该测量列的平均值落在真值附近的范围。很明显，测量平均值是最接近其真值的。前面已指出，多次测量平均值非常接近真值，且随测量次数 n 的增加而接近。很显然，当增加测量次数时，$S(\bar{x})$会愈来愈小，按$\frac{1}{\sqrt{n}}$的规律变化。

综上所述，测量结果可表示为：

$$x = x_{测} \pm S(x) \qquad (单次测量)$$

或

$$x = \bar{x}_{测} \pm S(\bar{x}) \qquad (多次测量)$$

相对误差为

$$E = \frac{S(\bar{x})}{\bar{x}} \times 100\% \tag{1-23}$$

例如：对某一长度进 10 次测量，测得数据列于表 1 - 2。

表 1 - 2　实验数据

次　数	1	2	3	4	5	6	7	8	9	10
x_i/cm	63.57	63.58	63.55	63.56	63.56	63.59	63.55	63.54	63.57	63.57
$\bar{x}$/cm	63.564	$\left(\frac{1}{10}\sum_{i=1}^{10}X_i = \frac{1}{10}(63.57 + 63.58 + \cdots + 63.57)\right)$								
$\Delta x_i/(10^{-3}\text{cm})$	6	16	14	4	4	26	14	24	6	6
$\Delta x_{i2}/(10^{-6}\text{cm}^2)$	36	256	196	16	16	676	196	576	36	36

算术平均误差为：$\Delta \bar{x} = \frac{1}{n}\sum_{i=1}^{n}\Delta x_i$ 代入数据得

$$\Delta \bar{x} = \frac{1}{10}(6+16+14+4+4+26+14+24+6+6)\times 10^{-3} = 0.012(\text{cm})$$

结果表示为：$x = \bar{x} \pm \overline{\Delta x} = (63.564 \pm 0.012)(\text{cm})$

标准偏差公式为 $S_x = \sqrt{\frac{\sum_{i=1}^{n}(\Delta x_i)^2}{n-1}}$，代入数据得

$$S(x) = \sqrt{\frac{(36+256+196+16+16+676+196+576+36+36)\times 10^{-6}}{10-1}}$$

$$= \sqrt{\frac{2040\times 10^{-6}}{9}} = 0.015(\text{cm})$$

由于测量多次，故取平均值标准偏差 $S(\bar{x})=\frac{S(x)}{\sqrt{n}}=\frac{0.015}{\sqrt{10}}=0.005(\text{cm})$

结果表示为：$x=\bar{x}\pm S(\bar{x})=63.564\pm0.005(\text{cm})$

2. 间接测量的标准偏差

间接测量 $\varphi_{测}$ 与直接测得量 A，B，$C\cdots$之间存在函数关系为：$\varphi_{测}=f(A,B,C,\cdots)$，设直接测得量为$(A\pm S_{(A)},B\pm S_{(B)},C\pm S_{(C)},\cdots)$这些量都独立无关，由误差理论可以证明标准偏差公式为：

$$S_{(\varphi)}=\sqrt{\left(\frac{\partial f}{\partial A}\right)^2S_{(A)}^2+\left(\frac{\partial f}{\partial B}\right)^2S_{(B)}^2+\left(\frac{\partial f}{\partial c}\right)^2S_{(C)}^2+\cdots} \qquad (1-24)$$

式中：$S_{(A)},S_{(B)},S_{(C)}\cdots$分别表示直接测量的标准偏差，上式更能反映各直接测量值误差对间接测量值误差的贡献，按上述方法将求出的常用函数的标准误差传递公式列于表 1－3。

表 1－3 常用函数的标准误差传递公式

函数关系式 $\varphi=f(A,B,C,\cdots)$	标准偏差传递公式
$\varphi=A+B$	$S_{(\varphi)}=\sqrt{S_A^2+S_B^2}$
$\varphi=A-B$	$S_{\varphi}=\sqrt{S_A^2+S_B^2}$
$\varphi=A\cdot B$	$S_{\varphi}/\bar{\varphi}=\sqrt{(S_A/\bar{A})^2+(S_B/\bar{B})^2}$
$\varphi=\frac{A}{B}$	$S_{\varphi}/\bar{\varphi}=\sqrt{(S_A/\bar{A})^2+(S_B/\bar{B})^2}$
$\varphi=\sqrt[n]{A}$	$S_{\varphi}/\bar{\varphi}=\frac{1}{n}\left(\frac{S_A}{\bar{A}}\right)$
$\varphi=n\cdot A$	$S_{\varphi}=nS_A,\frac{S_{\varphi}}{\bar{\varphi}}=\frac{S_A}{\bar{A}}$
$\varphi=\sin A$	$S_{\varphi}=\lvert\cos\bar{A}\rvert\times S_A$
$\varphi=\ln A$	$S_{\phi}=S_A/\bar{A}$
$\varphi=A^k\cdot B^m\cdot c^n$	$\frac{S_{\varphi}}{\varphi}=\sqrt{K^2\left(\frac{S_A}{\bar{A}}\right)^2+m^2\left(\frac{S_B}{\bar{B}}\right)^2+n^2\left(\frac{S_C}{\bar{C}}\right)^2}$

例 用单摆测定重力加速度 g 及计算其标准偏差 S_g。

解：其传递公式为：$g=\frac{4\pi^2L}{T^2}$（摆角 θ 很小）

直接测量值：$T=2.000\pm0.002$ (s) $(T\pm S_T)$

$L=100.0\pm0.1$ (cm) $(L\pm S_L)$

由式(1－23)则有：$S_g^2=\left(\frac{\partial g}{\partial T}\right)^2S_T^2+\left(\frac{\partial g}{\partial L}\right)^2S_L^2$

又，$\frac{\partial g}{\partial T}=-\frac{8\pi^2L}{T^3}$；$\frac{\partial g}{\partial L}=\frac{4\pi^2}{T^2}$

$$S_g^2=\frac{64\pi^4L^2}{T^6}S_T^2+\frac{16\pi^4}{T^4}S_L^2=\frac{16\pi^4}{T^4}\left(\frac{4L^2}{T^2}\cdot S_T^2+S_L^2\right)$$

$$S_g=\frac{4\pi^2}{T^2}\sqrt{\frac{4\pi^2}{T^2}S_T^2+S_L^2}$$

代入数据得：

$$S_g=\frac{4\times 3.142^2}{2.000^2}\sqrt{\frac{4\times 100.0^2}{2.000^2}\times 0.002^2+0.1^2}=2.2(\mathrm{cm\cdot s^{-2}})$$

而 $g=\frac{4\pi^2L}{T^2}=\frac{4\times 3.142^2\times 100.0}{2.000^2}=987.2(\mathrm{cm\cdot s^{-2}})$

结果表示为：$g\pm S_g=(987\pm 3)(\mathrm{cm\cdot s^{-2}})$

第五节　处理实验数据的常用方法

实验数据处理工作是一个“去粗取精，去伪存真，由此及彼，由表及里”，使感性认识跃进为理性认识的过程，这项工作常常比实验过程本身还要繁重，但又是任何实验都不可缺少的，认真对待此项工作对于培养我们分析问题的能力很有好处。

实验数据及其处理方法是分析和讨论实验结果的依据。有关物理量之间的关系，一般用图表和函数表示。常用的处理方法有：列表法、作图法、逐差法和最小二乘法（直线拟合）等。

一、列表法

在记录和处理数据时，要将数据列成表。数据列表可以简单明确地表示出有关物理量之间的对应关系，使数据有条不紊，形式紧凑，一目了然，便于随时检查，减少和避免错误，及时发现问题和分析问题，有助于从中找出规律性的联系，求出经验公式。列表的要求及注意事项有：

（1）要简单明了，便于看出各物理量之间的关系，要根据具体情况决定需列哪些项目。

（2）要写明表中各符号代表的物理量的意义并注明单位。单位写在标题本栏中，不要重复记在各个数据上。

（3）表中所列数，要正确反映测量结果的有效数字。

（4）必要时给予附加说明。

如用单摆法测$\left(g=\frac{4\pi^2L}{T^2}\right)$时数据如表 1－4 所示。

表 1－4　单摆法测量数据

L/cm	35.00	35.01	35.01	24.99	35.00	平均	35.00 ±0.01
$50T$/s	59.45	59.50	59.46	59.48	59.50		59.48 ±0.02
$\Delta g/g$		Δg		g			
0.1%		1 cm·s^{-2}		(976 ±1) cm·s^{-2}			

表的形式一般来说有三种：定性式（实验记录表格）、函数式（按函数关系列出函数表）、统计式（列出统计表，函数关系形式未知的）。一般将实验数据按自变量和因变量各个对应，依增加或减少的顺序一一列出来，其中包括序号、名称、项目、数据和说明等。其分度要合理均匀，方便查阅。

二、图示法

把测量值之间的函数关系绘成相应的曲线，即用直角坐标法把两个被测量所组成的函数方程看成平面上一些点的轨迹，由此所获得的曲线称实验曲线。这种方法称图示法，它形式简明直观，便于比较，能清楚地显示数据的最高点、最低点、转折点和周期性。在一些复杂情况下，还无法确定物理量之间的适当的函数关系时，只能用实验曲线来表示实验结果。图示法的规律和步骤是：

（1）选用坐标纸的类别和大小：按实验参量要求选用毫米方格纸（直线坐标纸）或双对数坐标纸。根据实验数据的有效数字和数值范围确定坐标纸的大小。原则上坐标的一个小格代表可疑数字前位的一位数。

（2）定坐标和坐标标度：一般横轴代表自变量，纵轴代表因变量。标出坐标轴代表的物理量和单位，在坐标轴上按选定的比例标出若干等距离的整齐的数值标度，其数值位数应与实验数据的有效数字位数一致。横轴和纵轴的标度可以不同，如数据特别大或特别小，可以提出乘和因子（如 $\times 10^3$ 或 $\times 10^{-2}$），写在坐标轴末端上。

（3）标出实验点和画出图线：依据实验数据用铅笔在坐标图上以小“+”标出各数据点的坐标，然后用直尺和曲线板将实验点连成直线或光滑曲线。连线时应使多数实验点在连线上，不在连线上的实验点大致均匀分布在图线的两侧。如校准曲线，则要通过校正点连成折线。若要同时画上几条曲线时，每条曲线可以采用不同的标记如“×”“+”“○”等，使之区别开来。

（4）写出图线名称：一般在图纸下部位置上写出简洁完整的图名，注明作者及日期且字形要端正，并将图纸粘贴在实验报告上。

三、最小二乘法

用作图法处理数据时，往往不如用函数表示来得明确，特别是根据图线定常数时，常会出现较大的误差，而且在同一数据下由不同的方法作图时往往得到不同的结果。所以我信希望从实验数据求出经验方程的回归问题。这里仅讨论一元线性回归。

方程的回归问题先要确定函数的形式，而函数形式一般是根据理论的推断或从实验数据的变化趋势推测出来的。如函数关系为线性时，可将方程表示为：

$$y = ax + b \tag{1-25}$$

如果函数关系为指数时，则

$$y = ae^{bx} \tag{1-26}$$

若函数关系难以确定时，常用多项式表示为：

$$y = a_0 + a_1x + a_2x^2 + \cdots + a_nx^n \tag{1-27}$$

下面就线性函数式（1－25）用最小二乘法原理进行讨论。

在某一实验中，设可控制的物理量取 $x_1, x_2, \cdots, x_n$ 值，与之对应的物理量为 $y_1, y_2, \cdots, y_n$ 值。为简便起见，假定 x_i 值的测量误差很小，误差主要出现在 y_i 值上。显然从 x_iy_i 中任取两组数据就可以得出一条直线。但这条直线可能有较大的误差，如何用分析的方法从这条测量数据中得到一个最佳的经验公式 $y=a+bx$，就是直线拟合的任务。对于一个 x_i 值，测量值 y_i 与最佳经验公式 y 值之间存在一偏差 δy。

$$\delta = y_i + y = y_i - (a + bx) \quad (i = 1, 2, \cdots, n)$$

最小二乘法的原理为：如各测量值的误差互相独立且服从同一正态分布。当的偏差的平方和为最小时，将得到最佳经验公式。用此原理可求出式(1－25)中的常数 a,b，用 S 表示 δ_{yi}的平方和。

$$S = \sum (\delta_{y_i})^2 = \sum [y_i - (a + bx)]^2 \tag{1－28}$$

为求式(1－28)的极小值，分别对 a,b 求偏微分并令其为零：

$$\begin{cases} \dfrac{\partial s}{\partial a} = -2\sum (y_i - a - bx_i) = 0 \\ \dfrac{\partial s}{\partial b} = -2\sum (y_i - a - bx_i)x_i = 0 \end{cases} \tag{1－29}$$

以 $\bar{x}$，$\bar{y}$，$\overline{xy}$，$\overline{x^2}$分别表示各量的算数平均值(如 $\overline{xy} = \dfrac{1}{n}\sum x_i y_i$)，整理后可得：

$$\begin{cases} \bar{x}\,b + a = \bar{y} \\ \overline{x^2}b + \bar{x}\,a = x\,\bar{y} \end{cases} \tag{1－30}$$

式中：$\bar{x} = \dfrac{1}{n}\sum x_i$；$\bar{y} = \dfrac{1}{n}\sum y_i$；$\overline{x_2} = \sum x_i^2$；$\overline{xy} = \dfrac{1}{n}\sum x_i y_i$；联合求解 a 和 b 得：

$$a = \bar{y} - b\bar{x} \tag{1－31}$$

$$b = \frac{\bar{x} \cdot \bar{y} - \overline{xy}}{\bar{x}^2 - \overline{x^2}} \tag{1－32}$$

将得出的 a,b 值代入式(1－25)便得到了最佳的经验公式 $y=a+bx$。

由上两式求直线方程的具体计算，通常是列表进行的，举例如下。

设有一组测量数据如表 1－5 所示。

表 1－5　测量数据

编号 i	x_i	y_i	x_i^2	$x_i y_i$
1	15.0	39.4	225	591
2	25.8	42.9	666	1106
3	30.0	41.0	900	1230
4	36.6	43.1	1340	1577
5	44.4	49.2	1971	2184
Σ	151.8	215.6	5102	6690

平均值：$\bar{x} = 3.36$；$\bar{y} = 43.12$；$\overline{xy} = 1338$；$\overline{x^2} = 1020$

由此可得：$a = 34.1$
$b = 0.297$

则所求得最佳直线为：$y=34.1+0.297x$

上面介绍的直线拟合法在科学实验中应用很广，对一些指数函数关系通过取对数变换后，也可化成直线形式的函数，这样，也可以用直线拟合法进行处理。用式(1-31)、式(1-32)得到的 a,b 值是最佳值，但并不是没有误差。直线拟合中的误差估计较复杂，这里不作介绍。一般地说，一列测量值的 δ_{y_i} 大(即实验点对直线偏离大)，那么由这列测量值计算的 a,b 值误差就大，反之亦然。

下面讨论实验数据的直线拟合中相关系数的问题，一元线性回归的相关系数定义为：

$$r=\frac{\overline{xy}-\overline{x}\cdot\overline{y}}{\sqrt{(\overline{x^2}-\overline{x}^2)(\overline{y^2}-\overline{y}^2)}} \tag{1-33}$$

可以证明，$-1\leqslant r\leqslant 1$，当 x 和 y 完全不相关时，$r=0$；当 x_i，y_i 全部都在回归直线上时，$|r|=1$。$|r|$ 值越接近 1，说明实验数据越集中在回归线附近。此时用线性回归处理实验数据比较合理。反之若值 $|r|$ 远小于 1，说明实验数据对求得的直线很分散，这时用线性回归就不合理，必须采用其他函数进行相关性检验，一般 $r\geqslant 0.9$ 就认为两个物理量相关性良好。有些计算器直接计算 a 和 b 的功能，用起来比较方便。

四、逐差法

在实际中常遇到自变量等间距的多次测量，如果按平均值计算会使中间量值彼此抵消，从而失去多次测量的意义。例如在光杠杆法中，若多次增加的质量为 1 kg，连续增加 7 次，则可读得 8 个标尺读数，它们分别为 $n_0,n_1,n_2,n_3,n_4,n_5,n_6,n_7$；其相关的差值是 $\Delta n_1=n_1-n_0$，$\Delta n_2=n_2-n_1$，…，$\Delta n_7=n_7-n_6$。根据平均值的定义：

$$\overline{\Delta n}=\frac{(n_1-n_0)+(n_2-n_1)+\cdots+(n_7-n_6)}{7}=\frac{n_7-n_0}{7}$$

中间值全部被抵消，只有始末二次测量值起作用，与增重 7 kg 的单次测量等价。

为了保持多次测量的优越性，只要在数据处理防范上作一些变化即可。通常可把数据分成两组：一组是 n_0,n_1,n_2,n_3；另一组是 n_4,n_5,n_6,n_7；取相应项的差值 $\Delta n_1=n_4-n_0$，$\Delta n_2=n_5-n_1$，$\Delta n_3=n_6-n_2$，$\Delta n_4=n_7-n_3$，则平均值为：

$$\overline{\Delta n}=\frac{\Delta n_1+\Delta n_2+\Delta n_3+\Delta n_4}{4}=\frac{(n_4-n_0)+(n_5-n_1)+(n_6-n_2)+(n_7-n_3)}{4} \tag{1-34}$$

这种方法称为逐差法，注意 $\overline{\Delta n}$ 是增重 4 kg 的平均值，逐差法计算简便，特别是在检查数据的时候，可随测随检，及时发现差错和数据规律，更重要的是可充分地利用已测到的所有数据，并且有对数据取平均值的效果。还可以通过一些具有特定的值的未知量，而求出所需要的结果，可减小系统误差和扩大测量范围。

第六节 常用电学仪器的系统误差

在电学实验中，我们更多的是进行单次测量。在多挡的和连续刻度的电式测量仪表(如电流表、电压表)中常采用指示仪表的引用误差(又称额定相对误差)作为测量误差，在使用其他电学实验仪器时，也多采用仪器的系统误差作为测量值的误差，下面我们分别介绍。

1. 指示仪表的系统误差估计

定义：

$$\text{引用误差}=\frac{\text{最大绝对误差}}{\text{满刻度值}}\times 100\% \tag{1-35}$$

其电表的误差一般在出厂时已在标牌上以准确度的级别标出。指针式电表的准确度等级分为 7 个级别，一般用 K 表示。

$K=0.1, 0.2, 0.5, 1.0, 1.5, 2.5, 5.0$

其意义是：

$$\text{引用误差}=K\% \tag{1-36}$$

测量值的误差为：

$$\text{绝对误差}=\text{引用误差}\times\text{满刻度值} \tag{1-37}$$

$$\text{相对误差}=\text{引用误差}\times\frac{\text{满刻度值}}{\text{测量值}} \tag{1-38}$$

例 1　有一毫安表级别为 1.0 级，实验测量指针读数 7.40 mA，毫安表量程为 100 mA，计算测量的绝对误差。

解：

$$\delta=K\%\times\text{满刻度值}=1.0\%\times 100.0=0.1\ \text{mA}$$

结果：

$$I=(7.4\pm 0.1)\,\text{mA}$$

由上式可看到，根据指针读数其精度可到 0.01 mA，但是级别只准确到 0.1 mA。

例 2　有一安培计级别为 1.5 级，满刻度值为 50 A，假定测量值为 20 A，则有相对误差。

$$E=K\%\times\frac{\text{满刻度值}}{\text{测量值}}=15\%\times\frac{50}{20}=3.75\%$$

若测量值为 40 A，则有相对误差

$$E=15\%\times\frac{50}{40}=1.9\%$$

由上可见，被测量值较仪表的满刻度越接近，其相对误差越小，一般应使被测值在仪表满刻度的一半以上。

例 3　设待测电压约为 100 V，现有 0.5 级 0 ~ 300 V、1.0 级 0 ~ 100 V 的两个电压表，问哪个电压表测量较好？

解：(1)用 0.5 级表，则有

$$E_1=0.5\%\times\frac{300}{100}=1.5\%$$

(2)用 1.0 级表，则有

$$E_2=1.0\%\times\frac{100}{100}=1.0\%$$

可见，仪表的准确度虽然下降了，但测量结果的最大相对误差反而减小了，所以片面追求仪表的准确度等级而忽视对仪表量限的合理选择，无法保证被测结果的准确性。

以上所介绍的引用误差属仪表的基本误差，它是由于其结构和工艺上的不完善所产生的误差。因此，基本误差是仪表本身所固有的误差，是不可能完全消除的，但若使用仪表时偏

离规定基本误差的工作条件，还会产生附加误差，因此，为避免附加误差，应将仪表在规定的工作条件下进行测试。

不同类型的电工仪表，具有不同的技术特征。为了便于选择和使用仪表，通常把这些不同的技术特性采用不同的符号标志，标明在仪表的标度或面板上，如表1－6至表1－9所示。

表1－6 准确等级的符号

名称	符号	名称	符号	名称	符号
以标度尺量限百分数表示的准确度等级，例如1.5级	1.5	以标度尺长度百分数表示的准确等级，例如1.5级	1.5V	以指标值百分数表示的准确度等级，例如1.5级	1.5

表1－7 电流种类的符号

名称	符号	名称	符号	名称	符号
直流	—	交流（单相）	~	直流和交流	≃

表1－8 工作位置的符号

名称	符号	名称	符号	名称	符号
标度尺位置为垂直的	⊥	标度尺位置为水平的	⊓	标度尺位置与水平面倾斜所成的角度，例如60°	∠60°

表1－9 端钮、调零器的符号

名称	符号	名称	符号	名称	符号
负端钮	－	公共端钮	*	与外壳相连接的端钮	
正端钮	+	接地端钮	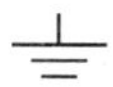	调零器	

电表使用中，还要注意表头读数，例如，当表头刻度最大值为100，而使用200（mA）挡时，读数要将表头刻度数×2，而使用50（mA）挡时，要将表头刻度数$\times\frac{1}{2}$。总之，无论使用哪一挡，其表头最大刻度数就应是量程的数值，读数时就要注意乘上相应的倍数。

2. 电学校量仪器系统误差估计

与指示仪表相比，校量仪器的准确度较高，它是用已知标准量与测量量相比较而获得测量结果。常用的有电桥、电位差计等。

（1）电桥。

电桥可分为直流电桥、交流电桥两大类，每一类又可进行细分，如直流电桥又分为：直流单电桥（惠斯通电桥）、直流双电桥（开尔文电桥）等。直流电桥的准确度等级（用K表示）

共分 8 级。即0.01，0.02，0.05，0.1，0.2，0.5，1.0，2.0 等，它表示电桥在规定工作电压及基本量限范畴内，测量值相对误差不会超过 $\pm K\%$，但要注意，测量范围不同，准确度等级可能不同，这在仪器铭牌上都有所注明。如果某一类型的0.2 级的直流单电桥，测量范围虽为 $(1\sim10^6)\ \Omega$，但它只是在 100 ~ 99990 Ω 的基本量限范围内测量值的相对误差才不超过 ±0.2%。如测得一电阻为976.2 Ω，那末，其绝对误差(系统误差)通常按下式计算：

绝对误差为：

$$\delta R = \pm 0.2\% \cdot \text{测量值}$$

那么

$$\delta R = \pm 0.2\% \times 976.2 = 2.0\ \Omega$$

结果

$$R = (976 \pm 2)\ \Omega$$

(2)直流电位差计。

直流电位差计是测量直流电势(电压)的仪器。也可用它间接测量电阻、电流、功率等物理量，它稳定可靠，测量结果具有很高的精度，所以在电测与非电测量中，占有极重要的地位，在生产和科研中被广泛应用。

按使用条件分，有实验室型和携带型两类。前一类的准确度共有 9 挡：0.0001，0.0002，0.0005，0.001，0.002，0.005，0.01，0.02，0.05。后一类的准确度分为 4 挡：0.02，0.05，0.01，0.2。

关于电位差计的计算公式没有电桥那么简单，不同的仪器，其误差计算公式也不同，在仪器说明书中都有说明。

第七节　物理实验课的基本程序

任何物理实验无论实验内容如何，也无论采用哪一种实验方法，物理实验课的基本程序大都相同，一般可分为如下三个阶段。

一、实验前的预习

由于实验课的时间有限，而熟悉仪器和测量数据的任务一般都比较重，不允许在实验课内才开始研究实验的原理。若不了解实验原理，实验时就不知道要研究什么问题，要测量哪些物理量，也不了解会出现什么现象，只是机械地按照教材所定的步骤进行操作，离开了教材就不知怎样动手，用这种呆板的方式做实验，虽然也得到了实验数据，却不了解它们的物理意义，也不会根据所测数据去推求实验的最后结果。因此，为了在规定时间内高质量地完成实验课的任务，我们应当做好实验前的预习及准备。

(1)理论准备：从实验指导书和有关参考书籍中充分了解实验的理论依据和条件。

(2)实验仪器的准备：确定实验所需用的仪器装置，了解这些仪器的工作原理、工作条件和操作规程及基本结构。

(3)观测的准备：明确实验步骤和注意事项，设计记录表格，表格上标明文字符号所代表的物理量及其单位，并确定测量次数。

(4)完成预习报告，实验前交教师检阅，获准通过后，才能进行实验。

二、实验过程

(1)仪器的安装和调整：使用仪器进行测量时，必须满足仪器的正常工作条件(水平、铅直、工作电压、光照等)，并按操作规程进行，这就要求正确安装和调整仪器。以下列出几点有关安装和调整中带共同性的注意事项。

①安装仪器时，应尽量做到安全、可靠，便于操作、观察和读数。

②灵敏度高的仪器(如分析天平、灵敏电信计)都有制动器，不测量时，应使仪器处于制动状态。

③游标尺、螺旋测微计、停表温度计等小件仪器，在用完之后，要立即放入实验台上的仪器盒中。

④拧动仪器上的旋钮和转动部件时，不能用力过猛。

⑤注意仪器的零点，必要时需进行调零。

⑥砝码、透镜、表面镀膜的反射镜等器件，为了保持测量精度和光洁度，不要用手去摸，也不要随便用布擦。

⑦使用电子仪器，要注意电源电压、极性，并需经教师允许后方能接通电源。绝对不允许未经仔细审查就通电试试看。实验中实验仪器显示任何不正常，都要先切断电源。

⑧对于容易发生爆炸事故的真空室、气源、水源、阀门，需要经教师检查后才可扭动。

⑨不要私自动用别组仪器，如果仪器不够用或出现问题，应请教师解决。

⑩实验结束时，要将仪器调到最安全的状态，并使之归位(恢复到实验前的摆设状态)

(2)观测：在明确了实验目的和测量内容，步骤，并能正确使用仪器之后，可以进行正式观测。观测时要集中精力尽量排除外界的干扰(自己也要注意不影响别人)。

在两人或多人合作做一个实验时，既不要其中一人处于被动也不要一个包办代替，应当既有分工又有协作，以便共同达到预期的实验目的。

普通物理实验一般是比较简单的，使用的仪器精密度也不一定很高，但如何获得这些仪器所能达到的最佳结果还必须要求实验者做出很大的努力，若认为实验简单而不重视它，这首先不是应有的科学态度，也难于得出甚至得不到良好结果，还会给将来使用高级仪表造成损失。

当从各种仪器的刻度尺上读数时，一定要估读到最小分度的$\frac{1}{10}$，例如用一最小分度为mm的米尺测一长度时，读数为28.63 cm的末位3是估计的但一定要读出，不能写为28.6cm。

(3)记录：记录就是如实记下实验的日期、时间、地点、合作者、室温、气压、仪器及其编号，简单过程、原始数据、有关现象、随时发生的问题。记录要整洁、清楚，使自己和别人都易看懂。数据一定要记录在预先设制的表格中。各个数据之间，数据与图表之间不要太挤，应留有间隙，以供必要时补充和更正，如果觉得测量数据有错误，可在错误的数字上画一条整齐的直线；如果整段数据都测错了，则画一个与此段大小相适应的“×”号。在情况允许时，可以简单地说明为什么是错误的。错误记录的数据不要用黑圆点或黑方块涂掉。我们保留“错误”数据，不毁掉它，是因为“错误”数据有时经过比较后竟是对的。

总之，测量实验数据时要特别仔细，以保证读数准确，因为数据的优劣，往往决定了实验工作结果的成败。计算上的错误可在离开实验后修正，但是未经重复测试时不允许修改实验数据。

三、数据的整理和实验报告

(1)实验过程中要随时整理数据，测量结束后要尽快整理好数据，计算出结果，并绘出必要的图线，数据整理工作应尽可能在实验课上完成，并应根据数据整理中的问题作必要的补充测量，一般应在计算出结果以后(或教师在数据表上签字后)再收拾仪器。

(2)实验报告是实验工作的全面总结，要用简明的形式将实验结果完整而又真实地表达出来。写报告时，要求文字通顺，字迹端正，图表规矩美观，结果正确，讨论认真。要养成实验完成后尽早将实验报告写出来的习惯，因为这样做可以收到事半功倍的效果。

(3)完整的实验报告一般包括下列几个部分：实验名称；实验目的；原理摘要或计算公式；仪器设备及编号；主要操作方法和步骤(此项可省)；实验数据；计算或作图；误差分析；实验结果；回答问题及讨论。

(4)实验的讨论是培养分析能力非常重要的部分，应当努力去做。实验后可供讨论的问题是多方面的，以下几点供参考。

①实验的原理方法是什么？仪器给你留下什么印象？实验目的是否达到？

②实验的系统误差表现在哪些地方？怎样改进测量方法或装置以减小误差？

③实验步骤怎样安排更好？

④实验中观察到什么反常现象？遇到什么困难？能否提出可供以后实验时借鉴的建议。

⑤对测量结果是否满意？如果未达到应能达到的结果是何缘故？

⑥对实验的安排(目的、要求、方法和仪器的配置等)以及教师的指导有何建议？

最后指出实验报告是一堂实验课的总结，也是全面反映实验者的态度、能力、实验优劣的依据，必须按时交指导教师审阅、评分。

思考与习题

1. 直接测量和间接测量的测量结果为什么都有误差？

2. 误差估算法则和有效数字运算规则有什么关系？

3. 算术平均误差表示和标准偏差有什么异同处？各有哪些优缺点？

4. 指出下列各量是几位有效数字。

(1) $L = 0.0001$ cm　　(2) $T = 1.0001$ s

(3) $E = 2.7 \times 10^{25}$ J　　(4) $g = 980.123$ cm/s^2

(5) $\lambda_{cN_4} = 3392.23140$ A

5. 按照误差理论和有效数字运算规则，改正以下错误：

(1) $N = (10.8000 \pm 0.2)$ cm

(2)有人说0.2870有五位有效数字，有人说只有三位(请纠正并说明其原因)

(3)有人说 8×10^{-5} g比8.00测得准确(试说明原因)

(4) 28 cm = 280 mm

(5) $L = (28000 \pm 8000)$ mm

(6) $0.0221\times0.0221=0.00048841$

(7) $\dfrac{40\,0\times150\,0}{12.6\underline{0}-11.6\underline{0}}=60000$

6. 根据有效数字运算规则计算下列各式的结果：

(1) $98.75\underline{4}+1.\underline{3}=?$

(2) $107.5\underline{0}-2.\underline{5}=?$

(3) $11\underline{1}\times0.10\underline{0}=?$

(4) $237.\underline{5}\div0.1\underline{0}=?$

(5) $\dfrac{76.00\,0}{40.0\underline{0}-2.\underline{0}}=?$

(6) $\dfrac{50.0\,0\times(183\,0-16.3)}{(10\underline{3}-3.\underline{0})\times(10\underline{0}-0.00\underline{1})}=?$

7. 用一最小分度值为 0.02 mm 游标卡尺，测一约为 2 mm 和长度，能读出几位有效数字？若用有毫米刻度的米尺去测量，有几位有效数字？

8. 用天平称一物体质量，共称 5 次，分别为 5.612 g，5.613 g，5.616 g，5.618 g，5.615 g，用 4 个砝码 5 g，0.5 g，0.1 g，0.01 g（砝码相应允许误差为 ±2 mg，±1 mg，±1 mg，±0.5 mg），求这些数据的平均值、标准误差及相对误差，并以测量结果的形式表达。

9. 用单摆测重力加速度，测得：摆长 $L=100.00\pm0.02$ cm，周期 $T=2.00\pm0.01$ s，问 L 和 T 的误差中，哪个对结果的影响大些？请计算出 g 和 Δg 的数值来。

10. 比较下列三个量的相对误差哪个大：$L_1=54.98\pm0.02$ cm，$L_2=2.498\pm0.002$ cm，$L_3=0.0098\pm0.0002$ cm。计算该纸带的体积 $\overline{V}=L_1\cdot L_2\cdot L_3$ 和 $\Delta\overline{V}$。

11. 一个铅圆柱体，测得其直径 $d=2.04\pm0.01$ cm，高度 $h=4.12\pm0.01$ cm，质量 $m=49.18\pm0.05$ g，计算铅笔密度的绝对误差和相对误差。

12. 某圆管体积 $V=\frac{\pi}{4}L(D_1^2-D_2^2)$，测得管长 $L=10$ cm，$D_1=3$ cm，$D_2=2$ cm。问哪个量的测量误差对结果影响最大？计算体积 $V\pm\Delta V$。

13. 由实验测得金属丝的长度 L_T 和相应的温度 T_i，如表 1-10 所示。

表 1-10 实验数据

T/℃	23.3	32.0	41.0	53.0	62.0	71.2	87.0	99.0	±0.5
L/mm	71.0	73.0	75.0	78.0	80.0	82.0	86.0	89.0	±0.5

试用图解法，根据方程 $L_T=L_0(1+aT)$，求 a 并计算误差 Δa 及 S_a。

14. 计算以下结果及误差：

(1) $N=A+2B+C-5D$

$$A=38.206\pm0.01\ \text{cm}$$
$$B=13.2487\pm0.0001\ \text{cm}$$
$$C=161.25\pm0.01\ \text{cm}$$
$$D=1.3242\pm0.0001\ \text{cm}$$

(2) $N=4m/(\pi D^2 H)$

$$m=236.124\pm0.002\ \text{g}$$
$$D=2.345\pm0.005\ \text{cm}$$
$$H=8.21\pm0.01\ \text{cm}$$

15. 弹簧振子作垂直振动。已知振动周期 T 与振子质量 M、弹簧本身质量 m、弹性系数的关系为 $T=2\pi\sqrt{\dfrac{M+ml^3}{k}}$，实验测得数据如表 1－11 所示。

表 1－11　实验数据

$M\times10^{-3}$/kg	191.0	239.5	228.0	336.5	385.0	433.5		±0.5
T/s	0.731	0.861	0.892	0.964	1.030	1.090		±0.5

用图解法求 k 和 m 值，并计算它们的误差。

16. 凹面镜成像公式为：

$$\frac{1}{v}+\frac{1}{u}=\frac{2}{r}$$

式中：u 为物距；v 为像距，r 为凹面镜曲率半径。

测得以下 5 组数据列于表 1－12。

表 1－12　实验数据

u/cm	22.8	27.9	33.7	38.0	52.0
v/cm	68.0	43.1	34.5	31.1	25.1

u 的测量误差与 v 比可以忽略。用最小二乘法求凹面镜的曲率半径。

第二章　基础性实验

基础性实验主要学习基本物理量的测量、基本实验仪器的使用、基本实验技能和基本测量方法、误差与不确定度及数据处理的理论与方法等，可涉及力、热、电、光、近代物理等各个领域的内容。此类实验为适应各专业的普及性实验。基础实验是科学实验工作的“基本功”，是发挥创造能力，进行综合性、设计性实验的前提。

实验2－1　碰撞实验

气垫导轨是一种阻力极小的力学实验装置。它是利用气源将压缩空气打入导轨型腔，再由导轨表面上的小孔喷出气流，在导轨与滑行器之间形成很薄的气膜，将滑行器浮起，并使滑行器能在导轨上做近似无阻力的直线运动，利用气垫导轨可以观察和研究在近似无阻力的情况下物体的各种运动规律，极大地减少了力学实验中由于摩擦力而出现的较大误差，使实验结果接近理论值，实验现象更加真实、直观。

实验目的

(1)了解气垫导轨的组成及使用；

(2)验证动量守恒定律；

(3)了解非完全弹性碰撞与完全非弹性碰撞的特点。

实验仪器

气垫导轨，滑块，光电门，数字毫秒计，游标卡尺，尼龙粘胶带或橡皮泥。

仪器介绍

气轨简介：气轨是一种摩擦很小的运动实验装置。它由导轨、滑块和光电门组成(如图2－1－1所示)。

1. 导轨

导轨是由长1.5～2.0 m的三角形中空铝型材制成。轨面上两侧各有两排直径为0.4～0.6 mm的喷气孔。导轨一端装有进气嘴，当压缩空气进入管腔后，就从小孔喷出，在轨面与轨上滑块之间形成很薄的空气膜(即所谓气垫)，将滑块从导轨面上托起(高约0.15 mm)，从而把滑块与导轨之间接触的滑动摩擦变为空气层之间的气体内摩擦，极大地减小了摩擦力的影响。导轨两端有缓冲弹簧，一端安有滑轮。整个导轨安在钢梁上，其下有3个用以调节导轨水平的底脚螺丝。

2. 滑块

用角形铝材制成，其两侧内表面和导轨面精密吻合。滑块两端装有缓冲器，其上面可安

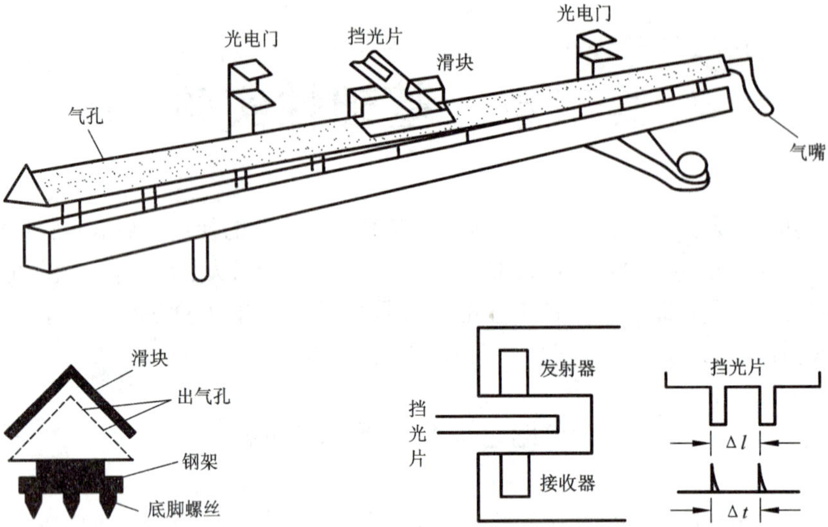

图 2-1-1　实验仪器结构示意图

置挡光片或附加重物。

3. 光电门

它由聚光灯泡和光电管组成，立在导轨的一侧。光电管与数字毫秒计相接。当有光照到光电管上时，光电管电路导通，这时如挡住光路，光电管为断路，通过数字毫秒计门控电路，输出一脉冲使数字毫秒计开始或停止计时。滑块上的挡光片在光电门中通过一次，数字毫秒计将显示出从开始计时到停止计时相应的时间 t。如相应的挡光片宽度为 d，则可得出滑块通过光电门的平均速度 $\bar{v}=d/t$。

4. 挡光片

由金属片制成，如图 2-1-2 的 U 字形，d 是挡光片第一前沿到第二前沿的距离。

使用 d 小的挡光片可以使测出的平均速度接近瞬时速度，即减小系统误差。但是 d 小时，相应的 t 也将变小，这时 t 的相对误差将变大，所以测量速度时，不宜于用 d 很小的挡光片。至于平均速度和瞬时速度的差异可以另行设法补正。

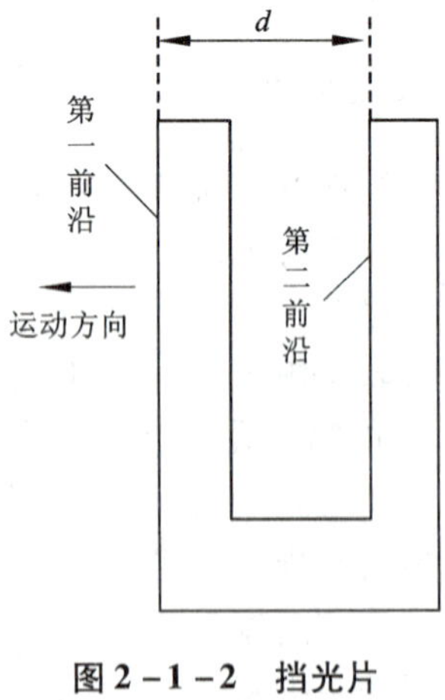

图 2-1-2　挡光片

5. 使用气轨的注意事项

(1) 防止碰伤轨面和滑块。

滑块与轨面之间只有不到 0.2 mm 的间隙，如果轨面和滑块内表面被碰伤或变形，则可能出现接触摩擦力，使阻力显著增大。

(2) 检查轨面喷气孔是否堵塞。

(3) 气轨未供气时，不要在轨上推动滑块。

(4) 实验后取下滑块。

实验原理

当两滑块在水平的导轨上沿直线作对心碰撞时，若略去滑块运动过程中受到的黏滞性阻力和空气阻力，则两滑块在水平方向除受到碰撞时彼此相互作用的内力外，不受其他外力作用，故根据动量守恒定律，两滑块的总动量在碰撞前后保持不变。

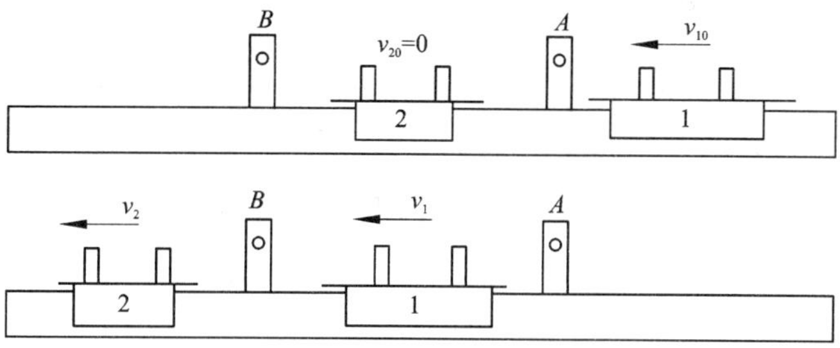

图 2-1-3　滑块在气垫导轨上的运动(一)

如图 2-1-3 所示，设滑块 1 和 2 的质量分别为 m_1 和 m_2，碰撞前两滑块的速度分别为 v_{10}和 v_{20}，碰撞后的速度分别为 v_1 和 v_2，则根据动量守恒定律有

$$m_1\vec{v}_{10} + m_2\vec{v}_{20} = m_1\vec{v}_1 + m_2\vec{v}_2$$

若写成标量形式，即

$$m_1 v_{10} + m_2 v_{20} = m_1 v_1 + m_2 v_2$$

式中各速度均为代数值，各 v 值的正负号决定于速度的方向与所选取的坐标轴方向是否一致，这一点要特别注意。

牛顿曾提出“弹性恢复系数”的概念。其定义为碰撞后的相对速度与碰撞前的相对速度的比值。一般称为恢复系数，用 e 表示，即

$$e = \frac{v_2 - v_1}{v_{10} \quad v_{20}}$$

当 $e=1$ 时为完全弹性碰撞，$e=0$ 为完全非弹性碰撞，一般 $0<e<1$ 为非完全弹性碰撞。气轨滑块上的碰撞弹簧是钢制的，e 值在 0.95 ~ 0.98，它虽然接近 1，但是其差异也是明显的，因此在气轨上不能实现完全弹性碰撞。

1. 非完全弹性碰撞

取大、小二滑块($m_1>m_2$)，将滑块 2 置于 A、B 光电门之间，使 $v_{20}=0$。推动滑块 1 以速度 v_{10}去撞滑块 2，碰撞后速度分别为 v_1和 v_2，则

$$m_1 v_{10} = m_1 v_1 + m_2 v_2$$

碰撞前后动能的变化为

$$\Delta E = \frac{1}{2}(m_1 v_1^2 + m_2 v_2^2) - \frac{1}{2}m_1 v_{10}^2$$

实际实验时，由于滑块运动受到一定的阻力，又由于导轨具有少许的弯曲，在 A 门测出的速度 v_{1A}，在 B 门测出的速度 v_{2B}和 v_{1B}，都和碰撞前后瞬间相应的速度有些差异，减少差异的办法之一，是尽可能缩短碰撞点到测速光电门间的距离，例如 VAFN 多用数字测试仪就可

以在很短的瞬间记录下两滑块在碰撞前后经过光电门的 4 个时间。办法之二是进行速度修正，因为滑块在“调平”气轨上运动时仍然有加速度。可参照图 2－1－4 测出三个加速度，对相应的速度进行修正。图中滑块位置为相碰前瞬间的位置，CD 为此时二滑块挡光片中点的位置，AB 为实验时光电门的正常位置。

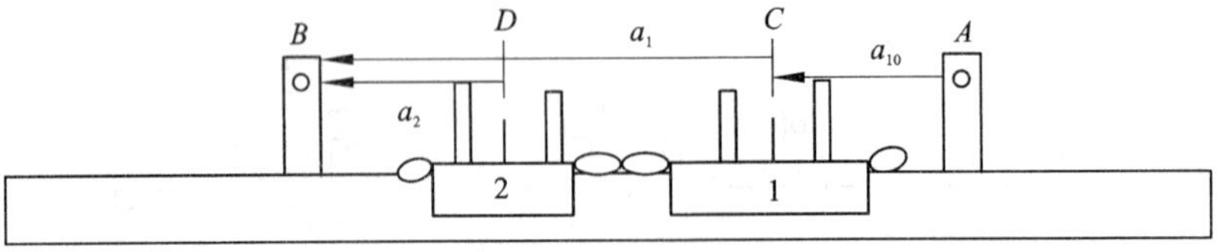

图 2－1－4　滑块在气垫导轨上的运动(二)

(1) AC 间距离为 S_{10}，将 B 门移至 C，测出滑块 1 在 AC 间的加速度 a_{10}，则

$$v_{10}=\sqrt{v_{1A}+2a_{10}S_{10}}\ (v_{1A}\text{是在 A 门的速度})$$

(2) CB 间距离为 S_1，将光电门置于 C、B 处，测出滑块 1 在 CB 间的加速度 a_1，则

$$v_1=\sqrt{v_{1B}^2-2a_1S_1}\ (v_{1B}\text{是滑块 1 在 B 门的速度})$$

(3) DB 间距离为 S_2，将光电门置 DB 处，测出滑块 2 在 DB 间的加速度 a_2，则

$$v_2=\sqrt{v_{2B}^2-2a_2S_2}\ (v_{2B}\text{是滑块 2 在 B 门的速度})$$

2. 完全非弹性碰撞

此时 $e=0$，将滑块 2 置于光电门 AB 间，而且 $v_{20}=0$，滑块 1 以速度 v_{10}撞向滑块 2，碰撞后两滑块粘在一起，并以同一速度 v_2运动。

为了实现此类碰撞，要在两滑块的碰撞弹簧上加上尼龙胶带或橡皮泥(使用尼龙胶带时里面要衬上一块软胶皮)。

碰撞前后的动量关系为

$$m_1v_{10}=(m_1+m_2)v_2$$

动能变化为

$$\Delta E=\frac{1}{2}(m_1+m_2)v_2^2-\frac{1}{2}m_1v_{10}^2$$

实验步骤

(1) 用纱布沾少许酒精擦轨面及滑块内表面(供气时)，检查气孔。

(2) 调平气轨；检查滑块碰撞弹簧，保证对心碰撞。

(3) 操作上的注意事项：碰撞前后滑块运行是否平稳对此实验十分重要，除去检查碰撞弹簧保证对心碰撞以外，在推动滑块 1 去撞滑块 2 时也应特别小心，最好不是用手直接去推滑块 1，而是在滑块 1 后面再加一小滑块，通过小滑块去推动滑块 1，使推力和轨平行。

(4) 非完全弹性碰撞：适当安置光电门 A、B 的位置，使能顺序测出 3 个时间 t_{1A}(滑块 1 通过 A 门时)，t_{2B}(滑块 2 通过 B 门时)，t_{1B}(滑块 1 通过 B 门时)，并在可能的条件下，使 A、B 的距离小些。

每次碰撞时，要使 $v_{20}=0$，速度 v_{10}也不要太大。

碰撞次数可在 6 ~ 10 次之间。

其次，参照图 2 - 1 - 4，测量 S_{01}，a_{01}，S_1，a_1，S_2，a_{20}，测 a 值也要重复几次，由于这三个 a 值都较小，更容易受干扰，测量更要细心。

(5) 完全非弹性碰撞。

在两滑块的相对的碰撞面上加上尼龙胶带或橡皮泥（碰撞弹簧要移开），进行碰撞，仍然使 $v_{20}=0$。

(6) 计算结果与分析。

①两类碰撞，碰撞后前动量之比；

②两类碰撞，碰撞前后动能的变化；

③非完全弹性碰撞时的恢复系数；

④对实验结果作分析和评价。

注意事项

(1) 爱护气轨和滑块。

(2) 尽量保证碰撞为对心碰撞，使碰撞前后均没有左右晃动现象。

(3) 非完全弹性碰撞时，滑块上要安装弹簧片，完全非弹性碰撞时，滑块上要安装尼龙搭扣，以保证碰后粘在一起运动。

思考题

(1) 对你使用的实验装置，如果取 $m_1=m_2$，$v_{20}=0$，并且认为 $v_1=0$，将给结果引入多大的误差？

(2) 当取 $m_1<m_2$ 进行碰撞时，其测量误差与 $m_1>m_2$ 时相比，哪一种可能小些？

实验 2－2　杨氏模量的测定

材料受外力作用时必然发生形变，其内部胁强（单位面积上受力大小）和胁变（即相对形变）的比值称为弹性模量，这是衡量材料受力后形变大小的参数之一，是设计各种工程结构时选用材料的主要依据之一。本实验测量钢丝的纵向弹性模量（也称杨氏模量）。实验中涉及较多长度量的测量，应根据不同测量对象选择不同的测量仪器。如读数显微镜配以 CCD 成像系统测量钢丝微小的伸长量。本实验采用逐差法处理数据。

实验目的

（1）观察金属丝的弹性形变规律，学习用伸长法测定金属丝的杨氏模量；

（2）掌握光学放大原理，学会使用光杠杆测量微小长度的变化；

（3）学习用逐差法处理数据。

实验仪器

杨氏模量测定仪（包括光杠杆、砝码、镜尺组）、米尺、游标卡尺、螺旋测微计、钢丝。

实验原理

1. 实验装置

实验装置如图 2－2－1 所示，它包括以下几部分：

（1）金属丝和支架。

待测钢丝 E 约长 1 m，A 和 B 为钢丝两端的夹头，滑动夹头 B 置于平台 C 的中间圆孔，它可以在圆孔中上下自由移动，在 B 下端挂有砝码托盘 F，用来加挂砝码 H。

（2）光杠杆。

光杠杆 D 如图 2－2－2 所示，在 T 形架上直立放置一个平面镜，T 形架由三个尖足 a（后足尖）、c、d（两个前足尖）支撑，形成一个等腰三角形，a 足到 c、d 两足之间的垂直距离 b 可以调整。

（3）镜尺组。

镜尺组包括一个直尺 P 和望远镜 T，都固定在一支架上。

2. 认识和调节仪器

认识仪器：

在动手做实验前，应有一个认识仪器的习惯。看看仪器的构造，仪器上各部分有什么作用？哪些部件可以调节？应怎样调节？……经过这样的认识过程，做实验时就能主动地掌握仪器而不是忙乱地、盲目地调节。

调节仪器：

（1）调节底座螺丝 1，保证平台 C 水平，使夹头 B 位于平台圆孔中间，能上下无摩擦地自由移动。

（2）将光杠杆放在平台上，前足尖置于平台的沟槽处，后足尖置于滑动夹头上，随着滑动夹头的移动而移动、镜面与平台垂直。注意，后足不能与金属丝相碰。

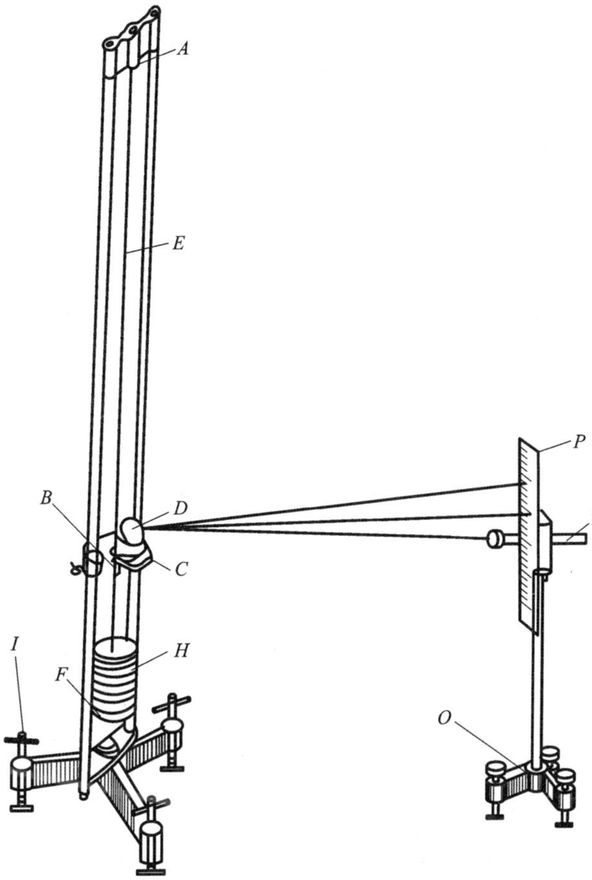

图 2－2－1　杨氏模量测量装置

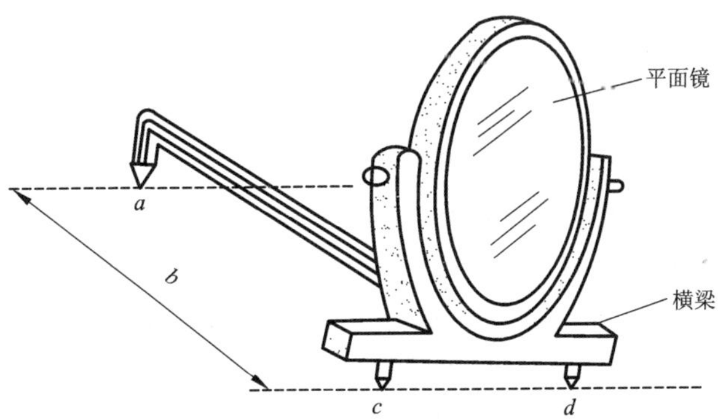

图 2－2－2　光杠杆 T 形架

(3)将镜尺组置于光杠杆平面镜正前方约 1.5 m 处，使直尺成垂直状态，望远镜与光杠杆位于同一高度，并对准镜面。

(4)望远镜目测粗调：从望远镜筒外侧沿镜筒方向看到平面镜中有直尺的像，如未见到，就移动望远镜，直到在平面镜中看到直尺的像。

(5)望远镜的细调：调节望远镜目镜看清叉丝，再调节物镜直到从望远镜中能看清直尺的刻线。

(6)消除视差：当视线略作上下移动时，所看到的竖尺刻度线与叉丝之间应没有相对移动，如果发现有明显的视差，可稍微调节一下望远镜聚焦。

3. 测量原理

在外力作用下固体会发生形变，形变可分为弹性形变和塑性形变。弹性形变是指外力撤除后，物体能完全恢复原状的形变。如果加在物体上的外力过大，以至外力撤除后，物体不能完全恢复原状而留下剩余形变称之为塑性形变。本实验只研究弹性形变，即应当控制外力大小，以保证此外力撤除后物体恢复原状。弹性形变又可分为4种：伸长或压缩形变；切变；扭变；弯曲形变。本实验研究钢丝沿长度方向受外力作用后的伸长形变。

本实验采用伸长法，其设计思想是利用应力和应变的关系测量杨氏模量；用测量物理量的变化代替测量物理量，用机械和光学放大原理测量微小长度的变化。

长为 L，截面积为 S 的均匀金属丝，在受到沿长度方向的拉力 F 作用下伸长 ΔL，定义比值$\frac{F}{S}$(单位面积上的作用力)为应力，它决定了物体的形变；比值$\frac{\Delta L}{L}$(物体的相对伸长)为应变，它表示物体形变的大小。

按照虎克定律：在物体的弹性限度内，应力与应变成正比，其数学表达式为：

$$\frac{F}{S}=E\times\frac{\Delta L}{L} \tag{2-2-1}$$

其中：比例系数 E 称该金属丝的杨氏模量。它是表征固体材料性质的一个物理量。它与固体材料的形状、几何尺寸、外力的大小无关，只决定于材料的性质。若某种材料发生一定的应变所需要的力越大，则该材料的杨氏模量越大。

由式(2-2-1)可知，只要测出外力 F，金属丝原长 L 和截面积 S 以及在力 F 作用下的伸长量 ΔL，就可测得金属的杨氏模量，其中 F、S、L 均可用一般方法测定。由于 ΔL 是一个很小的长度变化，很难用普通测量长度的仪器将它测准，本实验用光杠杆方法(光学放大法)对 ΔL 可进行较精确地测量。

4. 光杠杆原理

将光杠杆、镜尺组按实验要求放置好，此时会在望远镜中看到由平面镜反射的直尺像，可读出望远镜中的叉丝横线与直尺上重合的刻线的刻度值。设钢丝长度为 x_0，当加上 m kg 砝码后，钢丝伸长 ΔL，光杠杆后足和活动夹头一同下降 ΔL(如图2-2-3所示)，而 cd 保持不动，于是光杠上的平面镜将绕 cd 轴转过 θ 角。此时，直尺上的刻度 x_m 和叉丝横线重合。在长度变化 ΔL 很小($\Delta L\ll b$)时 θ 很小，故

$$\theta\approx\tan\theta=\frac{\Delta L}{b} \tag{2-2-2}$$

根据光的反射定律，反射角和入射角相等，因此当镜面旋转 θ 角时，反射光线将旋转 2θ 角，由图2-2-3可知，当$(x_m-x_0)\ll D$ 时，有

$$2\theta\approx\tan2\theta=\frac{x_m-x_0}{D} \tag{2-2-3}$$

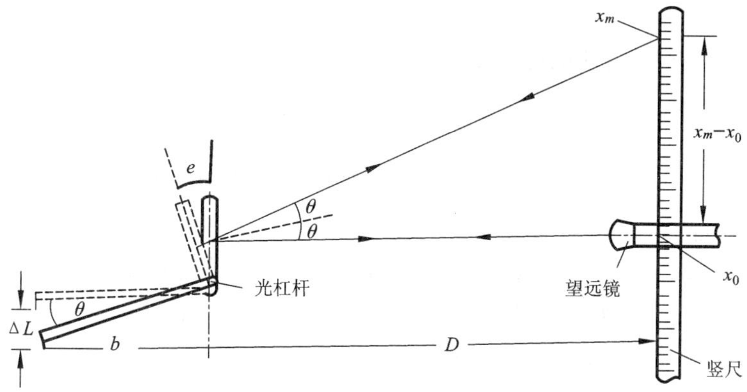

图 2-2-3　光杠杆原理图

D 为镜面到标尺的距离，x_m-x_0 为从望远镜中观察到的标尺移动的距离。由式(2-2-2)、式(2-2-3)可得：

$$\Delta L=\frac{b}{2D}(x_m-x_0) \qquad (2-2-4)$$

可见光杠杆的作用在于将微小变化 ΔL 放大为竖直尺上的位移(x_m-x_0)，其放大倍数为$\frac{2D}{b}$。

光杠杆原理已被广泛应用于其他测量技术或测量仪器中，许多高灵敏的电表，如冲击电流计、光点检流计等，都是应用了光杠杆的放大原理。

3. 实验公式

将式(2-2-4)和 $F=mg$ 代入式(2-2-1)，并利用 $S=\frac{1}{4}\pi d^2$(d 为钢丝的直径)，有：

$$E=\frac{8mgLD}{\pi d^2(x_m-x_0)b} \qquad (2-2-5)$$

实验步骤

(1)挂好金属丝，加上砝码托及 1～2 kg 砝码(此砝码不必计入 m 中)，将线拉直。

(2)安装尺读望远镜和光杠杆，并调节好(注意调节方法)，记录望远镜中标尺的示数 x_0。

(3)逐次增加 1 kg 砝码，记下望远镜中对应读数 x_m 直至 5 kg，然后将所加砝码逐次减去 1 kg，记下对应读数 x'_m，取两组对应的数据的平均值得

$$\bar{x}_m=\frac{1}{2}(x_m+x'_m) \quad (m=0,1,2,3,4,5)$$

测量中应随时注意判断数据，以便及时发现问题，改进操作主动地做实验。

同学们可根据虎克定律，考虑 x_m(或 x')的变化有何规律?

(4)选取适当的仪器测量金属丝长度 L，平面镜与标尺之间的距离 D，光杠杆前后足的距离 b(可将光杠杆轻轻在纸上压三个足痕，用游标卡尺去测)，金属丝的直径 d，测量次数自己定。

(5) 自拟实验步骤和记录表格。

(6) 用逐差法计算 $x_m - x_0$。

(7) 计算杨氏模量 E 及其标准误差。

思考题

(1) 如何调节杨氏模量测定仪平台水平？为什么要将其调成水平？

(2) 放置光杠杆时，要注意一些什么？

(3) 为了在望远镜中找到直尺的像，应如何进行仪器调节的程序？

(4) 在实验之初，如果钢丝有弯曲，实验中途钢丝从夹头上滑脱少许或碰动了望远镜或光杠杆，将会对实验有何影响，是否要从头测？

(5) 如何测量 b？

(6) 用光杠杆法测量金属丝伸长时，改变哪些量可以使光杠杆的放大倍数增加？

实验 2-3　单摆的基础实验

单摆是由一摆线 l 连着重量为 mg 的摆锤所组成的力学系统，是力学基础教科书中都要讨论的一个力学模型。当年伽利略在观察比萨教堂中的吊灯摆动时发现，摆长一定的摆，其摆动周期不因摆角而变化，因此可用它来计时，后来惠更斯利用了伽利略的这个观察结果，发明了摆钟。

实验目的

(1)学会使用光电门计时器和米尺，测量单摆的周期和摆长；
(2)验证摆长与周期的关系，掌握使用单摆测量当地重力加速度的方法；
(3)初步了解误差的传递和合成。

实验仪器

单摆实验装置，多功能微秒计，卷尺，游标卡尺。

仪器介绍

单摆的实验装置如图 2-3-1 所示。

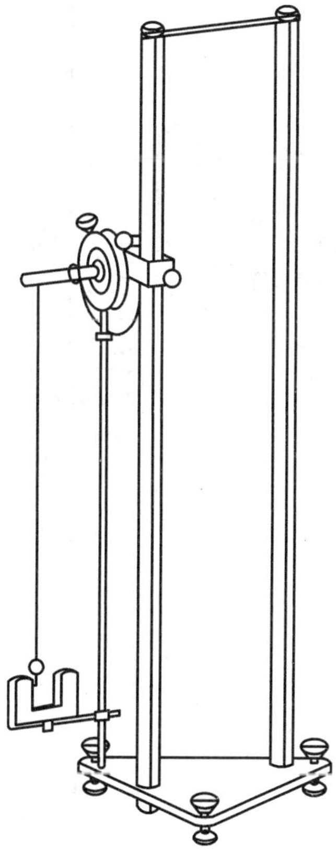

图 2-3-1　单摆实验装置

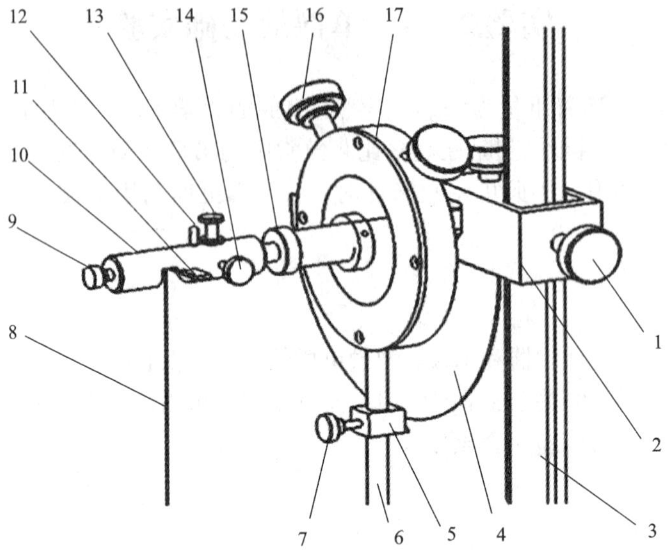

图 2-3-2　摆轮

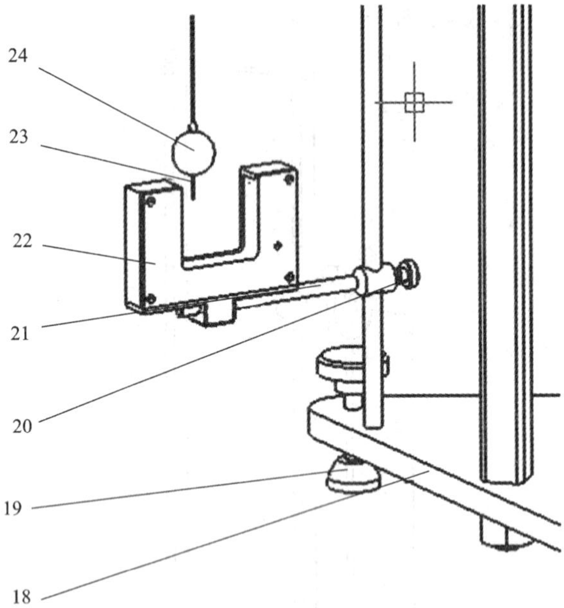

图 2-3-3　摆球

1—锁紧螺钉(1)；2—夹座；3—支架柱；4—刻度盘；5—刻度指针；6—摆杆；7—锁紧螺钉(2)；8—摆线；9—锁紧螺钉(3)；10—挂线轴；11—挂板；12—穿线柱；13—绕线轴；14—锁紧螺钉(4)；15—锁紧螺帽；16—锁紧螺钉(5)；17—转动圆环 ；18—底座；19—底座脚；20—锁紧螺钉(6)；21—光电门安装轴；22—光电门；23—挡光针；24—摆球

说明：

（1）松开“9—锁紧螺钉（3）”，摆线从“10—挂线轴”的中间小孔穿过“12—穿线柱”的小孔绕在“13—绕线轴”上 。线的长度调节好后用“锁紧螺钉3”将其锁紧。

（2）将“20—锁紧螺钉”松开可上下调节光电门。

（3）将“16—锁紧螺钉（5）”松开转动“17—转动圆环”，可将光电门调节至设想的角度，然后再锁紧。

（4）本仪器提供3种规格（直径）的铁质小球：11 mm，20 mm，30 mm。

（5）挡光针为长15 mm，直径为2.7 mm的中空塑料圆柱，实验时将其插在小球的底部孔中。

实验原理

用一不可伸长的轻线悬挂一小球，作幅角 θ 很小的摆动就是一单摆，如图2-3-4所示。

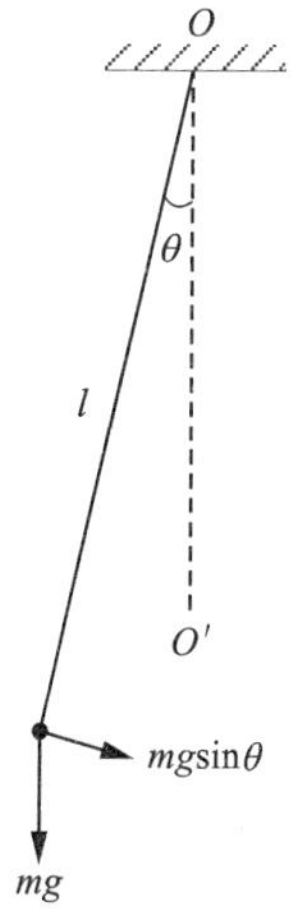

图2-3-4　单摆示意图

设小球的质量为 m，其质到摆的支点 O 的距离为 l（摆长）。作用在小球上的切向力的大小为 $mg\sin\theta$，它总指向平衡点 O'。当 θ 角很小，则 $\sin\theta \approx \theta$，切向力的大小为 $mg\theta$，按牛顿第二定律，质点的运动方程为 $ma_{切} = -mg\sin\theta$，即 $ml\dfrac{d^2\theta}{dt^2} = -mg\sin\theta$，因为 $\sin\theta \approx \theta$，所以

$$\frac{d^2\theta}{dt^2} = -\frac{g}{l}\theta \qquad (2-3-1)$$

这是一简谐运动方程（参阅普通物理学中的简谐振动），式（2-3-1）的解为

$$\theta(t) = P\cos(\omega_0 t + \varphi) \qquad (2-3-2)$$

$$\omega_0 = \frac{2\pi}{T} = \sqrt{\frac{g}{l}} \qquad (2-3-3)$$

式中：P 为振幅，φ 为幅角，ω_0 为角频率（固有频率），T 为周期。可见，单摆在摆角很小、不计阻力时的摆动为简谐振动，简谐振动是一切线性振动系统的共同特性，它们都以自己的固有频率作正弦振动，与此同类的系统有：线性弹簧上的振子，LC振荡回路中的电流，微波与光学谐振腔中的电磁场，电子围绕原子核的运动等，因此单摆的线性振动是具有代表性的。由式（2-3-3）可知该简谐振动固有角频率 ω_0 的平方等于 g/l，由此得出

$$T = 2\pi\sqrt{\frac{l}{g}},\ g = 4\pi^2\frac{l}{T^2} \qquad (2-3-4)$$

由式（2-3-4）可知，周期只与摆长有关。实验时，测量一个周期的相对误差较大，一般是测量连续摆动 n 个周期的时间 t，由式（2-3-4）得

$$g = 4\pi^2\frac{n^2 l}{t^2} \qquad (2-3-5)$$

式中：π 和 n 不考虑误差，因此式（2-3-5）的误差传递公式为

$$\frac{\Delta g}{g} = \frac{\Delta l}{l} + 2\frac{\Delta t}{t} \qquad (2-3-6)$$

从上式可以看出，在 Δl，Δt 大体一定的情况下，增大 l 和 t 对测量 g 有利。

实验步骤

(1)分别用米尺和游标卡尺测量摆线长和摆球的半径。摆长 l 等于摆线长加摆球的半径。

(2)当摆球的振幅小于摆长的$\frac{1}{12}$时，摆角 $\theta<5°$。

(3)如果用停表测量周期，当摆锤过平衡位置 O'时，按表计时，握停表的手和小球同步运动，为了防止数错 n 值，应在计时开始时数“零”，以后每过一个周期，数 1，2，…，n。以减少测量周期的误差。

(4)如果用计时器测量周期，参见多功能微秒计 DHTC－1 使用说明书。

(5)重力加速度 g 的测量。

实验方案一：

改变单摆的摆长 l，测量在 $\theta<5°$的情况下连续摆动 n 次的时间 t，填入表 2－3－1 中。

表 2－3－1　改变摆长 l，在 $\theta<5°$的情况下，连续摆动 20 次时间 t 的测量结果

摆长 l/cm	60.00	70.00	80.00	90.00	100.00	110.00
周期 T_{20}/s						
周期 T_{20}/s						
周期 T_{20}/s						
周期 T/s						
T^2						

表 2－3－1 的测量数据，有两种处理方法：

(1)作图法：根据表 2－3－1 的数据，作 $l-T_2$ 直线，在直线上取两点 A 和 B，求直线斜率 $K=\frac{y_1-y_2}{x_1-x_2}$，由式(2－3－4)知

$$g=\frac{4\pi^2}{K} \tag{2-3-7}$$

根据式(2－3－7)求重力加速度 g。

(2)计算法：根据表 2－3－1 的数据，分别计算不同摆长的重力加速度 g_1，g_2，g_3，g_4，g_5，g_6 然后取平均，再计算不确定度。

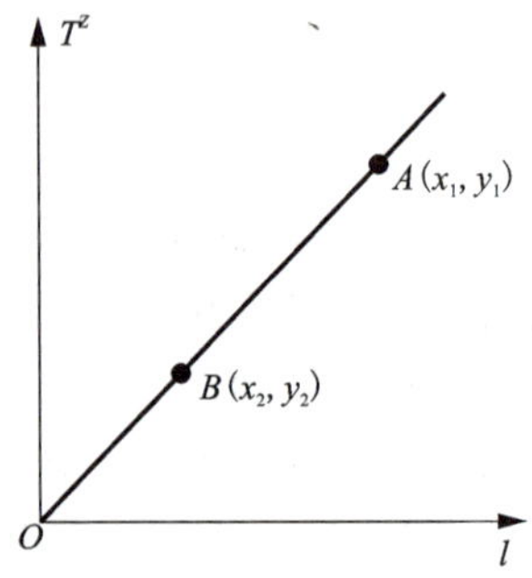

图 2－3－5　T^2-L 图线

实验方案二：

不改变单摆的摆长 l，测量在 $\theta<5°$ 的情况下，连续摆动 n 次的时间 t。填入表 2－3－2中。

测量同一摆长不同摆角下的周期 T，比较摆角对 T 的影响。

表 2-3-2　摆角对周期 T 的影响

摆角 θ/°	2	5	10	15	20	25	30	35	40	45	50	55	60	65
周期 T/s														

思考题

(1)设单摆摆角 θ 接近 0°时的周期为 T_0，任意摆角 θ 时周期 T，两周期间的关系近似为

$$T = T_0\left(1 + \frac{1}{4}\sin^2\frac{\theta}{2}\right)$$

若在 $\theta = 10°$ 条件下测得 T 值，将给 g 值引入多大的相对误差？

(2)有一摆长很长的单摆，如果不允许直接去测量摆长，如何用测时间的工具测出摆长？

实验2－4　刚体转动的研究

实验目的

(1)研究刚体转动时合外力矩与刚体转动角加速度的关系；
(2)考察刚体的质量分布改变时对转动的影响。

实验仪器

刚体转动实验仪，秒表，游标卡尺，天平，砝码，开关。

仪器介绍

图2－4－1为实验仪的示意图，图中1为均匀的横杆，2为可移动的圆柱形重物，3为塔轮，4为引线，5为滑轮，6为砝码。横杆、重物和塔轮构成一转动系统，在砝码重力作用下可作匀角加速度运动。

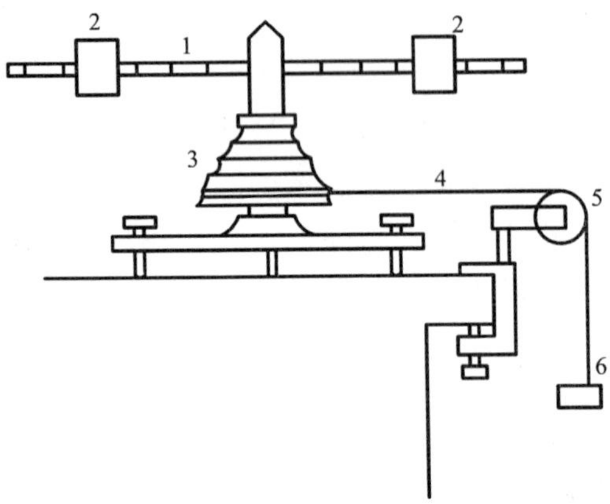

图2－4－1　刚体转动实验装置

实验原理

1. 合外力矩与角加速度的关系

根据刚体转动定律，转动系统所受合外力矩$M_{合}$与角加速度β的关系为

$$M_{合}=I\beta \tag{2-4-1}$$

其中：I为该系统对回转轴的转动惯量。合外力矩$M_{合}$主要由引线的张力矩M和轴承的摩擦力矩$M_{阻}$构成，则

$$M-M_{阻}=I\beta$$

摩擦力矩$M_{阻}$是未知的，但是它主要来源于接触摩擦，可以认为是恒定的，因而将上式改为

$$M=M_{阻}+I\beta$$

在此实验中，若要研究引线的张力矩 M 与角加速度 β 之间是否满足式(2－4－1)的关系，就要测不同 M 时的 β 值。

(1)关于引线张力矩 M。

设引线的张力为 F_T，绕线轴半径为 R，则

$$M=F_TR$$

又设滑轮半径为 r，其转动惯量为 $I_{轮}$，转动时砝码下落加速度为 a，参照图 2－4－2 可以写出

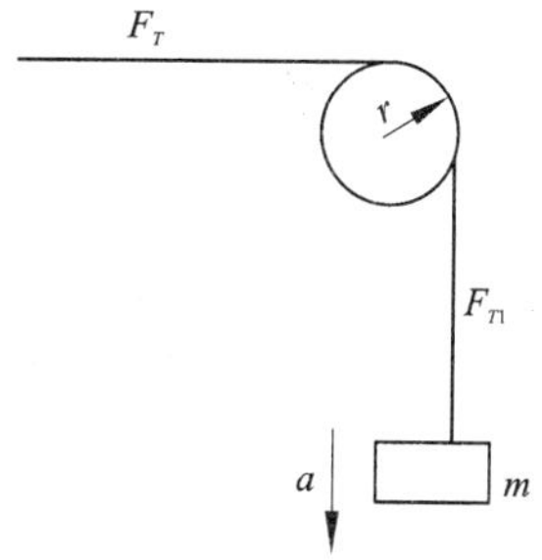

图 2－4－2　砝码的运动

从上述两式中消去 F_{T1}，同时取 $I_{轮}=\frac{1}{2}m'r^2$（m'为滑轮质量），得出

$$F_T=m\left[g-\left(a+\frac{1}{2}\frac{m'}{m}a\right)\right]$$

在此实验中，$\left(a+\frac{1}{2}\frac{m'}{m}a\right)$不超过 g 的 0.3%，如果要求低一些，可取 $F_T\approx mg$，这时

$$M\approx mgR$$

在实验中是通过改变塔轮的 R 来改变 M 的。

(2)角加速度 β 的测量。

测出砝码从静止开始下落到地板上的时间为 t，路程为 s，则平均速度 $\bar{v}=s/t$，落到地板前瞬间的速度 $u=2\bar{v}$，下落加速度 $a=v/t$，角加速度 $\beta=a/R$，即

$$\beta=\frac{2s}{Rt^2}$$

(3)外力矩与角加速度的关系。

使用不同半径的塔轮，改变外力矩 M，测量各 M 的角加速度 β，作 $M-\beta$ 图线。这将是一条直线，其截距为阻力矩 $M_{阻}$，斜率为转动系统对转轴的转动惯量。

2. 考察刚体的质量分布和转动的影响

设两重物的位置为 x_1 和 x_2 时（如图 2－4－3 所示）的转动惯量分别为 I_1 和 I_2，则有

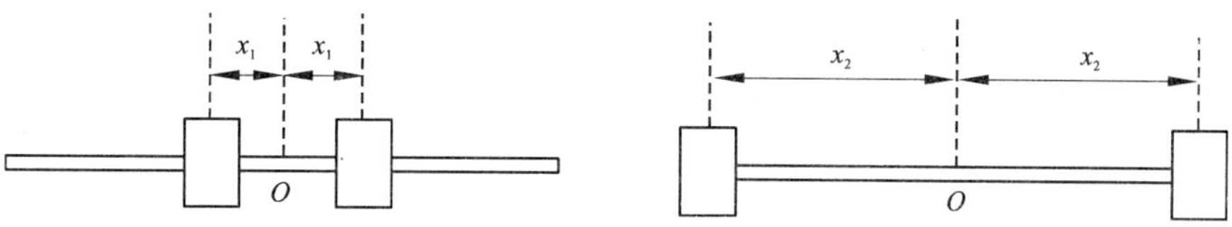

图 2－4－3　刚体重心分布

$$\left.\begin{aligned}I_1&=I_0+2m_0x_1^2\\I_2&=I_0+2m_0x_2^2\end{aligned}\right\}$$

其中：I_0 为 $x=0$ 时的转动惯量。当两次测量 $M_{合}$ 不变时，则根据式 $M_{合}=I\beta$，应有

$$I_1\beta_1=I_2\beta_2$$

综合上式，得

$$\frac{\beta_1}{\beta_2}=1+\frac{2m_0(x_2^2-x_1^2)}{I_1}$$

它反映出重物位置 x_1 改变时对转动的影响，也是对平行轴定理的检验。

实验步骤

1. 考察张力矩 M 与角加速度 β 的关系

用水准器将回转台调成水平，测出塔轮上各轮的直径，并在引线下端加一质量为 m 的砝码，横杆上重物移动到最外侧。

将引线分别绕在塔轮的各轮上，测出角加速度 β。

作 $M-\beta$ 直线，求出纵轴截距 a(即 $M_{阻}$)和斜率 b(即 I)。

2. 考察质量分布对转动的影响

测出横杆上重物在最外侧时，其中心轴到回转轴的距离，设为 x_2，将引线绕在直径最小的轮上，悬挂砝码不变。

改变重物的位置(两侧对称)，测其中心轴到回转轴的距离 x 及角加速度 β(改变几次 x)。

根据式

$$I_1=I_0+2m_0x_1^2$$

$$I_2=I_0+2m_0x_2^2$$

应有

$$\frac{\beta}{\beta_2}=1+\frac{2m_0}{I}(x_2^2-x^2)$$

作 $\frac{\beta}{\beta_2}$ 对 $(x_2^2-x^2)$ 图线，并进行分析。

注意事项

(1)爱护仪器，不要损坏仪器；

(2)认真计时，确保测量数据的精度。

思考题

如果重物对回转轴的分布不是对称的，这对实验是否有影响?

实验2-5 液体比热容的测定

比热容是单位质量的物质温度升高1℃时需吸收的热量，它的测量是物理学的基本测量之一，属于量热学的范畴。量热学在许多领域都有广泛应用，特别是在新能源的开发和新材料的研制中，量热学的方法是不可缺少的。比热容的测量方法很多，有混合法、冷却法、比较法(用待测比热容与已知比热容比较得到待测比热容的方法)等。本实验用的是电热法测比热容，它是比较法的一种。各种方法各具特点，但就实验而言，由于散热因素很难控制，不管哪种方法实验的准确度都比较低。尽管如此，由于它比复杂的理论计算简单、方便，实验还是具有实用价值的。当然，在实验中进行误差分析，找出减小误差的方法是必要的。每种物质处于不同温度时具有不同数值的比热容，一般地讲，某种物质的比热容数值多指在一定温度范围内的平均值。

实验目的

(1)学习使用热学综合平台；

(2)学习数字温度传感器的原理和使用；

(3)用电热法测定液体的比热容；

实验仪器

数字智能化热学综合实验平台、待测液体、量热器、温度传感器、电子天平、加热器、纸巾、连接线

实验原理

1. 基本原理

孤立的热学系统在温度从 T_1 升到了 T_2 时的热量 Q 与系统内各物质的质量 m_1, m_2，…和比热容 c_1，c_2，…以及温度变化 T_1-T_2 有如下关系：

$$Q=(m_1c_1+m_2c_2+\cdots)(T_2-T_1) \tag{2-5-1}$$

式中：m_1c_1，m_2c_2，…是各物质的热容量。

在进行物质比热容的测量中，除了被测物质和可能用到的水外，还会有其他诸如量热器、搅拌器、温度传感器等物质参加热交换。为了方便，通常把这些物质的热容量用水的热容量来表示。如果用 m_x 和 c_x 分别表示某物质的质量和比热容，c_1 表示水的比热容，就应当有 $m_xc_x=c_1\omega$。式中 ω 是用水的热容量表示该物质的热容量后“相当”的质量，我们把它称为“水当量”。

2. 实验公式

如图2-5-1所示，在量热器中装入质量为 M，比热容为 c 的待测液体(如水)，当通过电流 I 时，根据焦耳—楞次定律，量热器中电阻产生的热量为

$$Q=I\cdot U\cdot t \tag{2-5-2}$$

式中：I 为电流强度；U 为电压；t 为通电时间。

如果量热器中液体(包括量热器及其附件)的初始温度为 T_1，在吸收了加热器释放的热

量 Q 后，终了的温度为 T_2。设量热器内筒的质量为 m_1，c_1 为铝量热器内筒的比热容，搅拌器和温度传感器等用水当量 ω 表示，水的比热容为 c_0，则有

$$IUt=(m_1c_1+Mc+\omega c_0)(T_2-T_1)$$

$$c=\left(\frac{IUt}{T_2-T_1}-m_1c_1-\omega c_0\right)/M \tag{2-5-3}$$

铝在 25℃时的比热容 C_2 为 0.216 cal·g^{-1}·℃$^{-1}$(0.904 J·g^{-1}·℃$^{-1}$)，水在 25℃时的比热容 C_1 为 0.9970 cal·g^{-1}·℃$^{-1}$(4.173 J·g^{-1}·℃$^{-1}$)。

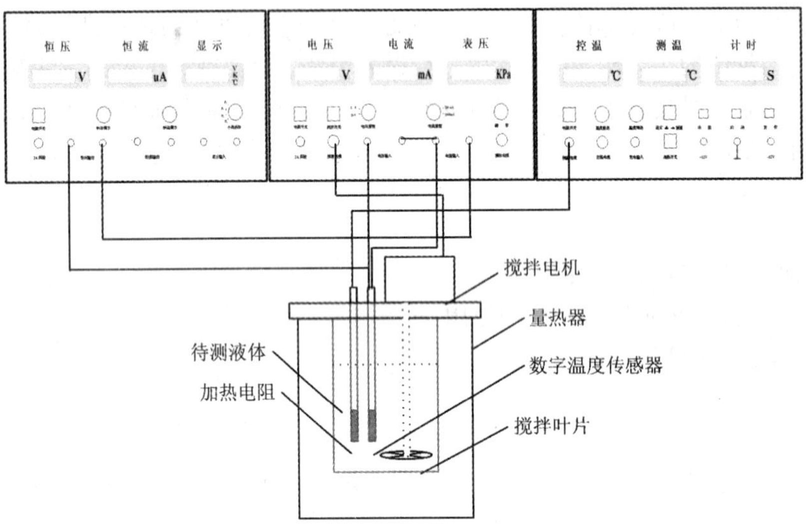

图 2-5-1　测定比热容的实验装置

实验步骤

(1)用电子天平称出铝量热器内筒的质量 m_1。

(2)向量热器中加入约 1/2 容器的水，并称出加水后量热器的质量 m_2，则水的质量为 $M=m_2-m_1$。

(3)将测温电缆和搅拌电缆与数字智能化热学综合实验平台面板上对应电缆座连接好。

(4)打开电源开关，调节恒压调节钮，使其恒压输出 10 V 左右。

(5)如图 2-5-1 所示，连接好加热器电路，将测温电缆和搅拌电机电缆与数字智能化热学综合实验平台面板上对应电缆座连接好，安装好搅拌电机、测温探头、加热器。

(6)打开搅拌开关，记录系统温度 T_1。

(7)接上加热电阻的连线，同时按动计时器的启动键，加热的同时开始计时，通电 5 min，停止加热，断电后仍要继续搅拌，待温度不再升高，记录其最高温度 T_2。

(8)关闭搅拌开关、电源开关，轻轻拿出温度计、搅拌器、加热器，将量热器内筒的水倒出，备用。

数据记录及处理

(1)自拟数据表格记录数据。

(2)按式(2－5－3)求出待测液体的比热容，并与公认值相比较求出百分误差。量热器的水当量 ω 由实验室提供(本量热器的水当量 ω = __9.16__ g)。

注意事项

(1)供电电源插座必须良好接地；

(2)在整个电路连接好之后才能打开电源开关；

(3)严禁带电插拔电缆插头；

(4)仪器加热温度不应超过50℃。

思考题

(1)如果实验过程中加热电流发生了微小波动，是否会影响测量的结果？为什么？

(2)实验过程中量热器不断向外界传导和辐射热量，这两种形式的热量损失是否会引起系统误差？为什么？

实验 2－6　冰的熔化热的测定

实验目的

(1)学习使用热学综合平台；
(2)掌握基本的量热方法——混合法；
(3)测定冰的熔化热。

实验仪器

数字智能化热学综合实验平台、量热器、测温探头、电子天平、小冰块。
(1)数字智能化热学综合实验平台——冰的熔化热的测定部分面板如图 2－6－1 所示。

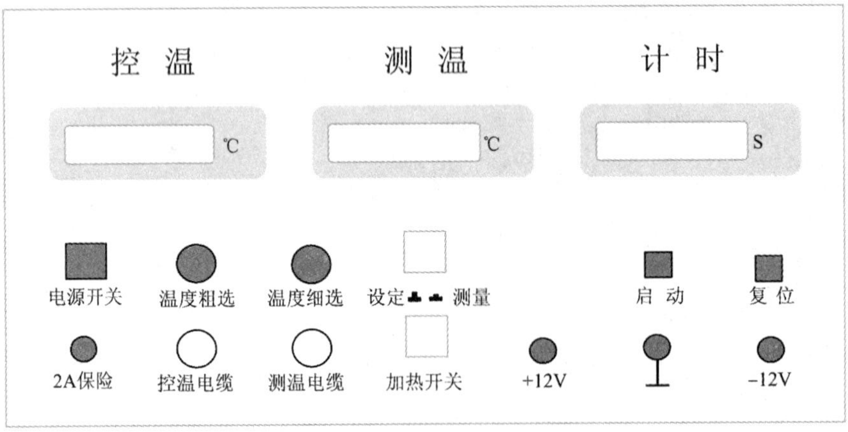

图 2－6－1　数字智能化热学综合实验平台

(2)实验装置如图 2－6－2 所示。

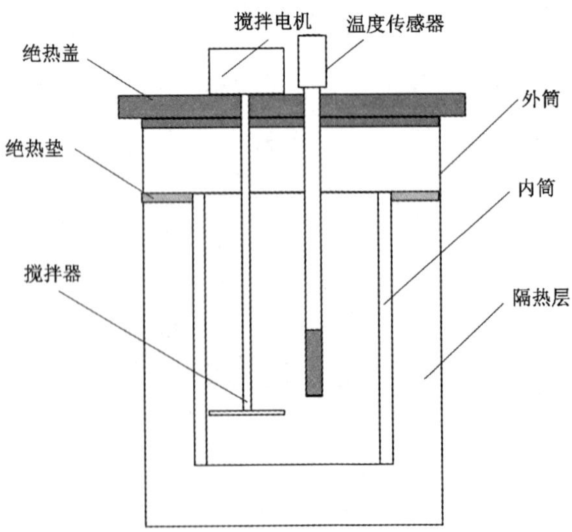

图 2－6－2　实验装置

实验原理

在一定的压强下晶体开始熔化的温度，叫做晶体在该压强下的熔点。单位质量某种晶体熔化成同温度的液体所吸收的热量，叫做该晶体的熔化潜热，又称熔化热。如果把质量为 m 克的0℃的冰和 M 克 t_1℃的水在量热器内筒内混合，使冰全部熔化并达到热平衡后的温度 t_2℃。在这个过程中冰必须吸收热量才能使它由冰熔化为水，并在熔化为水后温度由0℃上升至 t_2℃。同时量热器和它所装的水失去了热量，温度由 t_1℃降低到 t_2℃。假定这个过程是在外界绝热的孤立系统中进行，根据热平衡原理，冰熔化并上升到 t_2℃所收的热量，应该等于量热器和它所装的水所失去的热量。

设冰熔化热为 λ，水的比热容为 c，铝量热内筒的比热容为 c_1，其质量为 m_1，搅拌器与温度计(设它们是由同种材料做成的)的比热容为 c_2，其质量为 m_2。则 $m\lambda + mct_2$ 即为冰熔化为水并由0℃上升至 t_2℃所吸收的热量；$(Mc + m_1c_1 + m_2c_2)(t_1 - t_2)$ 即为量热器和它所装的水由 t_1℃降低到 t_2℃所放出的热量，由此可得：

$$m\lambda + mct_2 = (Mc + m_1c_1 + m_2c_2)(t_1 - t_2)$$

所以

$$\lambda = \frac{(Mc + m_1c_1 + m_2c_2)(t_1 - t_2)}{m} - ct_2 \tag{2-6-1}$$

在测量中，除了冰和水、铝量热内筒外，还会有其他诸如搅拌器、温度传感器等物质参加热交换。为了计算方便，通常把这些物质的热容量用水的热容量来表示。如果用 m_x 和 c_x 分别表示某物质的质量和比热容，c 表示水的比热容，就应当有 $m_xc_x = c\omega$。式中 ω 是用水的热容量表示该物质的热容量后“相当”的质量，我们把它称为“水当量”。

所以，式(2-6-1)可写成

$$\lambda = \frac{(Mc + m_1c_1 + c\omega)(t_1 - t_2)}{m} - ct_2 \tag{2-6-2}$$

为了尽可能使系统与外界交换的热量达到最小，在实验的操作过程中就应注意以下几点：不应当直接用手去触摸量热筒的任何部分；不应当在阳光直接照射下进行实验；不在空气流通过快的地方或在火炉旁或暖气旁做实验。此外，由于系统与外界温差越大，在它们之间传递越快；时间越长，传递的热量越多。因此在进行量热实验时，要尽可能使系统与外界的温差小些，并尽量使实验进行得快些。

实验步骤

(1)称出铝量热器内筒质量 m_1。

(2)在量热器中注入一定量的(约100 g)高于室温6℃左右的水，并称出其质量 m_2，水的质量等于 $M = m_2 - m_1$。

(3)安装好实验装置，温度传感器插头插入测温电缆座，搅拌电机插头插入数字智能化热学综合实验平台搅拌电缆座，打开搅拌开关。

(4)将冰用钳子夹成一些小块，放在多层卫生纸上，并称出其质量 M' (约20 g)。

(5)用多层卫生纸揩干冰块上的水中，待水温下降至比室温高5℃左右时，记下此时的温度 t_1，并立即将这些小块冰加入量热器中(注意：两人配合要好，既要迅速，又要仔细，不要溅出水来)。

(6)称出带水的多层卫生纸质量 m',则冰块的质量 $m=M'-m'$。

(7)随着冰块的熔化,水的温度将不断下降,其下降速度逐渐变慢,达到某一数值后又开始逐步上升,记录水温下降时的最低温度 t_2。

(8)根据式(2-6-2)求出冰的熔化热 λ。

水在25℃时的比热容 c 为 $0.9970\ \mathrm{cal\cdot g^{-1}\cdot ℃^{-1}}$($4.173\ \mathrm{J\cdot g^{-1}\cdot ℃^{-1}}$),铝在25℃时的比热容 c_1 为 $0.216\ \mathrm{cal\cdot g^{-1}\cdot ℃^{-1}}$($0.904\ \mathrm{J\cdot g^{-1}\cdot ℃^{-1}}$),本实验仪的水当量 $\omega=$ __6.05__ g(由实验室给出),冰的熔化热标准值 $\lambda=333.67\ \mathrm{J\cdot g^{-1}}$。

若因冰块太大造成量热器中水温降得太低,使量热器外表产生露珠,或者因冰块太小使混合温度降不到室温以下,要改变冰块大小,重做一次实验。

数据记录及处理

(1)自拟数据表格记录数据。

(2)按式(2-6-2)求出冰的熔化热,并与公认值相比较求出百分误差。

注意事项

(1)向量热器中加水时避免将水弄到量水器外表面。

(2)要挑选表面光洁、没有麻点、透明度好的冰块,不宜太大,以免影响搅拌。

(3)投放冰块前应将上面水分迅速除净。

思考题

(1)为了减少系统与外界的热交换,在实验地点和操作中应注意什么?

(2)水的初温选得太高或太低有什么不好?

(3)系统的终温是由什么决定的?终温太高或太低有什么不好?

(4)冰块过大或过小有什么坏处?冰块的质量以多大为宜?

实验2－7　用惠斯通电桥测电阻

实验目的

(1)掌握惠斯通电桥测电阻的原理，学会用惠斯通电桥测中值电阻($1 \sim 10^6\ \Omega$)的方法；
(2)学习用交换法测电阻，掌握减小系统误差的一种方法；
(3)了解电桥灵敏度的概念。

实验仪器

电阻箱4个，滑线变阻器1个，直流指针式检流计1个，开关1个，箱式电桥1个，导线若干根，待测电阻3个，直流稳压电源等。或箱式电桥、待测电阻。

实验原理

1. 基本原理

在电学量(如电阻、电容、电感等)测量中，由于电桥电路具有结构简单、数据准确和测量方便等特点，因此是应用最广泛的测量电路之一。本实验用直流电桥测电阻，测量电路如图2－7－1所示。

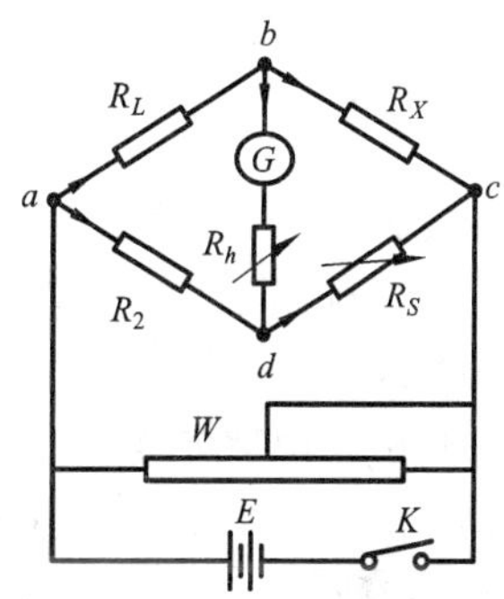

图2－7－1　测量电路图

图中R_1、R_2、R_s和R_x(待测电阻)是电桥的4个臂，一般称R_1、R_2为比例电臂，R_s为比较(或调节)臂。b，d两点间由一可调电阻R_h(对G起保护作用)和检流计G串联，这就是所谓的“桥”，“桥”的作用是将b，d两点的电位进行比较，当b，d两点电位不相等时，检流计中就会有电流通过(检流计指针是否一定会发生偏转？为什么?)；当b、d两点电位相等时，检流计中无电流通过($I_g=0$)，检流计指针无偏转(通常指针指“0”)，此时电桥达到平衡，实验中是认为当检流计指针无偏转，同时$R_h=0$(为什么?)时，电桥达到平衡。平衡时流过R_1和R_2的电流相同，设为I_t，流过R_2和R_s的电流相同，设为I_2，则：

$$\left.\begin{aligned}V_{ab}=V_{ad}\rightarrow I_1R_1=I_2R_2\\V_{bc}=V_{dc}\rightarrow I_1R_x=I_2R_s\end{aligned}\right\}\qquad(2-7-1)$$

式(2－7－1)称为电桥的平衡条件。

由式(2－7－1)可得：

$$R_x=\frac{R_1}{R_2}R_S\qquad(2-7-2)$$

式(2－7－2)称为电桥的平衡方程。由式(2－7－2)可见，只要选择合适的R_1，R_2和R_s的值使电桥平衡，就可由式(2－7－2)计算出R_x的电阻值。

2. 交换测量法

若在上述电桥平衡后，将比例臂R_1和R_2交换位置，电桥就不平衡($R_1=R_2$除外)了，但调节R_s可使电桥再次达到平衡，若设平衡时R_S变为R_S'，则平衡时有：

$$R_x = \frac{R_1}{R_1} R'_S \tag{2-7-3}$$

联解式(2－7－2)和式(2－7－3)可得：

$$R_x = \sqrt{R_S R'_S} \tag{2-7-4}$$

这个测 R_x的方法叫交换测量法。采用交换测量法有如下两点好处：

(1)在比例臂电阻 R_1和 R_2为示知时，采用交换法可方便地测出 R_x的电阻值。

(2)消除了比例臂电阻 R_1和 R_2的不准确带来的系统误差，使测量结果误码差减小，证明如下：

若不采用交换测量法，则：

$$R_x = \frac{R_1}{R_2} R_S$$

$$\frac{\Delta R_x}{R_X} = \frac{\Delta R_1}{R_1} \tag{2-7-5}$$

若采用交换测量，则

$$R_x = \sqrt{R_S R'_S}$$

$$\frac{\Delta R_x}{R_x} = \frac{1}{2}\left(\frac{\Delta R_S}{R_S} + \frac{\Delta R'_S}{R_S}\right) \tag{2-7-6}$$

比较式(2－7－5)和式(2－7－6)可见，采用交换测量法消除了比例臂电阻 R_1和 R_2不准确带来的系统误差，使测量结果误差减小了。

3. 箱式电桥

若将电桥电路安装在一个箱子内，各操作旋钮安装有箱子的面板上，这就构成了一个“箱式电桥”。本实验所用的箱式电桥为 QJ23 型携带式直流单电桥，其内部电路如图 2－7－2所示。

图中：×0.001，×0.01，×0.1，×1，×10，×100，×1000 是比例臂的取值；9×1 Ω，9×10 Ω，9×100 Ω，9×1000 Ω 这 4 个可调电阻相串联，是比较臂电阻 R_x，它们的数值都标注在面板上相应的转盘上，R_x是被测电阻、电源开关 B、检流计开关 G，R_x接线柱以及外接电源接线柱也在面板上，本实验采用内接电源(已安装好)。实验时，若将被测电阻 R_x接入其标注接线柱，只要选择适当的比例臂比值，然后调节 R_x，使电桥达到平衡，就可由 $R_x = \frac{R_1}{R_2} R_S$ 计算 R_x的电阻值。

4. 电桥灵敏度

当电桥平衡时，检流计指针指零，若使任一桥臂电阻 R_i 改变 ΔR_i，则电桥失去平衡，从而使检流计指针发生偏转 ΔN 格，则定义电桥的绝对灵敏度为：

$$S_{绝} = \frac{\Delta N}{\Delta R_i} \tag{2-7-7}$$

定义电桥的相对灵敏度为：

$$S_{相} = \frac{\Delta N}{\Delta R_i / R_l} \tag{2-7-8}$$

若根据检流计的电流灵敏度定义($S_l = \frac{\Delta N}{\Delta I_g}$)，应用基尔霍夫定律或戴维南定理，可推导出

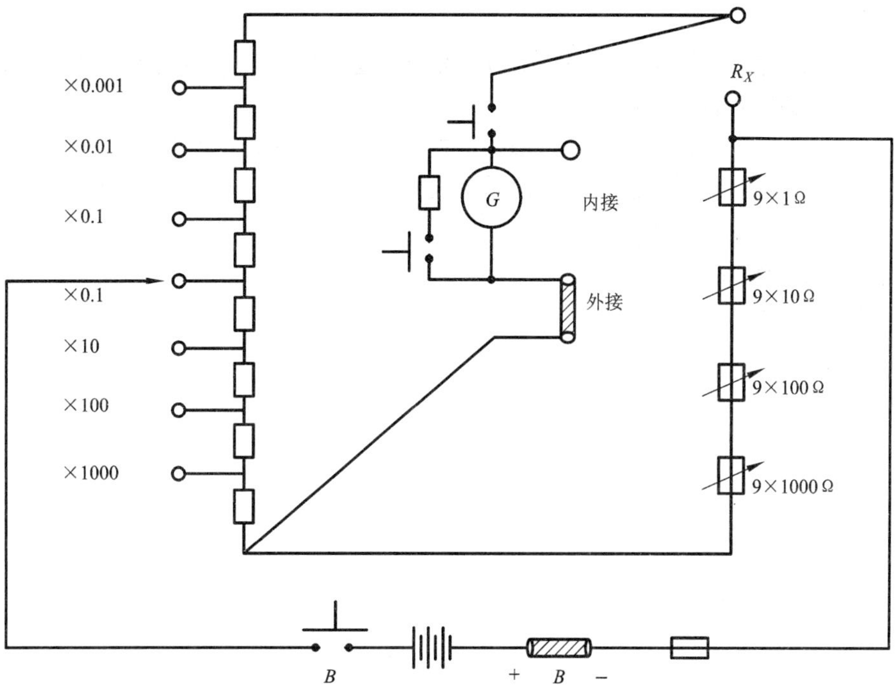

图 2－7－2　箱式电桥电路图

电桥的相对灵敏度与电桥电路中各元件的参数的关系式为：

$$S_{相}=\frac{-S_IE}{(R_1+R_2+R_S+R+R_x)+R_g\left(1+\frac{R_x}{R_1}\right)\left(1+\frac{R_2}{R_s}\right)} \qquad (2-7-9)$$

式(2－7－9)给我们指出了提高电桥灵敏度的几种方法。

在实验中，电桥是否平衡是以检流计是否指零来判断的。由于存在视差(通常取视差为$\Delta b=0.2$格)，因而给结果带来一定的误差，误差大小取决于电桥的灵敏度。另一方面，检流计指针指零与电桥平衡并不完全等价，因检流计指零时，仍可能有一微小电流流过检流计，只是此微小电流不足以使检流计发生偏转，以致无法观察到，这必然给结果带来一定的误差，这个误差的大小必取决于电桥的灵敏度。引入电桥灵敏度概念，研究提高电桥灵敏度的方法，可找到提高测量结果精度的方法。

实验步骤

测量实验室给定电阻R_x阻值。实验要求为：

(1)分别取3个不同的比例臂测量R_x。

(2)利用交换测量法测量R_x。

(3)利用箱式电桥测量R_x。

(4)计算桥臂准确度给结果带来的误差(包括相对误差与绝对误差)。

思考题

(1)电桥电路连接无误，无论如何调节，检流计总是向同一个方向偏转或检流计始终不发生偏转，分别说明可能有哪些故障?

(2)电桥平衡后，若交换“桥”和电源的连接位置，电桥是否还保持平衡？试证明之。

(3)下列情形中哪些会使测量结果误差增大?

①检流计未调好零点。

②连接 R_x 的导线细而长。

③检流计灵敏度降低。

④电源电压降低或太小。

⑤电源电压不够稳定。

实验2－8 薄透镜焦距的测定及其成像规律的研究

实验目的

(1)学习光具座上光学系统共轴的调节方法；
(2)学会常用的测量薄透镜焦距的方法；
(3)掌握凸透镜成像规律。

实验仪器

物屏，像屏，尖头棒，光具座及光具座上的若干滑块和支架，平面镜1块，凸透镜2块，凹透镜1块；光源。

仪器介绍

1. 导轨

导轨是光具座的基本部件，所有滑座都能在导轨上作直线移动；导轨侧面附有用于确定滑座位置的米尺。调节螺钉1能使导轨处于自然水平位置，如图2－8－1所示。

图2－8－1 光具座和部分附件

2. 固定滑座

滑块2能在导轨上移动，并由锁紧螺钉1固定。4为升降套，中心有10 mm孔，当附件插入10 mm孔粗调后用紧定螺钉5紧定，并可由调节螺母3微调升降套升降，使附件的高度达到实验要求。如图2－8－2(a)所示。

3. 可移滑座

在固定滑座上增加一个横向移座1，由测微头2推动滑座作垂直于导轨方向的移动。如图2－8－2(b)所示。

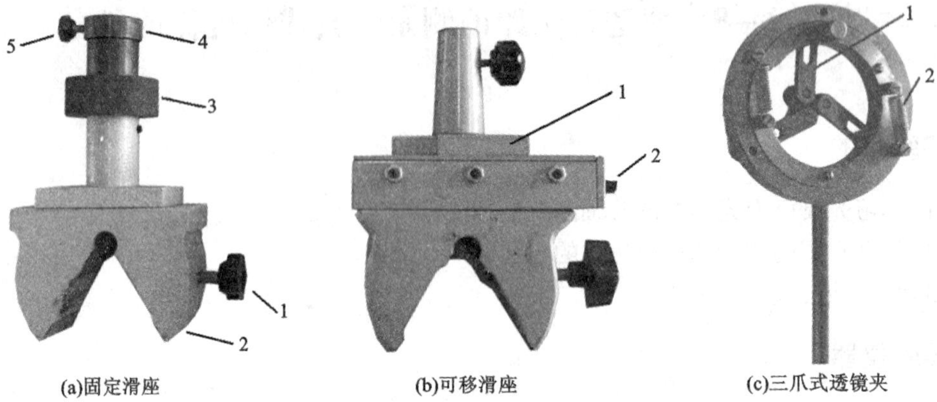

图 2 -8 -2　滑座和透镜夹

4. 三爪式透镜夹

扳动夹杆 1 则 3 个夹爪张开，装上透镜松开夹杆，则由弹簧 2 的拉力使 3 个夹爪自动将透镜夹紧。如图 2 -8 -2(c)所示。

实验原理

1. 符号规定

为了找到几何光学的一个普遍公式，必须有一个统一的符号规定。我们的符号规定是以光线行进方向作依据：顺光线方向为正，逆光线方向为负。如按常例取入射光的方向是从左到右，从下至上，则线段由左向右为正，由下向上为正，反之为负。至于线段的起点，在高斯公式中都是从光心算起。在图 2 -8 -3 中是一凸透镜成像的例子，从光心算起，则 S，f 都是负的，f'，S'则是正的。为使图中线段的值是正的，则在f 和 S 前加上负号。物 AB 是正的，而像 $A'B'$则是负的。

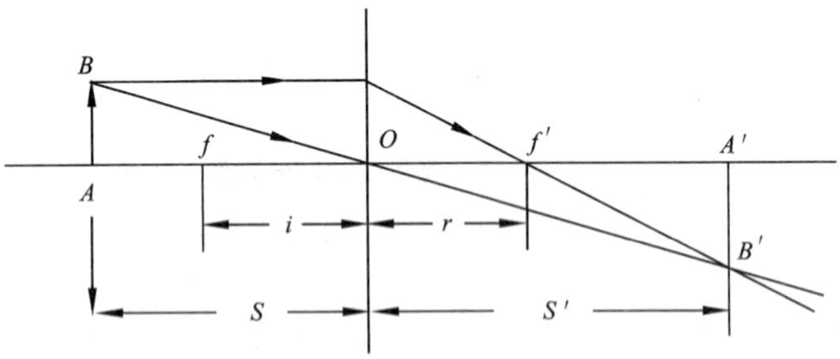

图 2 -8 -3　近轴光线成像

2. 公式

在傍轴条件下，可得高斯公式：

$$\frac{f}{S}+\frac{f'}{S'}=1 \tag{2-8-1}$$

在空气中$f' = -f$，可得

$$\frac{1}{S'} - \frac{1}{S} = \frac{1}{f'} \tag{2-8-2}$$

故

$$f' = \frac{SS'}{S - S'} \tag{2-8-3}$$

3. 测量会聚薄透镜焦距的几种方法

(1)自准直法。

如图2－8－4所示，若物体Q正好位于凸透镜L的物方焦平面上，则物体发出的光经过透镜变成平行光，再经过平面镜M反射后，将沿原来的路线反方向行进，并成像于物平面上。Q与L之间的距离，就是透镜L的焦距f'。

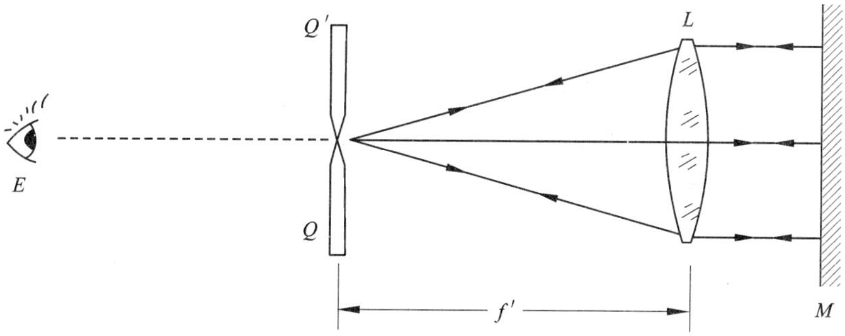

图2－8－4　自准直法

(2)成像公式法。

由物距与像距求焦距，因为实物经会聚透镜后能成实像，即可用白屏接收并加以观察，通过测定物距和像距，利用式(2－8－3)可算出f'。

(3)位移法(贝塞法)。

如图2－8－5所示，当物和屏的相对位置A不变，且$A > 4f$时，我们总能在物和屏之间找到两个位置，透镜在这两个位置上均能成清晰的像，透镜两个位置之间的距离的绝对值为l，根据式(2－8－2)，第Ⅰ位置(放大时)时有：

$$f' = \frac{(A - l - S_2')(l + S_2')}{A}$$

在第Ⅱ位置时(缩小时)有：

$$f' = \frac{(A - S_2') \cdot S_2'}{A}$$

解上述两式得：

$$f' = \frac{A^2 - l^2}{4A} \tag{2-8-4}$$

根据这个公式可知，在设定了A以后，只要测出两次成像时透镜间的距离l就可测出f'来。

4. 测发散透镜焦距

物A经会聚透镜L_1成像于A'处，在L_1和A'处之间加入待测发散透镜L_2(L_2和A的距离

要小于 L_2 本身的焦距)，A 实际成像在 A'' 处，对 L_2 来讲，A 是物；A'' 是像所在位置，如图 2－6－6所示。令 $O_2A'=S$，$O_2A''=S'$ 代入公式(2－8－3)即可求得发散透镜的焦距 f'。

实验步骤

1. 光具座上各光学元件的共轴调节

调节光学元件共轴是进行几何光学实验的基本训练之一，必须很好地掌握。调节的要求是：①所有光学元件的光轴重合；②公共的光轴与光具座的导轨严格平行。调节的方法是先把物、透镜、白屏等元件放置于光具座上，并使它们尽量靠拢，用眼睛观察，进行粗调，使各元件的中心大致在与导轨平行的同一条直线上，并使物平面、白屏平面和透镜面相互平行，垂直于光具座导轨。

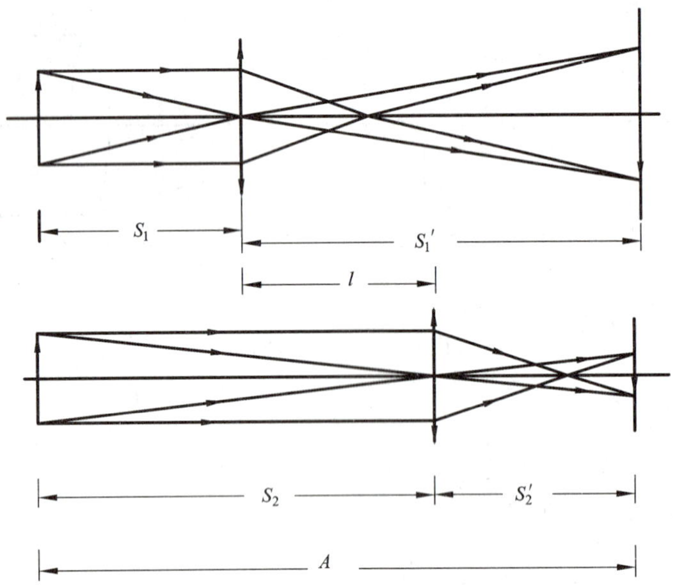

图 2－8－5　位移法测凸透镜焦距

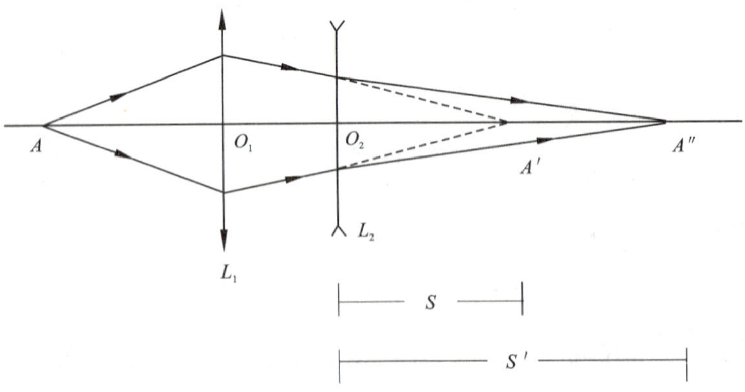

图 2－8－6　测凹透镜原理图

在粗调的基础上，用贝塞尔法进行细调。如果在两次成像时，大像和小像的中心不重合，则可根据中心偏移的方位来调节各元件的高度及方向，通过反复多次调节，使大像和小像的中心不再发生偏移。这时各元件即达到共轴状态。

2. 透镜焦距的测定

(1)用三种方法测量凸透镜的焦距，每种方法测量3次。

(2)测量凹透镜的焦距(3次)。

3. 凸透镜成像规律的观察

观察在不同的物距的情况下像的位置和像的性质。完成表2-8-1中所列的内容。

表2-8-1　凸透镜成像规律的研究

物的位置	像的位置(范围)	成像性质		
		放大、缩小	正立、倒立	虚像、实像
$S=-\infty$				
$-\infty<S<-2f'$				
$s=-2f'$				
$-2f'<S<-f'$				
$S=-f'$				
$-f'<S<0$				
$0<S<\infty$				

思考题

(1)测量前为什么要进行共轴调节？共轴调节有哪些要求？如何调节？

(2)如何用自准直法测凹透镜的焦距？

实验2－9 夫琅和费单缝衍射实验

实验目的

(1)观察夫琅和费衍射图样；

(2)学习单缝衍射公式。

实验仪器

钠光灯、凸透镜 L_1：$f=50$ mm、凸透镜 L_2：$f=70$ mm、测微目镜 Le、单面可调狭缝、二维调整架(2个)、读数显微镜架、一维底座(2个)、二维底座、三维底座。

实验原理

平行光通过狭缝时产生的衍射条纹定位于无穷远，称作夫琅和费单缝衍射。它的衍射图样比较简单，便于用菲涅耳半波带法计算各级加强和减弱的位置。

设狭缝 AB 的宽度为 a(如图2－9－1所示)，入射光波长为 λ，O 点是缝宽的中点，OP_0 是 AB 面的法线方向。AB 波阵面上大量子波发出的平行于该方向的光线经透镜 L 会聚于 P_0 点，这部分光波因相位相同而得到加强。就 AB 波阵面均分为 AO，BO 两个波阵面而言，若从每个波带上对应的子波源发出的子波光线到达 P_0 点时光程差为 $\lambda/2$，此处的光波因干涉相消成为暗点，屏幕上出现暗条纹。如此讨论，随着 φ 角的增大，单缝波面被分为更多个偶数波带时，屏幕上会有另外一些暗条纹出现。若波带数为奇数，则有一些次级子波在屏上别的一些位置相干出现亮条纹。如波带为非整数，则有明暗之间的干涉结果。总之，当衍射光满足：

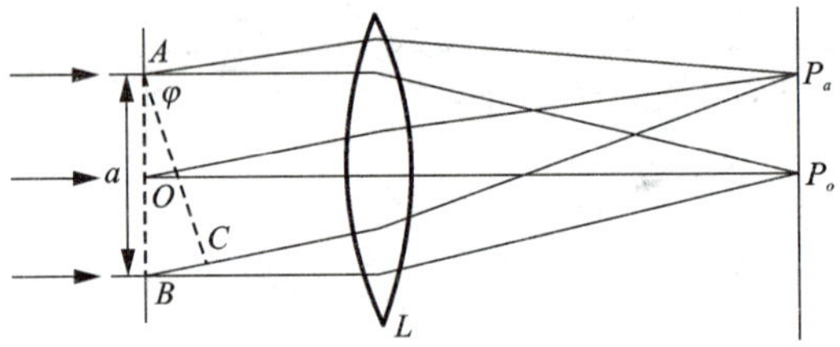

图2－9－1 夫琅和费单缝衍射原理

$$BC=a\sin\varphi=k\lambda \qquad (k=\pm1,\ \pm2\cdots)$$

时产生暗条纹；当满足：

$$BC=a\sin\varphi=(2k+1)\lambda/2 \qquad (k=0,\ \pm1,\ \pm2\cdots)$$

时产生明条纹。

在使用普通单色光源的情况下(本实验使用钠灯)，满足上述原理要求的实验装置一般都需要在衍射狭缝前后各放置一个透镜。但是一种近似的方法也是可行的，就是使光源和观测屏距衍射缝都处在“远区”位置。用一个长焦距的凸透镜 L 使狭缝光源 S_{P1} 成像于观测屏 S 上(如图2－9－2所示)，其中 S 与 S_{P1} 的距离稍大于4倍焦距，透镜大致在这个距离中间，在紧靠 L 安放一个衍射狭缝 S_{P2}，屏 S 上即出现夫琅和费衍射条纹。

设狭缝 S_{P2} 与观测屏 S 的距离为 b，第 k 级亮条纹与衍射图样中心的距离为 x_k，则

$$\tan\varphi=x_k/b$$

由于 φ 角极小，因而 $\tan\varphi\approx\sin\varphi$。又因为衍射图样中心位置不易准确测定，所以总是量出两条同级条纹间的距离 $2x_k$。由产生明条纹的公式可知：

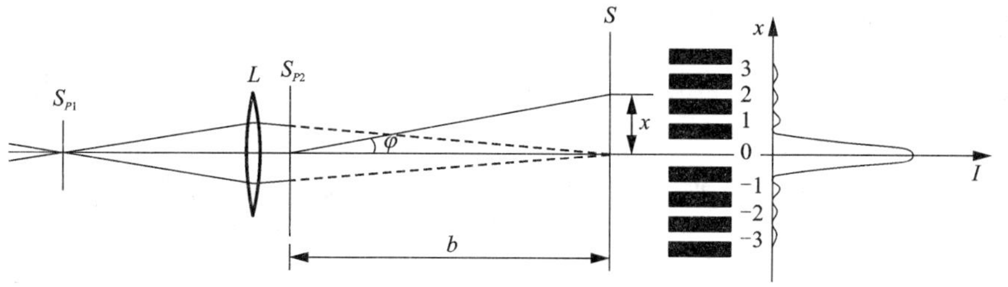

图 2－9－2

$$2x_k=(2k+1)\frac{b}{a}\lambda$$

由此可见，为了求得入射光波长，须测量 $2x_k$，a 和 b 等 3 个量。

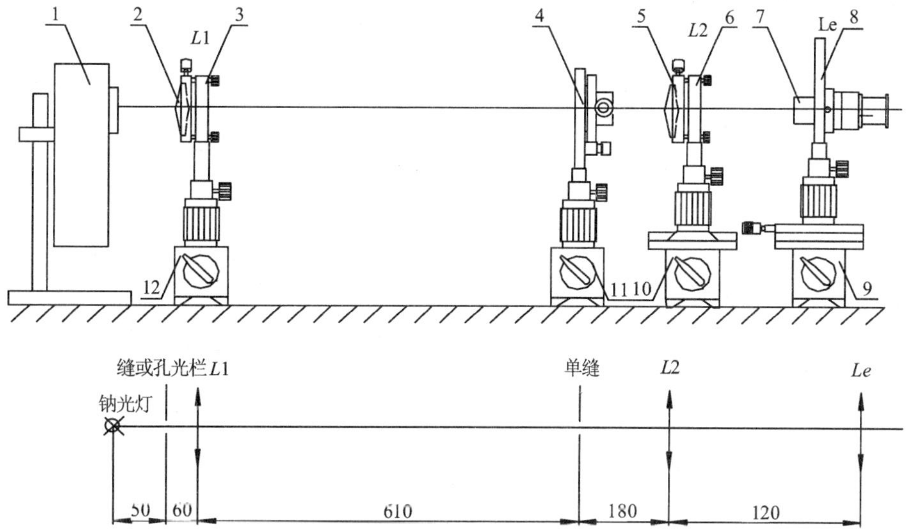

图 2－9－3　仪器实物图及原理图　(mm)

1—钠光灯；2—凸透镜 L_1；3、6—二维调整架；4—单面可调狭缝；5—凸透镜 L_2；

7—测微目镜 Le；8—读数显微镜架；9—三维底座；10—二维底座；11、12——维底座

实验步骤

(1)把钠灯光通过透镜聚焦到单缝上成为缝光源。再把所有器件按图 2－9－3 的顺序摆放在平台上，调至共轴。其中小孔($\varphi=1$ mm)和微测目镜之间的距离必须保证满足远场条件。(图中数据均为参考数据)

(2)调节焦距为 70 的透镜，直至能在微测目镜中看到衍射条纹。如果无条纹，可调节小孔的大小，直到找到合适的小孔为止。

(3)仔细调节狭缝的宽度，直到目镜视场内的中央条纹两侧各有可见度较好的 3 或 4 条亮纹，记录下同级条纹间的距离及单缝和微测目镜的位置，计算出两者间的距离 b。

(4)读出狭缝宽度 a，并且记录下来。

(5)整理仪器并进行数据处理。

数据记录及处理

为了便于计算波长可以设 $\lambda\frac{b}{a}=z$，而 $z=\frac{2x_k}{2k+1}$，$2x_k$ 为两条同级条纹间的距离，先对不同的次级 k 求出 z 值，求平均值，再计算

$$\underline{\lambda}=\underline{z}\frac{a}{b}$$

附：多孔架的 8 孔大小分别为：ϕ0. 10 mm，ϕ0. 15 mm，ϕ0. 20 mm，ϕ0. 30 mm，ϕ0. 50 mm，ϕ0. 60 mm，ϕ1. 0 mm，ϕ2. 0 mm。

思考题

(1)单缝衍射实验的现象和原理是什么？

(2)试分析误差的来源及消除方法。

(3)画出调试完成后的原理图并标出相应的尺寸。

实验 2-10　杨氏双缝干涉实验

实验目的

(1)观察双缝干涉现象；
(2)测量待测光波的波长；
(3)学会使用测微目镜。

实验仪器

钠光灯(可加圆孔光栏)，凸透镜 L：$f = 50$ mm，二维调整架：SZ-07，单面可调狭缝：SZ-22，双缝(使用多缝板，规格参考下面注释)，干板架：SZ-12，测微目镜 Le(去掉其物镜头的读数显微镜)，读数显微镜架：SZ-38，三维底座：SZ-01，二维底座：SZ-02，一维底座：SZ-03。

实验原理

杨氏实验是用两个点光源作光的干涉实验的典型代表，它以简单的装置和巧妙的构思就实现普通光源来做干涉，不仅是许多其他光学的干涉装置的原型，而且在理论上还可以从中提许多重要的概念和启发。无论从经典光学还是从现代光学的角度来看，杨氏实验都具有十分重要的意义。

杨氏实验的装置如图 2-10-1 所示，在普通单色光源(如钠光灯)前面放一个开有小孔 S 的屏，作为单色点光源。在 S 照明的范围内的前方，再放一个开有两个小孔的 S_1 和 S_2 的屏。S_1 和 S_2 彼此相距很近，且到 S 等距。根据惠更斯原理，S_1 和 S_2 将作为两个次波向前发射次波(球面波)，形成交迭的波场。这两个相干的光波在距离屏为 D 的接收屏上叠加，形成干涉图样。为了提高干涉条纹的亮度，实际中 S，S_1 和 S_2 用 3 个互相平行的狭缝(杨氏双缝干涉)，而且可以不用接收屏，而代之目镜直接观测，这样还可以测量数据用以计算。在激光出现以后，利用它的相干性和高亮度，人们可以用氦氖激光束直接照明双孔，在屏幕同样可获得一套相当明显的干涉条纹，供许多人同时观看。

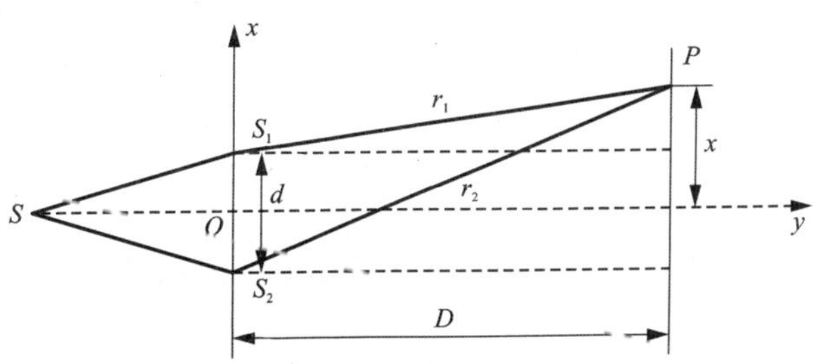

图 2-10-1　杨氏双缝干涉实验原理图

设两个双缝 S_1 和 S_2 的间距为 d，它们到屏幕的垂直距离为 D(屏幕与两缝连线的中垂线相垂直）。

假定 S_1 和 S_2 到 S 的距离相等，S_1 和 S_2 处的光振动就是具有相同的相位，屏幕上各点的干涉强度将由光程差 ΔL 决定。为了确定屏幕上光强极大和光强极小的位置，选取直角坐标系 $O-xyz$，坐标系的原点 O 位于 S_1 和 S_2 连线的中心，x 轴的方向为 S_1 和 S_2 连线方向，假定屏幕上任意点 P 的坐标为$(x,\ y,\ D)$，那么 S_1 和 S_2 到 P 点的距离 r_1 和 r_2 分别为：

$$r_1 = S_1p = \sqrt{(x-\frac{d}{2})^2 + y^2 + D^2}$$

$$r_2 = S_2p = \sqrt{(x+\frac{d}{2})^2 + y^2 + D^2} \qquad (2-10-1)$$

由上两式可以得到 $r_2^2 - r_1^2 = 2xd$。

若整个装置放在空气中，则相干光到达 P 点的光程差为：

$$\Delta L = r_2 - r_1 = \frac{2xd}{r_1 + r_2}$$

在实际情况中，如果 x 和 y 也比 D 小得多（即在 z 轴附近观察），则有 $r_1 + r_2 \approx 2D$。在次近似条件下上式变为：

$$\Delta L = \frac{xd}{D} \qquad (2-10-2)$$

再由光程差判据

$\Delta L(p) = m\lambda_0 (m=0,\ \pm1,\ \pm2,\ \cdots)$，$p$ 为光强极大处。

$\Delta L(p) = (m+\frac{1}{2})\lambda_0 (m=0,\ \pm1,\ \pm2,\ \cdots)$，$p$ 为光强极小处。

可知道在屏幕上各级干涉的极大的位置为：

$$x = \frac{mD\lambda}{d}(m=0,\ \pm1,\ \pm2\cdots) \qquad (2-10-3)$$

干涉极小的位置为：

$$x = (m+\frac{1}{2})\frac{D\lambda}{d}(m=0,\ \pm1,\ \pm2,\ \cdots) \qquad (2-10-4)$$

相邻两极大或两极小值之间的间距为干涉条纹间距，用 Δx 来表示，它反映了条纹的疏密程度。由式(2-10-3)的

相干条纹的间距为

$$\Delta x = \frac{D}{d}\lambda \qquad (2-10-5)$$

变换可得：

$$\lambda = \frac{\Delta xd}{D}$$

式中：d 为两个狭缝中心的间距；λ 为单色光波波长；D 为双缝屏到观测屏（微测目镜焦平面）的距离。

这就是本实验所要使用的原理公式。从实验中测得 D，d 以及 Δx，即可由上式算出 λ。

实验步骤

(1)把全部仪器按照如上实物图的顺序在平台上摆放好，并调成共轴系统。钠光灯（可

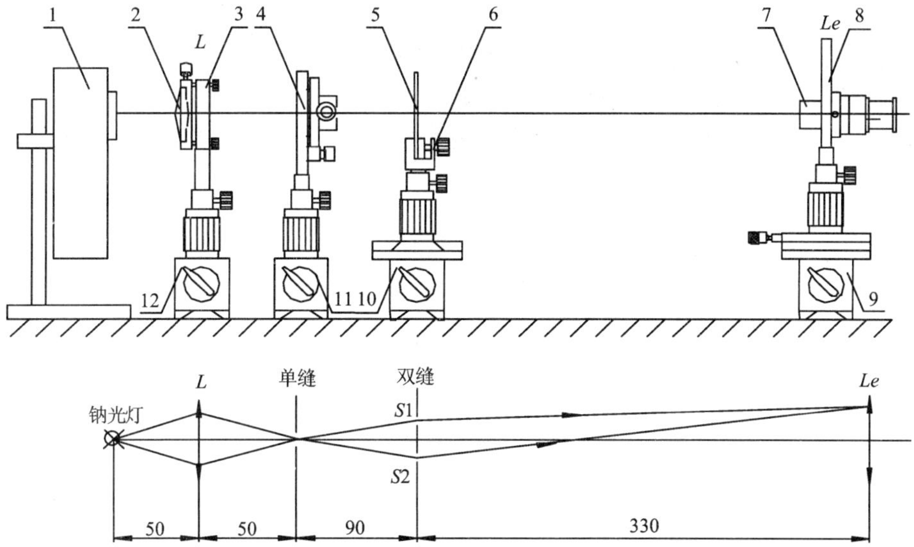

图 2－10－2　仪器实物图及原理图　（单位：mm）

1—钠光灯；2—凸透镜 L；3—二维调整架；4—单面可调狭缝；5—双缝；6—干板架；
7—测微目镜 Le；8—读数显微镜架；9—三维底座；10—二维底座；11—一维底座

加圆孔光栏）经透镜聚焦于狭缝上。使单缝和双缝平行，而且由单缝射出的光照射在双缝的中间。（图中数据均为参考数据）

（2）直接用眼睛观测到干涉条纹后，再放入微测目镜后进行测量。使相干光束处在目镜视场中心，并调节单缝和双缝的平行度（调节单缝即可），使干涉条纹最清晰。

（3）用微测目镜测出干涉条纹的间距 Δx，双缝到微测目镜焦平面上叉丝分化板的距离 D。

（4）反复测量 3～5 次，依次记录数据。

（5）整理仪器，计算待测波长和误差。

数据记录及处理

利用已知双缝间距，在把测出的 Δx 和 D 代入到公式 $\lambda = \frac{\Delta x d}{D}$ 中求出波长 λ。把实验值和真实值进行比较，并找出误差原因。

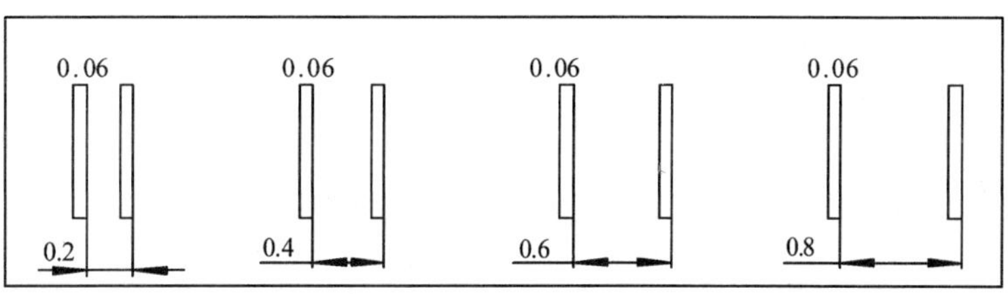

图 2－10－3　多缝板的规格

思考题

(1)画出调试完成后的光学原理图并标出各实际尺寸。

(2)分析误差的来源，提出减小误差的措施。

(3)杨氏双缝干涉现象有哪些？原理是什么？

第三章 综合性实验

综合性实验是指在同一个实验中涉及力学、热学、电磁学、光学、近代物理等多个知识领域，综合应用多种方法和技术的实验。此类实验的目的是巩固学生在基础性实验阶段的学习成果、开阔学生的眼界和思路，提高学生对实验方法和实验技术的综合运用能力。本章所选编的实验项目，其物理原理或实验技术本身在物理学发展史上、现代科学和生产过程中都有着重要的地位。

实验3-1 气垫导轨测重力加速度

气垫导轨是一种力学实验仪器。它利用从导轨表面小孔喷出的压缩空气，在滑块与导轨面之间形成很薄的气垫，将滑块浮起。这样，滑块运动时的接触摩擦力可以略去不计，仅仅只有小得多的空气的黏滞力和周围空气的阻力，因此就极大地减少了力学实验中难于克服的摩擦力的影响，使实验效果大为提高。在气垫导轨上可以进行很多力学实验，如速度、加速度的测量、牛顿第二定律的验证、动量守恒定律的验证、简谐振动的研究等。

实验目的

(1)研究测重力加速度的方法；

(2)测量本地区的重力加速度。

实验仪器

气垫导轨、数字毫秒计、滑块、垫块。

实物图如图3-1-1所示。

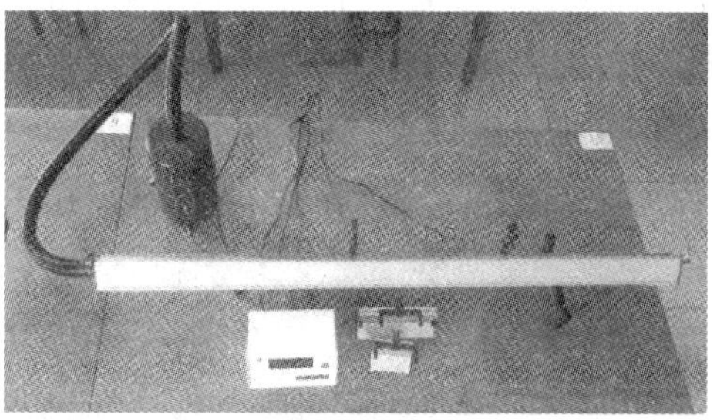

图3-1-1 气垫导轨实物图

1. 导轨装置的构造

气垫导轨装置的构造如图3-1-2所示。

(1)导轨。导轨是由长 1.2 ~ 1.5 m 的角铝合金制成，导轨面上均匀分布着直径约 0.4 mm 的喷气孔，导轨的一端装有进气孔，另一端装有滑轮，两端内侧都装有缓冲弹簧，整个导轨安装在工字钢梁上。

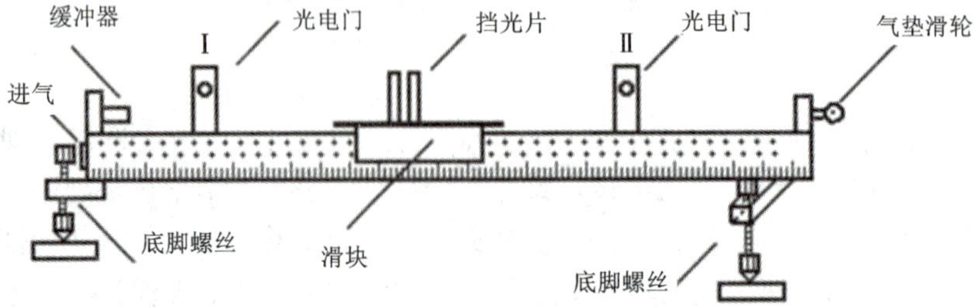

图 3 –1 –2　气垫导轨示意图

(2)光电门(或探头)。它由小灯泡和光敏管组成，利用光敏管受光照和不受光照时电势的变化，产生电脉冲来控制数字毫秒计的“计”和“停”，进行计时。

(3)滑块。用角形铝材制成，其两侧内表面和导轨面精确吻合，两端装有缓冲器，其上可以加装挡光片、附加重物等，以满足各种不同实验的需要。

(4)调节螺钉与垫块。导轨的一端是单脚螺钉，另一端是双脚螺钉，主要供调节导轨水平使用，垫块用来改变气垫导轨的斜度。根据要求可将不同尺寸的垫块放在导轨单脚螺钉下，以得到不同斜度的斜面。一般滑块被托起的高度约为 10 ~ 100 mm。

(5)标尺。固定在导轨一侧，在定位窗上可读出光电门的位置。

2. 气源

用橡皮管将气垫导轨的进气嘴与气源相连，并用开关进行控制。压力稳定、消振、消音而又清洁的空气进入导轨内，由导轨表面上的小孔喷出。

3. 光电转换装置

光电转换装置又称光电门，由聚光灯泡和光敏管组成。聚光灯泡的电源由数字毫秒计供给，图 3 –1 –3 所示的光电转换装置只要接通毫秒计电源开关，即可点亮聚光灯泡，发出的光束正好照在光敏管上，光敏管与数字毫秒计的控制电路连接。当光照被罩住时，光敏管电阻发生变化，从而产生一个电信号，触发毫秒计开始计时；当光照恢复或光照又一次被遮住(视数字毫秒计的工作状态而定)，又产生一个电信号，使毫秒计停止计时。毫秒计显示出一次遮光或两次遮光之间的时间间隔。

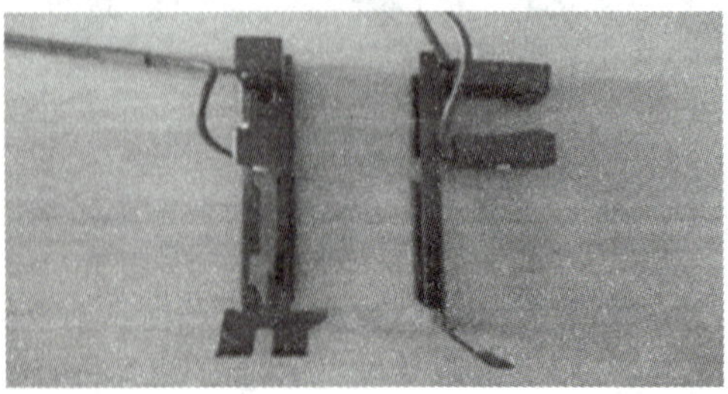

图 3 –1 –3　光电门

4. 数字毫秒计

数字毫秒计时器如图 3－1－4 所示，简称为数字毫秒计，是一种能够准确测量横断时间间隔的及时毫秒计，测量的最短时间间隔可达到百万分之一秒(0.1 ms)。实验室通常配用的是 MUG－5C 型的数字毫秒计，它采用 CMOS 集成电路，利用石英晶体稳定的震荡特性产生 10 kHz 电脉冲，即每秒钟内产生一万个脉冲，两个脉冲之间的间隔是一万分之一秒。我们把相邻脉冲的时间间隔称之为时基。振荡经分频后，除保留 10 kHz 脉冲外，还得到 1 kHz 电脉冲。由三者构成时基脉冲信号(即时基分别为 0.1 ms，1 ms 和 10 ms)。用这些脉冲在开始计数和停计数的时间间隔内推动计数器计数，即一个脉冲一个数。从停止到计这一段时间计数器的所记的数由显示窗口显示出来。由此得时间为数字窗显示的数值乘以时基。

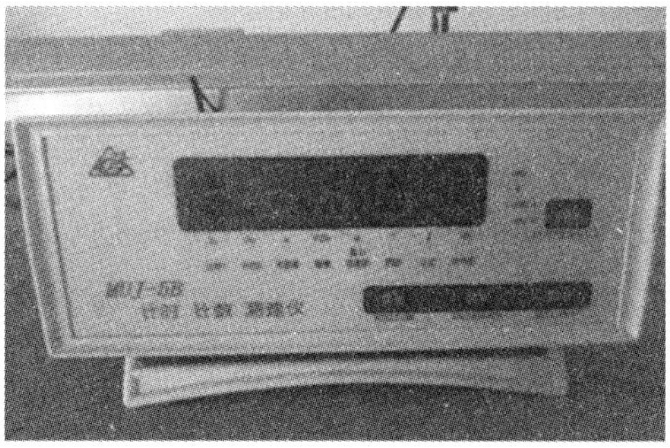

图 3－1－4　数字毫秒计

实验原理

当气轨水平放置时，自由漂浮的滑块所受的合外力为零，因此，滑块在气轨上可以静止，或以一定的速度作匀速直线运动。在滑块上装一与滑块运动方向严格平行、宽度为 d 的挡光板，当滑块经过设在某位置上的光电门时，挡光板将遮住照在光敏管上的光束，因为挡光板宽度一定，遮光时间的长短与滑块通过光电门的速度成反比，测出挡光板的宽度 d 和遮光时间 Δt，则滑块通过光电门的平均速度为：

$$v = d/\Delta t$$

若挡板很小，则在挡光范围内滑块的速度变化也很小，故可以把平均速度看成是滑块经过光电门的瞬时速度。挡板越小，则平均速度越准确地反映该位置上滑块的瞬时速度，显然，如果滑块作匀速直线运动，则滑块通过设在气垫导轨任何位置的光电门时瞬时速度都相等，毫秒计上显示的时间相同，在此情形下，滑块速度的测量值与挡板的大小无关。

若滑块在水平方向受一恒力作用，滑块将作匀加速直线运动，分别测出滑块通过相距 S 的 2 个光电门的始末速度和 v_1 和 v_2，则滑块的加速度：

$$a = (v_2 - v_1)/\Delta t$$

气垫导轨与水平面的夹角为 α，则

$$g = a\sin\alpha$$

气垫导轨测量重力加速度的原理图如图 3－1－5 所示(其中垫片高度 h，导轨长度 L，两光电门间距离 S)。

如果滑块运动时忽略空气的阻力，则实验结果的误差会相对大一些。不论滑块在气垫导轨上从上向下还是从下向上运动，都有空气阻力 f，且 f 不是常数，$f = f(v)$。

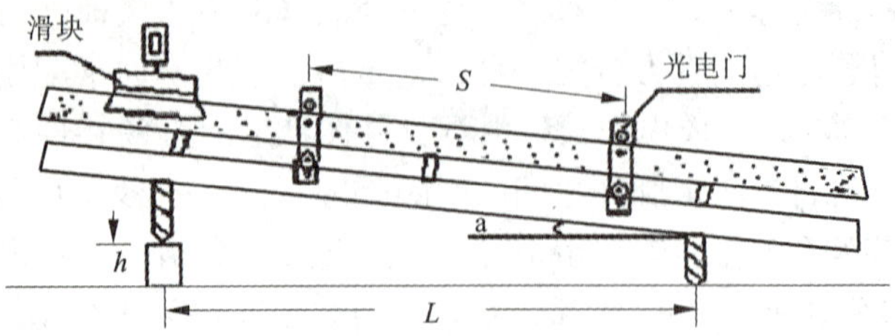

图 3-1-5　气垫导轨测量重力加速度的原理图

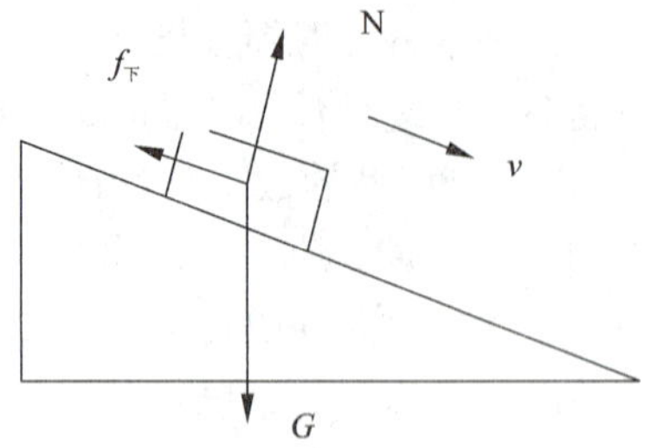

图 3-1-6　滑块受力分析图

滑块受力分析图如图 3-1-6 所示，当物体下滑时，$mg\sin\theta - f_下 = ma_下$，当物体上滑时，$mg\sin\theta + f_上 = ma_上$。空气阻力 f 是速度 v 的函数，当 v 比较小时，滑块通过两个光电门时的阻力和速度有可能都不相同，若能控制上下的速度是分别相等的，就可使滑块上下的阻力相等了。所以可得

$$2mg\sin\theta = m(a_上 + a_下)$$

$$g = \frac{a_上 + a_下}{2\sin\theta} = \frac{a_上 + a_下}{2} \times \frac{L}{h}$$

这样关系式中没有 v 的量，从而消除了空气阻力对重力加速度的影响，使重力加速度更加精确。

实验步骤

1. 气垫导轨的水平调节

调节导轨水平的程度是做好实验的关键。如导轨上装有水平仪，可调节螺母观察水平仪显示状态。当导轨水平时，滑块在水平方向上所受的合外力为零，此时滑块静止，或者作匀速直线运动，但是，气垫导轨不可能绝对平直，滑块也难以完全静止，如轻轻推一下滑块，则滑块从一端向另一端运动，先后通过 2 个光电门的时间 t_1 和 t_2 应相等，由于空气阻力，滑块速度缓慢减小，经过后一个光电门的时间总比经过前一个光电门的时间长，经仔细调节，使滑块经过 2 个光电门的时间相差不超过 1%，至少在朝滑轮方向运动时满足这一要求，这时可视为导轨已调水平。

2. 加速度的测量

启动气源向气垫导轨送气，用清洁的棉纱沾酒精擦拭导轨表面及滑块内表面。

(1)把 2 个相同的光电门放在导轨的不同位置，并按要求与数字毫秒计连接。接通毫秒计电源，聚光灯泡发出的光束正好照在光敏管狭缝上，接通气源，使装有挡光板的滑块可以在导轨上自由运动。调节导轨上的单脚螺丝，使滑块在导轨上小范围内缓慢地来回运动(不是总朝一个方向)，这时导轨基本调平。轻轻推动滑块，使之获得一定的速度，滑块从一端向另一端运动时，顺次通过 2 个光电门(返回时顺序相反)，从毫秒计上先后读出滑块经过 2 个光电门的时间 t_1 和 t_2。

(2)将数字毫秒计的计时方式开关置于 A 挡位置，在导轨一端地脚螺丝下面垫上厚度为 h 的垫块，将滑块置于导轨的最高点，并使其自由滑下，记录滑块经过两光电门的时间 t_1 和

t_2。重复上述步骤测量5次并记录数据(加速度的测量要求保证初始条件不变)。

(3)测出两光电门之间的距离并记录;

(4)测出气垫导轨的长度并记录;

(5)关闭毫秒计,取下滑块,关闭气泵,将一起整理复原。

3. 实验数据记录与处理

两光电门距离 $S=$

气垫导轨的长度 $L=$

垫块高度 $h=$

下滑		上滑	
t_1/s	t_2/s	t_1'/s	t_2'/s

	下滑	上滑
Δt_1		
Δt_2		
Δt_3		

物体下滑

	$V_1/\mathrm{cm\cdot s^{-1}}$	$V_2/\mathrm{cm\cdot s^{-1}}$	$a/\mathrm{cm\cdot s^{-2}}$	$\bar{a}/\mathrm{cm\cdot s^{-2}}$
1				
2				
3				

物体上滑

	$V_1/\mathrm{cm\cdot s^{-1}}$	$V_2/\mathrm{cm\cdot s^{-1}}$	$a/\mathrm{cm\cdot s^{-2}}$	$\bar{a}/\mathrm{cm\cdot s^{-2}}$
1				
2				
3				

忽略空气阻力的情况下,可用公式 $a=g\sin\theta$ 得出:$g=a\times L/h$

所以有:

上升的 $g_{上}=$

下降的 $g_{下}=$

因为：实验地点所在地标准的重力加速度 $g_{标准}=(\text{cm/s}^2)$，所以误差度为：

$$上升的\ e=\frac{\Delta g}{g}=\frac{g_{上}-g_{标准}}{g_{标准}}=$$

$$下降的\ e=\frac{\Delta g}{g}=\frac{g_{下}-g_{标准}}{g_{标准}}=$$

而在不忽略空气阻力的情况下，可用公式(4)得出：

$$g=\frac{a_{上}+a_{下}}{2}\times\frac{L}{h}=$$

$$误差度为：e=\frac{\Delta g}{g}=$$

注意事项

(1)为了保持气垫导轨表面的平直度和光洁度，不允许用其他东西敲、碰导轨表面。同时也要注意不要碰倒光电门。

(2)滑块的内表面光洁度高，应严防划伤、碰坏，更不允许将滑块掉在地上，滑块与导轨配套使用，不得任意换用。导轨在不通气时，不要将滑块放在导轨上来回滑动，变动遮光板在滑块上的位置时，应将滑块从导轨上拿下，待固定好遮光板后再把滑块放在导轨上。

(3)导轨面上的喷气孔很小，应在供气后用薄的小纸条检查是否有堵塞，如发现堵塞，必须用细钢丝仔细通一下。

(4)进行实验时，两光敏管都应处于光照状态。

(5)在实验过程中，不得任意移动导轨的位置。

(6)实验前必须用纱布蘸少许酒精擦洗导轨表面和滑块内表面。实验结束后，勿将滑块久放在导轨上，以免导轨表面拉伤。

思考题

导致本实验产生的误差有哪些？怎样消除？

实验3－2　复摆特性的研究

实验目的

(1)掌握复摆物理模型的分析;
(2)通过实验学习用复摆测量重力加速度的方法。

实验仪器

复摆装置、多功能微秒计。

仪器介绍

复摆实验装置:

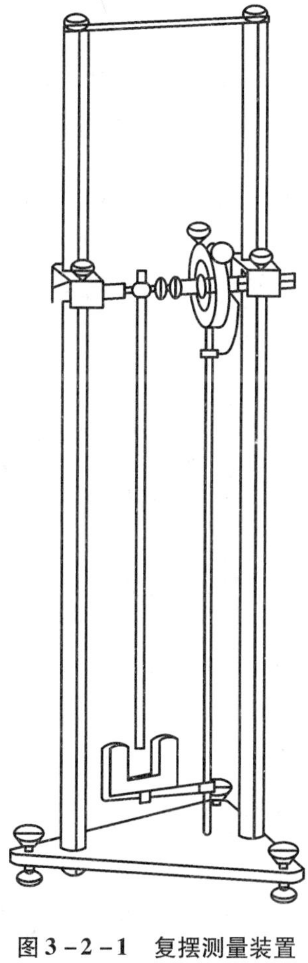

图3－2－1　复摆测量装置

说明:

(1)"左侧顶尖"和"右侧顶尖"的轴线在一条线上,调节"夹座"以调节顶尖上下位置,调节"支架柱"以调节顶尖左右位置。

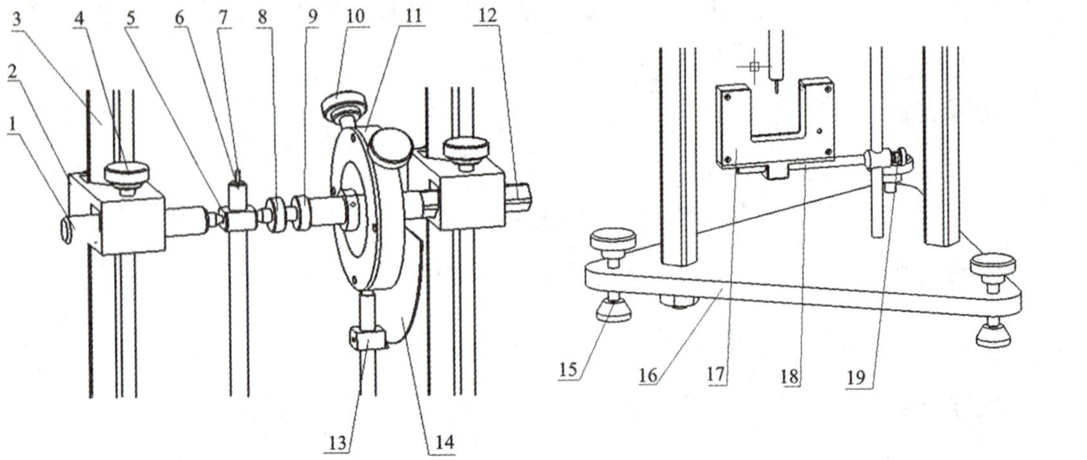

图 3-2-2 摆锤

1—左侧顶尖；2—夹座；3—支架柱；4—锁紧螺钉(1)；5—摆杆座；6—摆杆；7—挡光针；8—右侧顶尖；9—锁紧螺帽；10—锁紧螺钉(2)；11—转动圆环；12—顶尖轴；13—刻度盘；14—刻度指针；15—底座脚；16—底座；17—光电门；18—光电门安装轴；19—锁紧螺钉(3)

(2)调节“右侧顶尖”使摆杆座松紧适度，顶尖与“摆杆座”的摩擦力至最小，调好后用“锁紧螺帽”固定。

(3)松开“锁紧螺钉(2)”可旋转“转动圆环”即转动光电门，锁紧“锁紧螺钉(2)”可固定光电门。

实验原理

复摆是一刚体绕固定的水平轴在重力的作用下作微小摆动的动力运动体系。如图 3-2-3 所示，刚体绕固定轴 O 在竖直平面内作左右摆动，G 是该物体的质心，与轴 O 的距离为 h，θ 为其摆动角度。若规定右转角为正，此时刚体所受力矩与角位移方向相反，即有

$$M = -mgh\sin\theta \tag{3-2-1}$$

又据转动定律，该复摆又有

$$M = I\ddot{\theta} \tag{3-2-2}$$

其中 I 为该物体转动惯量。由式(3-2-1)和式(3-2-2)可得

$$\ddot{\theta} = -\omega^2\sin\theta \tag{3-2-3}$$

其中 $\omega^2 = \frac{mgh}{I}$。若 θ 很小时(θ 在 5°以内)近似有

$$\ddot{\theta} = -\omega^2\theta \tag{3-2-4}$$

此方程说明该复摆在小角度下作简谐振动，该复摆振动周期为

$$T = 2\pi\sqrt{\frac{I}{mgh}} \tag{3-2-5}$$

设 I_G 为转轴过质心且与 O 轴平行时的转动惯量，那么根据平行轴定律可知

$$I = I_G + mh^2 \tag{3-2-6}$$

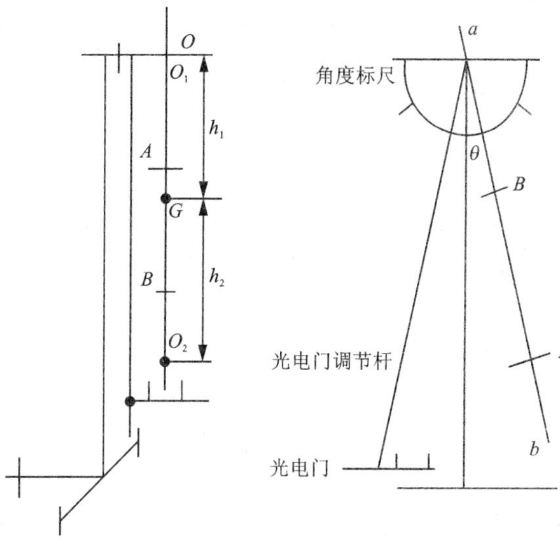

复摆正面图

图 3－2－3　复摆结构示意图

代入上式得：

$$T=2\pi\sqrt{\frac{I_G+mh^2}{mgh}} \tag{3－2－7}$$

根据式(3－2－7)，可测量重力加速度 g，其实验方案有多种，选择其中的 3 种加以介绍。

实验方案一：

对于固定的刚体而言，I_G 是固定的，因而实验时，只需改变质心到转轴的距离 h_1，h_2，则刚体周期分别为

$$T_1=2\pi\sqrt{\frac{I_c+mh_1^2}{mgh_1}} \tag{3－2－8}$$

$$T_2=2\pi\sqrt{\frac{I_c+mh_2^2}{mgh_2}} \tag{3－2－9}$$

为了使计算公式简化，故取 $h_2=2h_1$，合并式(3－1－8)和式(3－2－9)得：

$$g=\frac{12\pi^2h_1}{(2T_2^2-T_1^2)} \tag{3－2－10}$$

为了方便确定质心位置 G，实验时可取下摆锤 A 和 B。自已设计实验测量方案和数据处理方案。

实验方案二：

设式(3－2－6)中的 $I_G=mk^2$，代入式(3－2－7)，得

$$T=2\pi\sqrt{\frac{mk^2+mh^2}{mgh}}=2\pi\sqrt{\frac{k^2+h^2}{gh}} \tag{3－2－11}$$

式中：k 为复摆对 G 轴的回转半径，h 为质心到转轴的距离。对式(3－2－11)进行平方，并

改写成

$$T^2h=\frac{4\pi^2}{g}k^2+\frac{4\pi^2}{g}h^2, \tag{3-2-12}$$

设 $y=T^2h$，$x=h^2$，则式(3－2－12)改写成

$$y=\frac{4\pi^2}{g}k^2+\frac{4\pi^2}{g}x, \tag{3-2-13}$$

式(3－2－13)为直线方程，实验时取下摆锤 A 和 B，测出 n 组(x，y)值，用作图法或最小二乘法求直线的截距 A 和斜率 B，由于 $A=\frac{4\pi^2}{g}k^2$，$B=\frac{4\pi^2}{g}$，所以

$$g=\frac{4\pi^2}{B},\ k=\sqrt{\frac{Ag}{4\pi^2}}=\sqrt{\frac{A}{B}} \tag{3-2-14}$$

由式(3－1－14)可求得重力加速度 g 和回转半径 k。

实验方案三：

在摆杆上加上摆锤 A 和 B，使之摆动，如摆角较小，其周期 T_1 将等于

$$T_1=2\pi\sqrt{\frac{I_1}{Mgh_1}} \tag{3-2-15}$$

式中：I_1 是可逆摆以 O_1 为轴转动时的转动惯量，M 为摆的总质量，g 为当地的重力加速度，h_1 为支点 O_1 到摆的质心 G 的距离。又当以 O_2 为支点摆动时，其周期 T_2 将等于

$$T_2=2\pi\sqrt{\frac{I_2}{Mgh_2}} \tag{3-2-16}$$

式中：I_2 是以 O_2 为轴时的转动惯量，h_2 为 O_2 到 G 的距离。

设 I_G 为可逆摆对通过质心的水平轴的转动惯量，根据平行轴定理 $I_1=I_G+Mh_1^2$，$I_2=I_G+Mh_2^2$，所以式(3－2－15)和式(3－2－16)可改写成

$$T_1=2\pi\sqrt{\frac{I_G+Mh_1^2}{Mgh_1}} \tag{3-2-17}$$

$$T_2=2\pi\sqrt{\frac{I_G+Mh_2^2}{Mgh_2}} \tag{3-2-18}$$

从上述二式消去 I_G 和 M，可得

$$g=\frac{4\pi^2(h_1^2-h_2^2)}{T_1^2h_1-T_2^2h_2} \tag{3-2-19}$$

在适当调节摆锤 A、B 的位置之后，可使 $T_1=T_2$，令此时的周期值为 T，则

$$g=\frac{4\pi^2}{T^2}(h_1+h_2) \tag{3-2-20}$$

上式中 h_1+h_2，即 O_1O_2 间的距离，设为 l，则

$$g=\frac{4\pi^2}{T^2}l \tag{3-2-21}$$

由式(3－2－21)知，测出复摆正挂与倒挂时相等的周期值 T 和 l，就可算出当地的重力加速度之值。式中 l 为二转轴的距离，能测得很精确，所以能使测量 g 值的准确性提高。

为了寻找 $T_1=T_2$ 的周期值，就要研究 T_1 和 T_2 在移动摆锤时的变化规律。设在 O_1O_2 间

的摆锤 A 的质量为 m_A，O_1 到 A 的距离为 x 并取$\overrightarrow{O_1O_2}$为正方向，如图3－2－4 所示，除去摆锤 A 之外摆的质量为 m_0，对 O_1 的转动惯量为 I_0，质心在 C 点，令 $O_1C=hc_1$。由于摆锤 A 较小，式(3－2－17)可近似写成为

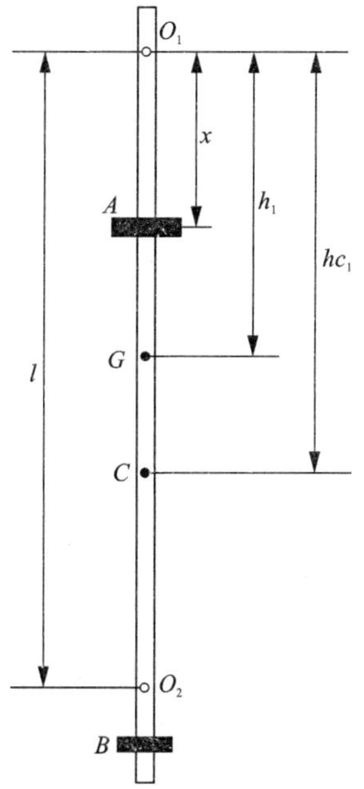

图 3－2－4　摆锤

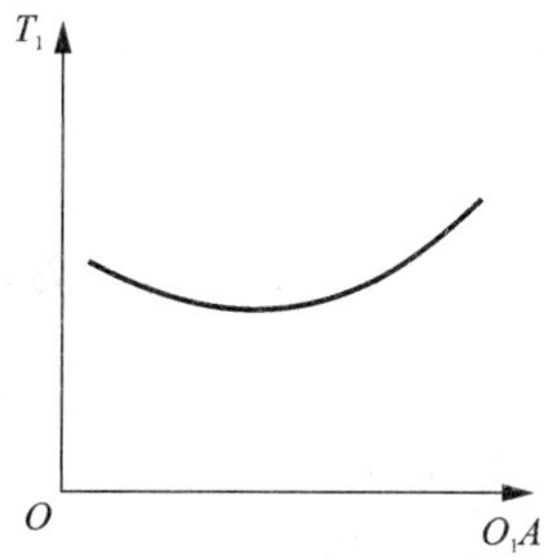

图 3－2－5　摆锤摆动周期

$$T=2\pi\sqrt{\frac{I_0+m_Ax^2}{(m_0hc_1+m_Ax)g}} \tag{3-2-22}$$

由此式可知，此摆在以 O_1 为轴时的等值摆长 l_1 等于

$$l_1=\frac{I_0+m_Ax^2}{m_0hc_1+m_Ax} \tag{3-2-23}$$

经分析可知，在一定条件下$\frac{\mathrm{d}l_1}{\mathrm{d}x}=0$，并且$\frac{\mathrm{d}^2l_1}{\mathrm{d}x^2}>0$，即在改变 A 锤位置时，等值摆长 l_1 有一极小值，亦即周期 T_1 有一极小值，并且和此极小值对应的 x 小于 l。这说明当 A 锤从 O_1 移向 O_2 时，T_1 的变化如图 3－2－5 所示，当 x 开始增加时 T_1 先是减小，在 T_1 达到极小值之后又增加。T_2 的变化规律和 T_1 相似，但是变化较明显。

本实验为了利用式(3－2－21)计算 g 值，就必须在移动 A 锤过程中，使 T_1 曲线和 T_2 曲线相交。理论分析和实际测量都表明，T_1 和 T_2 二曲线是否相交决定于摆锤 B 的位置(图 3－2－6)，本实验是通过实际测量来确定能使 T_1，T_2 曲线相交的 B 锤的位置[图 3－2－6(b)]。

实验步聚

(1)确定 B 锤的位置。在摆杆的两端分别固定一挡光片。光电门置于摆下端的挡光片处并和数字微秒计连接好，并使用能测周期的功能部分。将 A 锤置于 O_1O_2 的中点处，B 锤置于

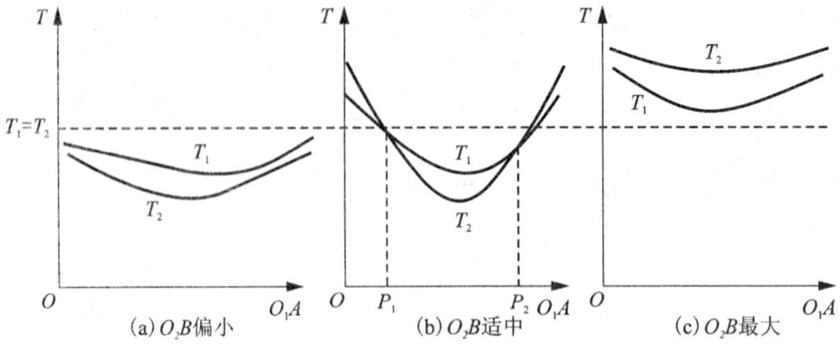

图 3-2-6　摆锤摆动位置

O_2 外侧的中间，测 T_1 和 T_2（只测一个摆动周期），若 $T_1 > T_2$，那将属于图 3-2-6(a)或(b)的情形。将 A 锤移至 O_2 附近，$\overline{AO_2}$约 10 cm 处(B 不动)再测 T_1 和 T_2，如果此时 $T_1 < T_2$，就说明 B 锤的位置适合(b)，亦即适合实验的要求，在以下的测量中 B 锤即固定在此位置。若是测量结果和上述的不一致，就要参照图 3-2-6 去改变 B 锤的位置，直至和上述要求一致时为止。

(2)测绘 T_1、T_2 曲线。将 A 锤置于$\overline{O_1A}$约等于 10 cm 处，测 T_1 和 T_2。其次，每将 A 锤移动 10 cm 测一下 T_1 和 T_2，直至$\overline{AO_2}$大约为 10 cm 时为止。

以 O_1A 为横坐标，周期为纵坐标作图线[如图 3-2-6(b)]，二曲线交点对应的$\overline{O_1A}$值为 P_1 和 P_2，对应的周期应相等。

(3)测量 $T_1 = T_2 = T$ 的精确值。将 A 锤置于 P_2 处(该点对应的二曲线的交角较大)，测 T_1 和 T_2，各重复测 10 次后取平均值(由于这次测得较精细，将发现 T_1 和 T_2 不等，即以前测得的 P_2 不准)，当 $T_1 < T_2$ 时，就使$\overline{O_1A}$减少 2 mm(若是 $T_1 > T_2$ 就使$\overline{O_1A}$增加 2 mm)，再同上法测周期为 T_1'和 T_2'，这时应当是 $T_1' > T_2'$(若是实际测量结果仍然是 $T_1' < T_2'$时，就要再移动 A 锤去测量)。

在这一步测量时，要使每次摆尖的位移(振幅)相同，并测出其大小 s，如支点到摆尖的长度为 L，则摆角 $\theta = \frac{s}{L}$，在小摆角 θ 测得的周期 T_θ 和摆角近于零时的周期 T_0 之间存在如下关系

$$T_0 = T_\theta\left(1 - \frac{\theta^2}{16}\right) \tag{3-2-24}$$

测量所得各周期值，要根据上式改正成为摆角近于零时的周期。

用测得的 T_1，T_2，T_1'和 T_2'参照图 3-2-6 作图线，其交点所对应的周期值就是所求的 $T_1 = T_2 = T$ 的数值。

(4)测量二转轴的距离 l。

(5)将第(3)、(4)步求出的 T 和 l 值代入式(3-2-21)，求出当地的重力加速度 g 之值并求其标准偏差。

思考题

试比较用单摆法和复摆法测重力加速度的精确度，说明其精确度高或低的原因。

实验 3－3　用三线摆测量转动惯量

转动惯量是刚体转动惯性的量度，它与刚体的质量分布和转轴的位置有关。对于形状简单的均匀刚体，测出其外形尺寸和质量，就可以计算其转动惯量。对于形状复杂、质量分布不均匀的刚体，通常利用转动实验来测定其转动惯量。为了便于与理论计算值比较，本实验中的被测刚体均采用形状规则的刚体。

实验目的

(1) 掌握水平调节与时间测量方法；
(2) 掌握三线摆测定物体转动惯量的方法；
(3) 掌握利用公式法测定物体的转动惯量；
(4) 验证平行轴定理。

实验仪器

三线摆装置多功能微秒计、游标卡尺、米尺、水平仪。

实验原理

1. 三线摆法测定物体的转动惯量

图 3－3－1 为三线摆实验装置，上、下圆盘均处于水平，悬挂在横梁上。横梁由立柱和底座支撑着。三根对称分布的等长悬线将两圆盘相连。实验时如图 3－3－2 所示，拨动转动杆就可以使上圆盘小幅度转动，从而带动下圆盘绕中心轴 OO' 做扭摆运动。由机械能守恒定律可得：$mgh=\frac{1}{2}I_0\omega_0^2$，又由振动方程：$\theta=\theta_0\sin\frac{2\pi}{T}t$，可得 $\omega=\frac{\mathrm{d}\theta}{\mathrm{d}t}=\frac{2\pi\theta_0}{T}\cos\frac{2\pi}{T}t$。设通过平衡位置的瞬时角速度的大小为：$\omega_0=\frac{2\pi\theta_0}{T}$，所以有：$mgh=\frac{1}{2}I_0\left(\frac{2\pi\theta_0}{T}\right)^2$。

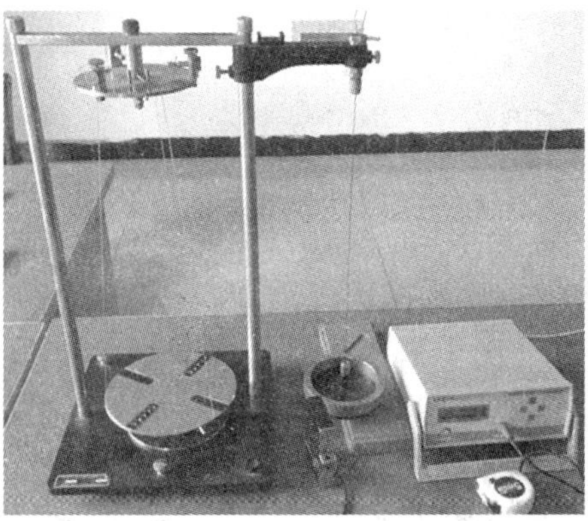

图 3－3－1　三线摆实验装置图

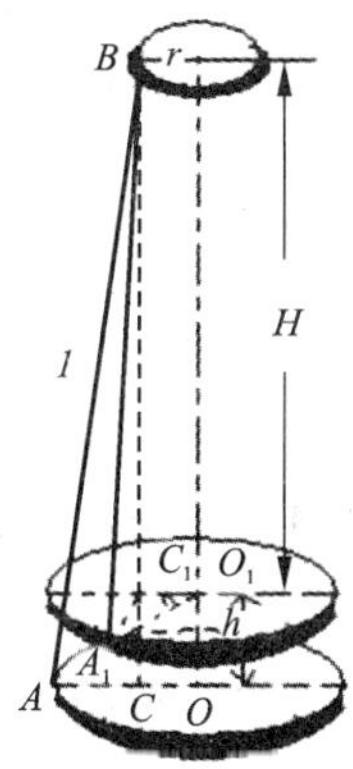

图 3－3－1　三线摆示意图

根据图 3-3-2 可以得到：$h = BC - BC_1 = \frac{(BC)^2 - (BC_1)^2}{BC + BC_1}$

$$(BC)^2 = (AB)^2 - (AC)^2 = l^2 - (R - r)^2$$

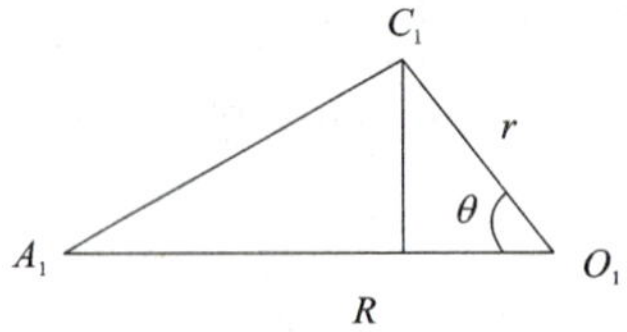

图 3-3-3　转动 O_1 位置示意图

从图 3-3-3 分析可知，根据余弦定律可得 $(A_1C_1)^2 = (R^2 + r^2 - 2Rr\cos\theta_0)$，所以有 $(BC_1)^2 = (A_1B)^2 - (A_1C_1)^2 = l^2 - (R^2 + r^2 - 2Rr\cos\theta_0)$，整理后可得：

$$h = \frac{2Rr(1 - \cos\theta_0)}{BC + BC_1} = \frac{4Rr\sin^2\frac{\theta_0}{2}}{BC + BC_1}$$

由于 $BC + BC_1 \approx 2H$，摆角很小时 $\sin(\frac{\theta_0}{2}) = \frac{\theta_0}{2}$，可得 $h = \frac{Rr\theta_0^2}{2H}$。整理后得：$I_0 = \frac{mgRr}{4\pi^2 H}T^2$，

又因 $R = \frac{b}{\sqrt{3}}$，$r = \frac{a}{\sqrt{3}}$，所以可得：

$$I_0 = \frac{mgab}{12\pi^2 H}T^2 \tag{3-3-1}$$

若其上放置圆环，并且使其转轴与悬盘中心重合，重新测出摆动周期为 T_1 和 H_1，则：

$$I_1 = \frac{(m + M)gab}{12\pi^2 H_1}T_1^2 \tag{3-3-2}$$

待测物的转动惯量为：

$$I = I_1 - I_0 \tag{3-3-3}$$

2. 公式法测定物体的转动惯量

根据转动惯量定义，通过对圆环计算可直接得到圆环的转动惯量为：

$$I = \frac{1}{8}M(D^2 + d^2) \tag{3-3-4}$$

3. 验证平行轴定理

利用三线摆可以验证平行轴定理。平行轴定理指出：如果一刚体对通过质心的某一转轴的转动惯量为 I_c，则该刚体对平行于该轴、且相距为 d 的另一转轴的转动惯量 I_x 为

$$I_x = I_c + md^2 \tag{3-3-5}$$

式中，m 为刚体的质量。

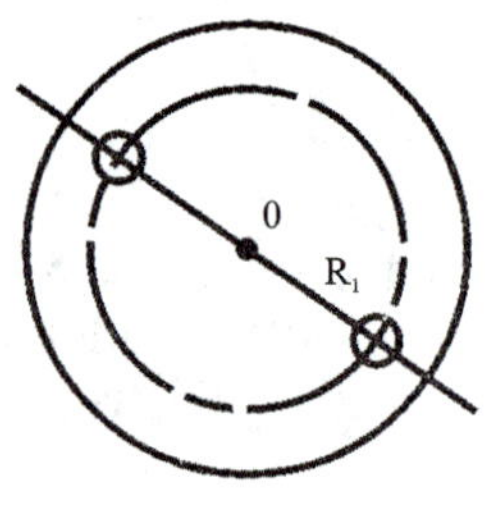

图 3-3-4　二孔对称分布图

实验时，将两个同样大小的圆柱体放置在对称分布于半径为 R_1 的圆周上的两个孔上，如图 3-3-4 所示。测出两个圆柱体对中心轴 OO 的转动惯量 I_x。如果测得的 I_x 值与由

(3-3-5)式右边计算得的结果比较时的相对误差在测量误差允许的范围内(≤5%)，则平行轴定理得到验证。

实验步骤

1. 三线摆法测定圆环绕中心轴的转动惯量

(1)用卡尺分别测定三线摆上下盘悬挂点间的距离 a、b(三个边各测一次再平均)；

(2)调节三线摆的悬线使悬盘到上盘之间的距离 H 大约为 50 cm 多；

(3)调节三线摆地脚螺丝使上盘水平后再调节三线摆悬线的长度，使悬盘水平；

(4)用米尺测定悬盘到上盘三线接点的距离 H；

(5)让悬盘静止后轻拨上盘，使悬盘作小角度摆动(注意观察其摆幅是否小于 10°，摆动是否稳定不摇晃)；

(6)用多功能微秒计测定 15 个摆动周期的摆动的时间 t；

(7)把待测圆环置于悬盘上(圆环中心必须与悬盘中心重合)，再测定悬盘到三线与上盘接点间的距离 H_1，重复步骤(5)、(6)。

2. 公式法测定圆环绕中心轴的转动惯量

用卡尺分别测定圆环的内径和外径，根据上表中圆环绕中心轴的转动惯量计算公式确定其转动惯量测定结果。(圆环质量见标称值)

3. 用三线摆验证平行轴定理。

(1)测量圆柱体质量 m；

(2)测量圆柱体的半径 r 柱；

(3)将两个质量均为 m 的圆柱体按照下悬盘上的刻线对称地放置在悬盘上，测量它们的间距为 $2d$；

(4)测量摆动周期 T_1。

数据记录及处理

表 3-3-1　三线摆法

项目	1	2	3	4	5	平均值
a/cm						
b/cm						
H/cm						
t/s						
H_1/cm						
t_1/s						

表 3-3-2　公式法 m = g；M = g；

项目	1	2	3	4	5	平均值
D/cm						
d/cm						

表 3-3-3 验证平行轴定理

<table>
<tr><td colspan="2">m/g</td><td>$r_{柱}$/cm</td><td>d/cm</td></tr>
<tr><td colspan="2"></td><td></td><td></td></tr>
<tr><td colspan="2"></td><td></td><td></td></tr>
<tr><td colspan="2">60 个摆动周期总时间/s</td><td>平均时间 t/s</td><td>平均周期 T_1/s</td></tr>
<tr><td>1(次)</td><td></td><td rowspan="5"></td><td rowspan="5"></td></tr>
<tr><td>2(次)</td><td></td></tr>
<tr><td>3(次)</td><td></td></tr>
<tr><td>4(次)</td><td></td></tr>
<tr><td>5(次)</td><td></td></tr>
</table>

1. 实验测试法

$$I_0 = \frac{mgabT^2}{12\pi^2 H} =$$

$$I_1 = \frac{(m+M)gabT_1^2}{12\pi^2 H_1} =$$

$$I_{实验} = I_1 - I_0 =$$

2. 理论计算法(小盘的转动惯量)

$$I_{理论} = \frac{1}{8}M(D^2 + d^2) =$$

相对误差：$\frac{|I_{理论} - I_{实验}|}{I_{理论}} \times 100\% =$

3. 平行轴定理验证

下圆盘加对称圆柱后总转动惯量：

$$I_1 = \frac{(m_0 + 2m)gRr}{4\pi^2 H}T_1{}^2 =$$

一个圆柱的转动惯量：

$$I_m = \frac{1}{2}(I_1 - I_0) =$$

圆柱转动惯量理论值：

$$I'_m = \frac{1}{2}mr_{柱}{}^2 + md^2 =$$

相对误差：

$$E_r = \frac{|I_m - I'_m|}{I'_m} \times 100\% =$$

根据误差大小分析实验结果。

思考题

(1) 三线摆法测量转动惯量的主要误差来源是什么?

(2) 对三线摆装置上下盘进行水平调节的目的是什么?

(3) 测量过程中为什么要避免摆幅过大?

(4) 如何提高实验准确度?

实验3－4　自由落体综合实验

物体仅在重力作用下，由静止开始竖直下落的运动称为自由落体运动。由于受空气阻力的影响，自然界中的落体都不是严格意义上的自由落体。只有在高度抽真空的试管内才可观察到真正的自由落体运动——一切物体(如铁球与鸡毛)以同样的加速度运动。这个加速度称为重力加速度。

重力加速度 g 是物理学中的一个重要参量。地球上各个地区的重力加速度，随地球纬度和海拔高度的变化而变化。一般说来，在赤道附近 g 的数值最小，纬度越高，越靠近南北两极，则 g 的数值越大。在地球表面附近 g 的最大值与最小值相差仅约 1/300。准确测定重力加速度 g，在理论、生产和科研方面都有着重要的意义。

实验目的

(1)了解自由落体运动及其产生的条件；

(2)认识自由落体运动的特点，掌握自由落体运动的规律；

(3)测量当地重力加速度。

实验仪器

自由落体实验仪，多功能微秒计。

仪器介绍

1. 结构与特点

(1)仪器由带有标尺的铝合金型材立柱为主体，上端装有电磁铁吸球器，中间有两个可任意移动的光电门，下端装有接球架网，立柱下端固定在可调节的由铸铁制成的三脚支架上，以增加仪器的稳定性。

(2)钢球的起始位置由电磁铁的固定支架端板下端的下边沿作为位置指针，能方便地调节确定钢球自由下落的起始刻度位置。

(3)立柱上端装有电磁铁吸球器，当电磁铁线圈接通直流6V 电源时，电磁铁吸住钢球。切断电源，钢球下落作自由落体运动。电磁铁的支架上还装有两个接线柱，可以与频闪光源的同步输入开关及学生实验电源直流 6 V 相连接，用于频闪照相实验。(注：原接电缆的接线端子可卸下不用)。

(4)两个光电门由小型聚光电珠和光敏接收管组成。两个光电门可以上下任意移动，在立柱上的位置由光电门支架的凹型槽底边所对标尺的刻度决定。

(5)主体立柱固定在三脚支架上，利用三脚支架上的调节螺栓，配合重锤线可方便地调节立柱与地面的垂直度。

2. 组装、实验前的准备

(1)整机组装，将电磁铁吸球器、两个光电门及接球架按图3－4－1 所示连接，用固定螺丝固定在主体上，将四芯插头插入计时器标有“自由落体”的插座上，接通计时器电源，计时器能自动进入自检，说明两个光电门工作正常。

(2)将电磁铁吸球器调节到刻度尺0点处，使钢球自由下落的起始发位置为0 cm。

(3)调垂直度：将仪器所配的重锤悬挂在电磁铁吸球器的铁芯中心孔上，将两个光电门分别置于立柱的30 cm和100 cm处，缓慢调节三脚支架上的调节螺栓，使重锤线处于两个光电门的正中。从主体正面观察时重锤线应与光电门中间的凹形槽处白线重合，从主体侧面观察重锤线应与光电门两侧白线重合，即认为重锤线正好处于光电门的中心处，仪器的垂直度调好后，将重锤线取下，就可以做实验了。

实验原理

1. 实验方法一

自由落体运动是初速度为零的匀加速直线运动，其公式为

$$h = gt^2/2 \tag{3-4-1}$$

如果物体下落的时间取：$t_1 : t_2 : t_3 = 1:2:3$，则下落的距离就会得出：$h_1 : h_2 : h_3 = 1:4:9$。

2. 实验方法二

根据自由落体公式 $h = gt^2/2$ 可以得到

$$g = 2h/t^2 \tag{3-4-2}$$

只要测出下落的距离 h 和对应下落的时间 t，就可以计算出重力加速度 g 值来。

这种实验方法简单、方便，但测得的重力加速度 g 值一般误差较大。原因是式(3-4-1)的 h 的精确测量有困难，h 的起始点为钢球的直径下沿，但钢球通过光电门时，不一定正好是钢球的直径下沿，很可能偏离一些，带来一定的 Δh 误差。式(3-4-2)中的 t 由于电磁铁断电的瞬间，电磁铁有剩磁，钢球没有立即下落，这就造成了时间测量上的误差。

3. 实验方法三：双光电门计时方式

为了减少电磁铁剩磁和 h 测量的误差对实验精度带来的影响，采用初速度不为零的自由落体运动，其公式：$h = v_0 t + gt^2/2$ 用双光电门计时方式(如图3-4-1所示)初速度不为0的自由落体运动，将两个光电门分别置于 A、B 两点处，钢球从零点开始自由下落，设到达 A 点的速度为 v_1，再经过时间 t_1 后，钢球到达 B 点，设 AB 两点间的距离为 h_1，则有：

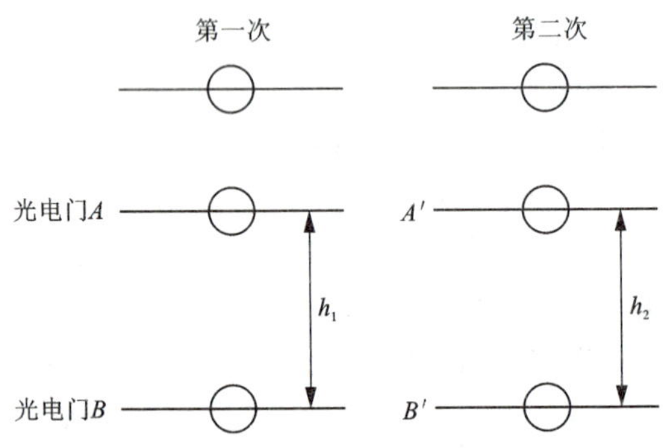

图3-4-1　初速度不为0的自由落体运动

$$h_1 = v_1 t_1 + g t_1^2/2 \tag{3-4-3}$$

将光电门 B 下移一段距离至 B' 点，重复上述实验。设钢球从 A 点经过时间 t_2 到达 B' 点，设 AB' 两点间的距离为 h_2，则有：

$$h_2 = v_1 t_2 + g t_2^2/2 \tag{3-4-4}$$

将式(3-4-4)乘以 t_1，式(3-4-3)乘以 t_2，两式相减得：

$$g = 2(h_2/t_2 - h_1/t_1)/(t_2 - t_1) \tag{3-4-5}$$

实验的相对误差计算公式为：

$$\delta = |g_{标} - g_{测}|/g_{标} \times 100\% \tag{3-4-6}$$

实验三的结果比实验方法二精确得多，与标准重力加速度的相对误差可做到小于等于1%。

实验步骤

(1)仪器与计时器连接好，接通计时器电源，按动功能键，选择在“g”挡，先将计时器的同步开关拨到“6 V”位置上，电磁铁得电，将钢球吸住，(注意钢球应吸在电磁铁的中心处)。同步开关拨到“同步”位置上，切断电磁铁电源，钢球自由下落，计时器同步计时，当钢球通过光电门后计时器自动停止计时，并循环显示出钢球下落的时间 t 和钢球通过光电门的时间 Δt。

实验中，依次移动光电门，使光电门的中部凹形槽底边对准立柱标尺的 10 cm，40 cm，90 cm 处，分别测出下落的时间 t_1、t_2、t_3，每个时间测 5 次取平均值。如果可以得到 $h_1:h_2:h_3=1:4:9$ 对应的下落时间 $t_1:t_2:t_3=1:2:3$ 的关系，验证了自由落体运动是初速度为零的匀加速直线运动。(注意实验只用一个光电门，将另一光电门从立柱上移到立柱的最下端，保持正常光照状态，不能有其他物体挡光)。

(2)将光电门移至标尺 100 cm 处，实验操作过程同实验方法一，分别测量 5 次 t 值，取平均值，将所测量的数据代入公式(3-4-2)，即可求出重力加速度 g 值。

(3)仪器与计时器连接好，调整好，将二个光电门分别移到 40 cm，80 cm 标尺刻度处，接通计时器电源，按动功能键，选择在“S”挡，将同步开关拨到“6 V”位置上，电磁铁得电，将钢球吸住，按清零键使屏幕显示“0.00”。将同步开关拨到“同步”位置上，钢球自由下落通过两个光电门，计时器自动显示钢球通过两个光电门 40～80 cm 间隔的时间 t_1，重复做 5 次实验，取 t_1 平均值。再将下端处的光电门移到 100 cm 处，重复上述实验，取 t_2 平均值。

全部实验结束。将实验数据代入式(3-4-5)，可计算出 g 的测量值，代入式(3-4-6)求出相对误差。

表 3-4-1 所示为我国一些重要地方的重力加速度(单位 m/s^2)，重力加速度标准值 $9.80665\ m/s^2$。

表 3-4-1　我国一些重要地方的重力加速度

地名	纬度(北)	重力加速度	地名	纬度(北)	重力加速度
北京	39°56′	9.80122	南京	32°04′	9.79442
天津	39°09′	9.80094	武汉	30°33′	9.79359
上海	31°12′	9.79436	南昌	28°40′	9.79208
重庆	29°34′	9.79152	长沙	28°12′	9.79163
济南	36°41′	9.79858	福州	26°06′	9.79144
郑州	34°43′	9.79665	广州	23°06′	9.78831
太原	37°47′	9.79684	香港	22°18′	9.78769
杭州	30°16′	9.79300	南宁	22°43′	9.78760

思考题

(1) 如果用体积相同而质量不同的小木球来代替小铁球，试问实验所得到的 g 值是否不同？你将怎样通过实验来证实你的答案呢？

(2) 试分析本次实验产生误差的主要原因，并讨论如何减小重力加速度 g 的测量误差。

实验3－5　空气比热容比测量方法的研究

实验目的

(1)用绝热膨胀法测定空气的比热容比;

(2)用振动法测定空气的比热容比;

(3)观测热力学过程中状态变化及基本物理规律;

(4)学习气体压力传感器和数字温度传感器的使用。

实验仪器

空气的比热容比实验装置。

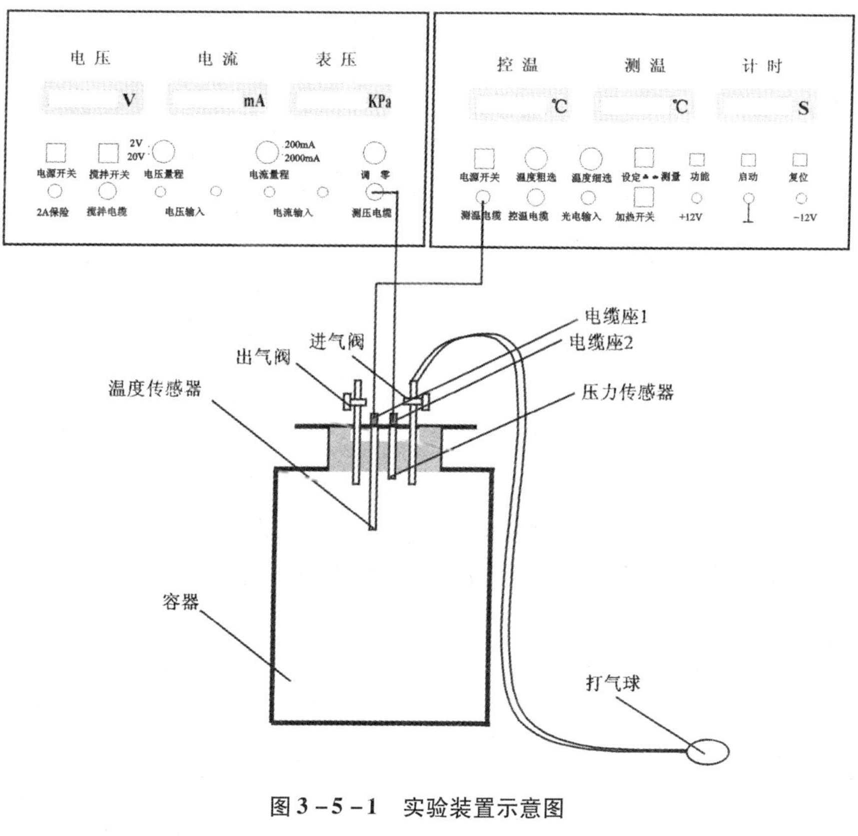

图3－5－1　实验装置示意图

实验原理

1. 绝热膨胀法测定空气的比热容比

若以比大气压p_a稍高的压强p_1向容器内压入适量的空气，并以与外部环境温度T_1相等之单位质量的气体体积(称为比体积或比容)作为V_1，用图3－5－2中的Ⅰ(p_1, V_1, T_1)表示这一状态。然后急速打开阀门，即令其绝热膨胀，降至大气压强 p_a，并以Ⅱ(p_2，V_2，T_2)表示该状态。由于是绝热膨胀，$T_2<T_1$，所以，若再迅速关闭阀门并放置一段时间，则系统将从外界吸收热量使温度升高至 T_1；因为吸热过程中体积(比容)V_2不变，所以，压强将随之增加为 p_3；即系统又变至状态Ⅲ(p_3，V_2，T_1)。因状态Ⅰ至状态Ⅱ的变化是绝热的，故满足泊松公式：

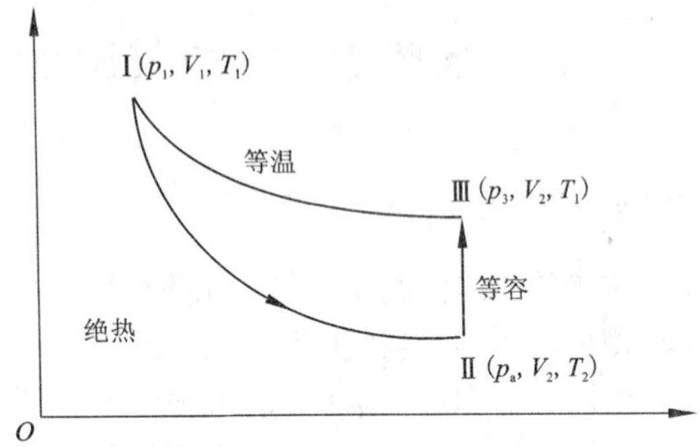

图 3-5-2　气体的状态变化

$$p_1V_1^{\gamma}=p_aV_2^{\gamma} \tag{3-5-1}$$

而状态Ⅲ与状态Ⅰ是等温的，所以，玻意耳定律成立，即：

$$p_1V_1=p_3V_2 \tag{3-5-2}$$

由式(3-5-1)及式(3-5-2)消去 V_1，V_2可解得：

$$\gamma=\frac{\ln p_1-\ln p_a}{\ln p_1-\ln p_3} \tag{3-5-3}$$

可见，只要测得 p_1，p_a及 p_3，就可求出 γ。

如果用 Δp_1，Δp_3分别表示 p_1、p_3与大气压强 p_a的差值时，则有：

$$p_1=p_a+\Delta p_1;\ p_3=p_a+\Delta p_3 \tag{3-5-4}$$

将式(3-5-4)代入式(3-5-3)，并考虑到 $p_a\gg\Delta p_1\gg\Delta p_3$，则：

$$\ln p_1-\ln p_a=\ln\frac{p_1}{p_a}=\ln\left(1+\frac{\Delta p_1}{p_a}\right)\approx\frac{\Delta p_1}{p_a}$$

及 $\ln p_1-\ln p_3=(\ln p_1-\ln p_a)-(\ln p_3-\ln p_a)=\ln\left(1+\frac{\Delta p_1}{p_a}\right)-\ln\left(1+\frac{\Delta p_3}{p_a}\right)\approx\frac{\Delta p_1}{p_a}-\frac{\Delta p_3}{p_a}$

所以

$$\gamma=\Delta p_1/(\Delta p_1-\Delta p_3) \tag{3-5-5}$$

同样，只要用压强计测得实验过程中 p_1、p_3时与 P_a的压强差 Δp_1、Δp_3，即可通过式(3-5-5)求出空气的比热容比 γ。

2. 振动法测定空气的比热容比

振动物体小球的直径比细管直径略小。它能在管中上下移动，细管的截面积为 A，气体由进气阀注入到容器中，容器的容积为 V。

小球的质量为 m，半径为 r，当容器内压强 p 满足下面条件时，小球处于力平衡状态，这时 $p=p_L+\frac{mg}{A}$，式中 p_L 为大气压强。为了补偿由于空气阻尼引起振动物体振幅的衰减，通过进气阀一直注入一个小气压的气流，在精密的细管中央开设有一个小孔。当振动物体处于小孔下方的半个振动周期时，注入气体使容器的内压强增大，引起物体向上移动，而当物体处于小孔上方的半个振动周期时，容器内的气体将通过小孔流出，使物体下沉。以后重复上述过程，只要适当控制注入气体的流量，物体能在细管的小孔上下作简谐振动，振动周期可利用光电计时装置来测得。

若物体偏离平衡位置一定距离 x，则容器内的压强变化 $\mathrm{d}p$，物体的运动方程为：

$$m\frac{\mathrm{d}^2x}{\mathrm{d}t}=-A\mathrm{d}p \tag{3-5-6}$$

因为物体振动过程相当快，所以可以看作绝热过程，绝热方程

$$pV^{\gamma}=\text{常数} \tag{3-5-7}$$

于是有：

$$m\frac{\mathrm{d}^2x}{\mathrm{d}t^2}=-\frac{\gamma pA^2}{V}x,\ T=2\pi\sqrt{\frac{mV}{\gamma pA^2}} \tag{3-5-8}$$

或比热容比：

$$\gamma=\frac{4\pi^2mV}{pA^2T^2} \tag{3-5-9}$$

式中各量均可方便测得，因而可算出 γ 值。由气体运动论可以知道，γ 值与气体分子的自由度数有关，对单原子气体(如氩)只有3个平均自由度，双原子气体(如氢)除上述3个平均自由度外还有2个转动自由度。对多原子气体，则具有3个转动自由度，比热容比 γ 与自由度 f 的关系为 $\gamma=\frac{f+2}{f}$。理论上得出：

单原子气体(Ar，He)　　$f=3$；　　$\gamma=1.67$

双原子气体(N_2，H_2，O_2)　　$f=5$；　　$\gamma=1.40$

多原子气体(CO_2，CH_4)　　$f=6$；　　$\gamma=1.33$

且与温度无关。

实验步骤

1. 绝热膨胀法测定空气的比热容比

(1)如图3-5-1所示，用电缆线和导线连接好实验装置，温度传感器电缆与YJ-RZT-1数字智能化热学综合实验平台仪器面板上测温电缆座连接；压力传感器电缆与YJ-RZT-1数字智能化热学综合实验平台仪器面板上测压电缆座连接。

(2)打开出气阀；调节YJ-RZT-1数字智能化热学综合实验平台仪器面板上压力“调零”钮使表压表所示压强差值为零。

(3)关闭出气阀，挤压打气球，向容器内压入适量的空气(压强差值不应超过12 kPa)，压强为 p_1，观察温度、压强差的变化，记录此状态Ⅰ(p_1，V_1，T_1)下的 Δp_1，T_1 值。

(4)打开出气阀，即令其绝热膨胀，降至大气压强 p_a，变为状态Ⅱ(p_a，V_2，T_2)，由于是绝热膨胀，故 $T_2<T_1$，再迅速关闭阀门并放置一段时间，则系统温度将升至 T_1，压强将随之增加为 p_3，其状态为Ⅲ(p_3，V_2，T_1)，记录此状态时 Δp_3，T_1 值。

注：打开出气阀放气时，当听到放气声将结束时应迅速关闭出气阀。

(5)根据式(3-5-5)，即可求出空气的比热容比。

(6)复重以上步骤进行多次测量(如8次)求平均值。

2. 振动法测定空气的比热容比

(1)如图3-5-1所示，拔掉打气球连接好微型气泵，将装有钢球的细管插入出气阀。

(2)打开进气阀、出气阀，接通气泵电源，待储气瓶内注入一定压力的气体后，玻璃管中

的钢球离开弹簧，向管子上方移动，此时应调节好进气的大小，使钢球在玻璃管中以小孔为中心上下振动，振幅约为 10 cm。

(3)反复按“功能”键至计时表精度为0.01 s，再按“启动”键开始计时，数出50个周期时再按“启动”键停止计时，计时表显示的数字为振动50次所需的时间 t。重复测量8次。计算振动周期 $T(T=t/50)$。

(4)用游标卡尺和物理天平分别测出细管的内径 d 和小球的质量 m。

(细管的内径 $d=9.00\text{mm}$；$m=2.71\ \text{g}$)

(5)测量容器的容积为 $V(V=0.008840\ \text{m}^3)$。

(6)求 $p=p_L+mg/A(p_L=1.013\times10^5\ \text{Pa},\ A=6.36\times10^{-5}\ \text{m}^2)$。

(7)求空气比热容比：

$$\gamma=\frac{4\pi^2 mV}{pA^2T^2}$$

注意事项

(1)向容器内压入空气时，压强差值不应超过12 kPa；

(2)打开出气阀放气时，当听到放气声将结束时应迅速关闭出气阀，提早或推迟关闭出气阀，都将影响实验条件，引入误差。由于数字电压表显示滞后，如用计算机实时测量，发现此放气时间约为零点几秒，并与放气声产生消失很一致，而且关闭也需要零点几秒的时间，所以关闭出气阀用听声更可靠些。

(3)实验要求环境温度基本不变，如发生环境温度不断下降的情况，可在远离实验仪处适当加温，以保证实验正常进行。

思考题

实验操作时为什么听到放气尾声就迅速关闭出气阀?

实验3－6　金属线胀系数的测量

绝大多数物质都具有“热胀冷缩”的特性，这是由于物体内部分子热运动加剧或减弱造成的。这个性质在工程结构的设计中，在机械和仪器的制造中，在材料的加工（如焊接）中都应考虑到，否则将影响结构的稳定性和仪表的精度。考虑失当，甚至会造成工程的损毁、仪表的失灵，以及加工焊接中的缺陷和失败等。

实验目的

（1）学会使用千分表和热学平台；

（2）了解金属线胀系数的概念和测量原理；

（3）掌握测量金属线胀系数的测量方法。

实验仪器

数字智能化热学综合实验平台、游标卡尺、千分表、待测金属棒、恒温加热器及连接线、龙门架。

实验原理

（1）定义：在一定的温度范围内，固体金属受热时温度每升高一摄氏度，它在一维方向上的相对伸长量（伸长的比例系数）即为金属的线胀系数。

（2）原理：在一定的温度范围内，原长为 L 的物体，受热后其伸长量 ΔL 与其温度的增加量 Δt 近似成正比，与原长 L 亦成正比，即 $\Delta L=\alpha\times L\times\Delta t$。

$$\alpha=\frac{\Delta L}{L\times\Delta t} \tag{3-6-1}$$

式中：比例系数 α 称为固体的线胀系数。

（3）特性：大量实验表明，不同材料的线胀系数不同，塑料的线胀系数最大，金属次之，殷钢、熔凝石英的线胀系数很小。殷钢和石英的这一特性在精密测量仪器中有较多的应用。

表 3－6－1　几种材料的线胀系数

材 料	铜、铁、铝	普通玻璃、陶瓷	殷 钢	熔凝石英
α 数量级	$\times10^{-5}(℃)^{-1}$	$\times10^{-6}(℃)^{-1}$	$<2\times10^{-6}(℃)^{-1}$	$\times10^{-7}(℃)^{-1}$

实验还发现，同一材料在不同温度区域，其线胀系数不一定相同。某些合金，在金相组织发生变化的温度附近，同时会出现线胀量的突变。因此测定线胀系数也是了解材料持性的一种手段。但是，在温度变化不大的范围内，线胀系数仍可认为是一常量。

为测量线胀系数，我们将材料做成条状或杆状。由式（3－6－1）可知，测出金属棒室温下的原长 L_0、受热后温度升高到 t_1 时长度为 L_1，温度升高到 t_2 时长度为 L_2，求出受热时的伸长量 ΔL 和温度的升高量 Δt，则该材料在（t_1，t_2）温区的线胀系数为

$$\alpha = \frac{L_2 - L_1}{L_1(t_2 - t_1)} \tag{3-6-2}$$

其物理意义是固体材料在(t_1, t_2)温区内，温度每升高一摄氏度时材料的相对伸长量，其单位为$(℃)^{-1}$。

对于这么微小的伸长量，用普通量具如钢尺或游标卡尺是测不准的，可采用千分表(分度值为0.001 mm)、读数显微镜、光杠杆放大法、光学干涉法等方法测量。本实验中采用千分表测微小的线胀量。

实验步骤

(1)用游标卡尺测量金属杆的原长L_0;

(2)安装好实验装置，千分表调零并装夹好，确保表头与金属棒接触良好，及时读下此时千分表的读数x_0;

(3)打开电源开关，将黄色开关置于"设定"，调节"温度粗选"与"温度细选"旋钮，将温度设定为所需的温度(如50.0℃)值，然后将黄色开关拨向"测量"挡，打开加热开关，观察实际测量温度和千分表读数的变化，直至实际测量温度恒定下来(如50.0℃);

(4)当实际测量温度和千分表的读数都稳定后(千分表指针在大约1 min内稳定不变)，读出千分表的读数x_1和实际测量温度值t_1，然后将设定温度逐次提高5℃，分别调为55.0℃，60.0℃，65.0℃，70.0℃，75.0℃，80.0℃，85.0℃，90.0℃，95.0℃时，待千分表和实际测量温度稳定后分别记下千分表的读数$x_2 \sim x_{10}$和实际测量温度值$t_2 \sim t_{10}$;

(5)停止加热，拆下千分表，整理桌面，待温度降到50.0℃以下时关掉电源开关;

(6)用逐差法由式(3-6-2)即可求出金属棒在(50℃，95℃)温区内的线胀系数α及相对误差E_α。20℃时，铝的线胀系数为$2.30 \times 10^{-5}(℃)^{-1}$。

数据记录和处理

表3-6-2　数据记录一

测量量/mm	L_0	x_0

表3-6-3　数据记录二

T/℃	50.0	55.0	60.0	65.0	70.0	75.0	80.0	85.0	90.0	95.0
t_i/℃										
x_i/mm										

注意事项

(1)正确装夹千分表，确保千分表表头与金属棒接触良好，先要调零，装夹后读数要大于零，宜小于0.7 mm;

(2)千分表指针和实际测量温度均稳定后方可读数;

(3)保证连续不间断地加热;

(4)实验过程中应防止台面的震动。

思考题

(1)试分析实验误差的来源和如何减小实验误差。

(2)试分析哪一个量是影响实验结果精度的主要因素。

(3)试举出几个在日常生活和工程技术中应用线胀系数的实例。

附:千分表是一种通过齿轮的多极增速作用,把一微小的位移,转换为读数圆盘上指针的读数变化的微小长度测量工具,它的传动原理如图3-6-1所示,千分表在使用前,都需要进行调零,调零方法是:在测头无伸缩时,松开“调零固定旋钮”,旋转表壳,使主表盘的零刻度对准主指针,然后固定“调零固定旋钮”。调零好后,毫米指针与主指针都应该对准相应的0刻度。

千分表的读数方法:本实验中使用的千分表,其测量范围是0~1 mm。当测杆伸缩0.1 mm时,主指针转动一周,且毫米指针转动一小格,而表盘被分成了100个小格,所以主指针可以精确到0.1 mm的1/100,即0.001 mm,可以估读到0.0001 mm。即:

$$千分表读数=毫米表盘读数+\frac{1}{1000}\times主表盘读数\ (单位:mm)$$

(毫米表盘读数不需要估读,主表盘读数需要估读)

例如:图3-6-1中千分表读数为:$0.2+\frac{1}{1000}\times59.8=0.2598\ \text{mm}$

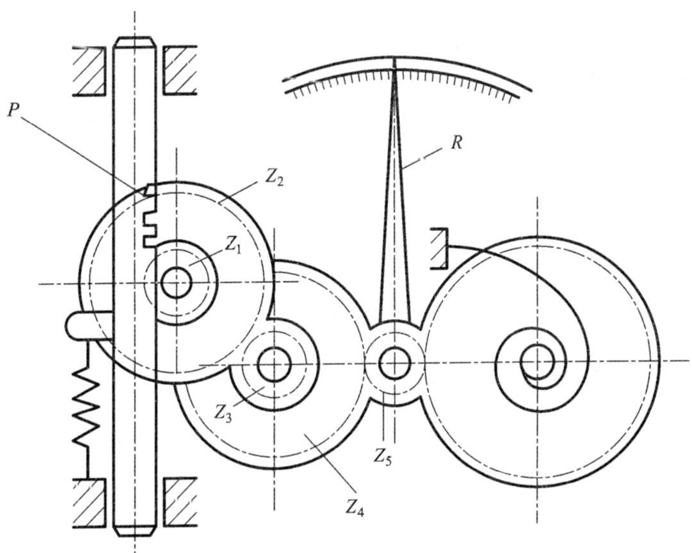

图3-6-1 千分表

实验 3－7　非良导体热导率的测量

导热系数(又称热导率)是反映材料热性能的重要物理量，它表明材料单位长度单位时间内温度每变化 1℃时可以传送的热量[W/(cm·K)]，热传导是热交换的三种(热传导、对流和辐射)基本形式之一，是工程热物理、材料科学、固体物理及能源、环保等各个研究领域的课题，材料的导热机理在很大程度上取决于它的微观结构，热量的传递依靠原子、分子围绕平衡位置的振动以及自由电子的迁移，在金属中电子流起支配作用，在绝缘体和大部分半导体中则以晶格振动起主导作用。在科学实验和工程设计中，所用材料的导热系数都需要用实验的方法精确测定。

实验目的

(1)了解热传导现象的物理过程；

(2)学习用稳态平板法测量非良导体的导热系数并用作图法求冷却速率。

实验仪器

热导率测量实验装置、YJ－RZT－1 数字智能化热学综合实验平台。

热导率测量的实验装置如图 3－7－1 所示。

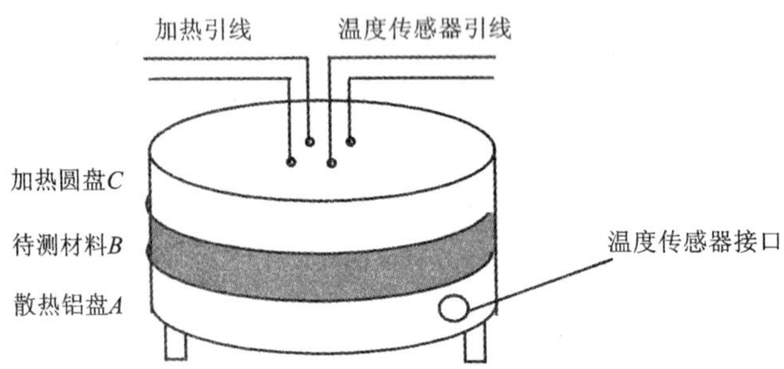

图 3－7－1　实验装置示意图

YJ－RZT－1 数字智能化热学综合实验平台的面板如图 3－7－2 所示。

实验原理

1882 年法国科学家傅立叶(J. Fourier)建立了热传导理论，目前各种测量导热系数的方法都是建立在傅立叶热传导定律的基础之上的。测量的方法可以分为两大类：稳态法和瞬态法，本实验是采用稳态平板法测量不良导体的导热系数。

当物体内部有温度梯度存在时，就有热量从高温处传递到低温处，这种现象被称为热传导。傅立叶指出，在 dt 时间内通过 dS 面积的热量 dQ 正比于物体内的温度梯度，其比例系数是导热系数，即：

$$\frac{\mathrm{d}Q}{\mathrm{d}t}=-\lambda\frac{\mathrm{d}T}{\mathrm{d}x}\mathrm{d}S \tag{3-7-1}$$

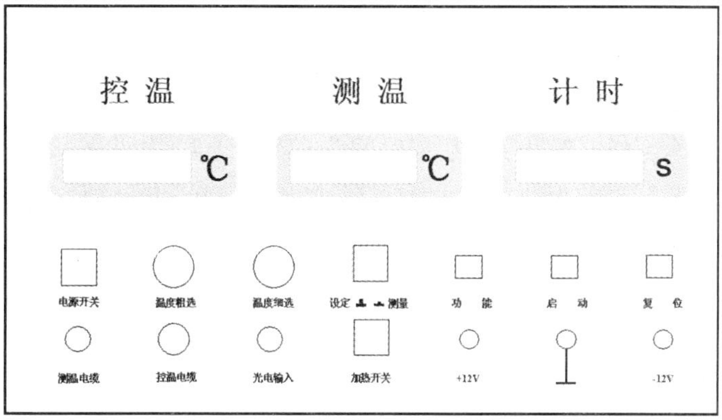

图 3－7－2　数字智能化热学综合实验平台面板图

式中：$\frac{dQ}{dt}$为传热速率；$\frac{dT}{dx}$是与面积 dS 相垂直的方向上的温度梯度；“－”号表示热量由高温区域传向低温区域，λ 是导热系数，表示物体导热能力的大小，在 SI 中 λ 的单位是 $W \cdot m^{-1} \cdot K^{-1}$。对于各向异性材料，各个方向的导热系数是不同的(常用张量来表示)。

如图 3－7－3 所示，设样品为一平板，则维持上下平面有稳定的 T_1 和 T_2(侧面近似绝热)，即稳态时通过样品的传热速率为

$$\frac{dQ}{dt} = \lambda \frac{T_1 - T_2}{h_B} S_B \qquad (3-7-2)$$

式中：h_B为样品厚度；$S_B = \pi R^2$为样品上表面的面积；$(T_1 - T_2)$为上、下平面的温度差；λ 为导热系数。

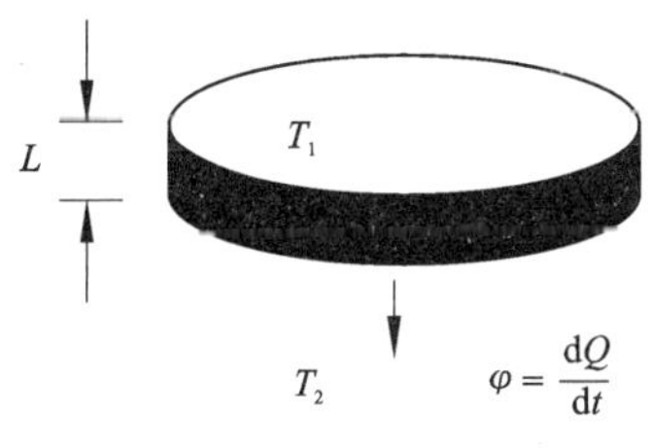

图 3－7－3　样品的温差

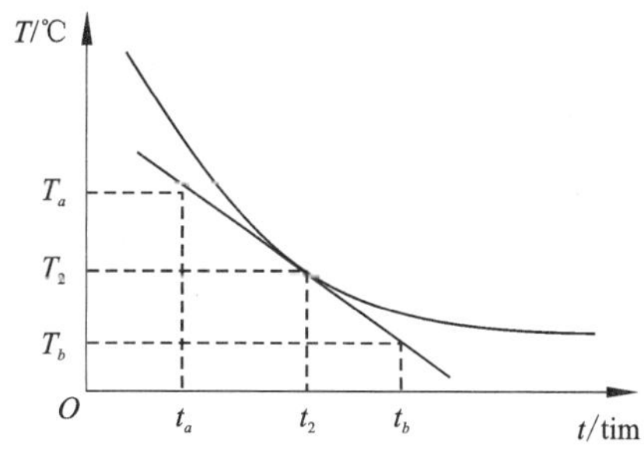

图 3－7－4　铝盘 A 的冷却曲线

在实验中，要降低侧面散热的影响，就要减小 h。因为待测平板上下平面的温度 T_1和 T_2是用加热圆盘 C 的底部和散热铝盘 A 的温度来代表，所以就必须保证样品与圆盘 C 的底部和铝盘 A 的上表面密切接触。

实验时，在稳定导热的条件下(T_1和 T_2值恒定不变)，可以认为通过待测样品 B 盘的传热速率与铝盘 A 向周围环境散热的速率相等，因此可以通过 A 盘在稳定温度 T_2附近的散热速率$\frac{dT}{dt}$，求出样品的传热速率$\frac{dQ_{加}}{dt}$。

在读取稳态时的 T_1 和 T_2 之后，拿走样品 B，让 A 盘直接与加热盘 C 底部的下表面接触，加热铝盘 A，使 A 盘温度上升到比 T_2 高 6℃左右，再移去加热盘 C，让铝盘 A 通过外表面直接向环境散热(自然冷却)，当 T_A 降至比 T_2 高 5℃时开如计时并读数 T_A，每隔 1 min 测一次温度 T_A，直到 T_A 低于 T_2 约 5℃时止，然后以时间为横坐标、T_A 为纵坐标作 A 的冷却曲线，如图 3－7－4 所示，过曲线上的点(t_2，T_A)作切线，则此切线的斜率就是 A 在 T_2 时的自然冷却速率

$$\frac{\mathrm{d}T}{\mathrm{d}t}=\frac{T_a-T_b}{t_a-t_b}$$

对于铝盘 A，在稳态传热时，其散热的外表面积为 $\pi R_A^2+2\pi R_A h_A$，移去加热盘 C 后，A 盘的散热外表面积为 $2\pi R_A^2+2\pi R_A(R_A+h_A)$，考虑到物体的散热速率与它的散热面积成比例，所以有

$$\frac{\mathrm{d}Q}{\mathrm{d}t}=\frac{\pi R_A(R_A+2h_A)}{2\pi R_A(R_A+h_A)}\cdot\frac{\mathrm{d}Q_{加}}{\mathrm{d}t}=\frac{R_A+2h_A}{2R_A+2h_A}\cdot\frac{\mathrm{d}Q_{加}}{\mathrm{d}t} \tag{3-7-3}$$

式中：R_A 和 h_A 分别为 A 盘的半径和厚度。

根据热容的定义，对温度均匀的物体，有

$$\frac{\mathrm{d}Q_{加}}{\mathrm{d}t}=mc\frac{\mathrm{d}T}{\mathrm{d}t} \tag{3-7-4}$$

对应铝盘 A，就有$\frac{\mathrm{d}Q_{加}}{\mathrm{d}t}=m_{铝}c_{铝}\frac{\mathrm{d}T}{\mathrm{d}t}$，$m_{铝}$ 和 $c_{铝}$ 分别为 A 盘的质量和比热容，将此式代入式(3－7－3)中，有

$$\frac{\mathrm{d}Q}{\mathrm{d}t}=m_{铝}c_{铝}\frac{R_A+2h_A}{2(R_A+h_A)}\cdot\frac{\mathrm{d}T}{\mathrm{d}t} \tag{3-7-5}$$

比较式(3－7－5)和式(3－7－2)，便得出导热系数和公式：

$$\lambda=\frac{m_{铝}c_{铝}h_B(R_A+2h_A)}{2\pi R_B^2(T_1-T_2)(R_A+h_A)}\cdot\frac{\mathrm{d}T}{\mathrm{d}t} \tag{3-7-6}$$

$m_{铝}$，h_B，R_B，h_A，T_1 和 T_2 都可以由实验测量出准确值，$c_{铝}$ 为已知常数，$c_{铝}=0.904$ J/(g·℃)，因此，只要求出$\frac{\mathrm{d}T}{\mathrm{d}t}$，就可求出导热系数 λ。

实验步骤

(1)用游标卡尺测出待测板 B 的直径 $2R_B$ 和厚度 h_B，以及 A 的直径 $2R_A$ 和厚度 h_A，记下 A 盘的质量 $m_{铝}$。

(2)建立稳恒态。

①如图 3－7－5 所示，安装好实验装置，连接好电缆线，打开电源开关，“测量选择”开关旋至“设定温度”挡，调节“设定温度粗选”和“设定温度细选”钮，选择设定 C 盘加热为所需的温度(如 60.0℃)值。

②将“测量选择”开关拨向“上盘温度”挡，打开加热开关，观察 C 盘温度的变化，直至 C 盘温度恒定在设定温度(如 60.0℃)。

③再将“测量选择”开关拨向“下盘温度”挡，观察 A 的温度变化，若每分钟的变化 $\Delta T_A\leqslant$

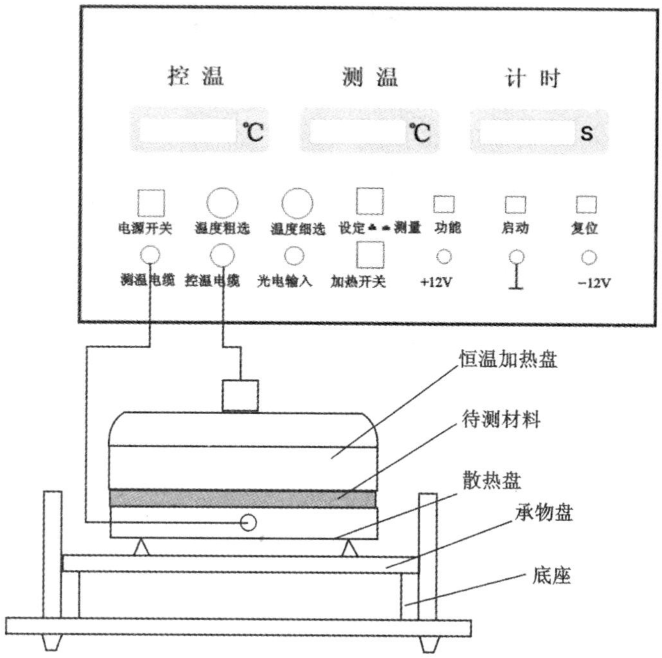

图 3－7－5　实验装置图

0.1℃，则可认为达到稳恒态，记下此时的 A 和 C 的温度 T_2 和 T_1。

时间测量：按动“启动”钮一下，即开始计时；再按动“启动”钮一下即暂停计时；按动“复位”钮，即归零。

(3)测 A 盘在 T_2 时的自然冷却速率。

在读取稳态时的 T_1 和 T_2 之后，拿走样品 B，让 A 盘直接与加热盘 C 底部的下表面接触，加热铝盘 A，使 A 盘温度上升到比 T_2 高 6℃左右，再移去加热盘 C，关闭加热开关，“测量选择”开关拨向“下盘温度”挡，让铝盘 A 通过外表面直接向环境散热(自然冷却)，每隔 30 s 记下相应的温度值；

(4)在坐标纸上作出 $T-t$ 冷却曲线，求出 T_2 附近的斜率 $k=\left.\frac{\mathrm{d}T}{\mathrm{d}t}\right|_{T=T_2}=\frac{T_a-T_b}{t_a-t_b}$，即冷却速率 k；

(5)根据式(3－7－6)求出待测材料的导热系数 λ；

(6)整理实验台。

思考题

(1)测导热系数时系统应满足哪些条件？实验中如何保证？

(2)测冷却速率时为什么要在稳态温度附近选值？如何计算冷却速率？

实验3－8　用利萨如图形法测量音叉的频率

实验目的

(1)学会音频信号－电信号的转换；

(2)掌握李萨如图形原理；

(3)进一步掌握示波器的使用。

实验仪器

电子示波器(双踪)、低频信号发生器、音叉、喇叭等。

实验原理

1. 示波器的构造和工作原理

最简单的示波器应包括以下5个部分(如图3－8－1所示)：①示波管；②扫描发生器；③同步电路；④水平轴和垂直轴放大器；⑤电源供给。下面分别加以简单说明。

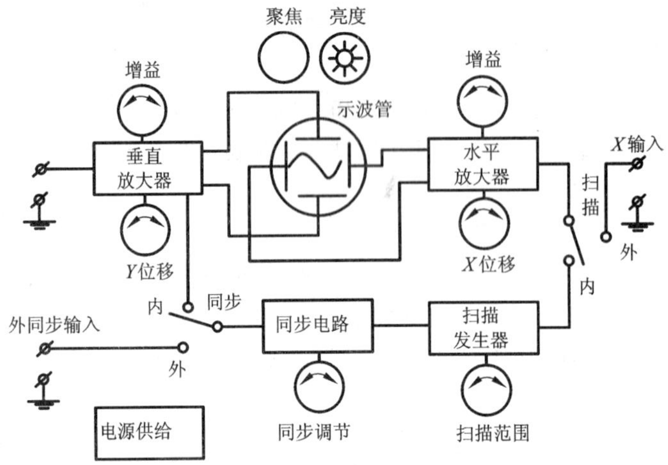

图3－8－1　示波器方框图

(1)示波管。

示波管是示波器进行图形显示的核心部分，在一个抽成高真空的玻璃泡中，装有各种电极(图3－8－2)，按其功能可分为三部分。

1)电子枪。用以产生定向运动的高速电子，电子枪包括3个电极：

热阴极——这是一个罩在灯丝外面的小金属圆筒，其前端涂有氧化物，当灯丝中通入电流时，阴极受热而发射电子，并形成电子流。

控制栅极——这是前端开有小孔的金属圆筒，套在阴外侧，电子可以从小孔中通过，在工作时栅极电势低于阴极，调节栅极电势的高低可以控制到达荧光屏的电子流强度，使屏上

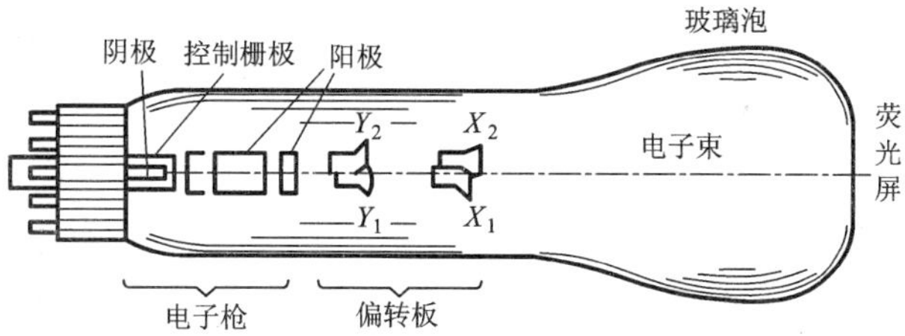

图 3-8-2　示波管的结构图

光点的亮度(辉度)发生变化，此即“辉度调节”。

阳极——这也是由开有小孔的圆筒组成，阳极电压(对阴极)约为 1000V，可使电子流获得很高的速度，而且阳极区的不均电场还能由栅极过来的散开的电子流聚集一窄细的电子束，改变阳极电压可以调节电子束的聚集程度，即荧光屏上光点的大小点的大小称为“聚集调节”。

2)偏转极。图 3-8-2 中的 X_1X_2，Y_1Y_2 为两对互相垂直的极板，X_1X_2 为水平偏转板，Y_1Y_2 为垂直偏转板。偏转板不加电压时，光点在荧光屏中央，如果 X_1X_2 加直流电压(设 X_2 电势高于 X_1)，则电子束穿过 X_1X_2 时向右偏转，屏上光点向右移动 Y_1Y_2 加直流电压(设 Y_2 电势高于 Y_1)，电子束穿过 X_1X_2 时向上偏转，屏上光点向上移动，光点移动的距离和所加电压的高低成正比(图 3-8-3)。

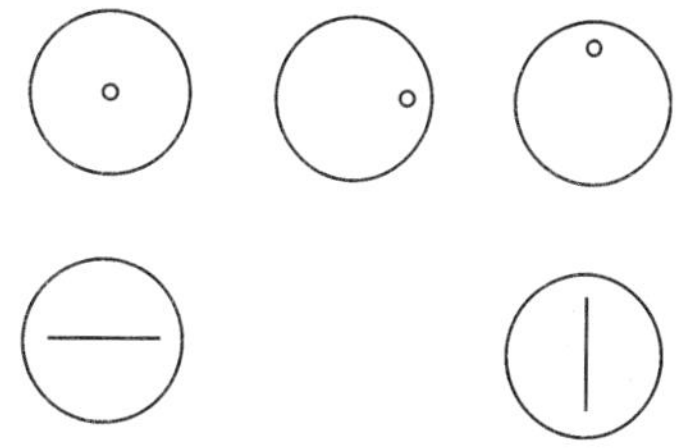

图 3-8-3　电子束的偏转

又当偏转板上加交变电压时，电子束穿过时将上下(或左右)摆动，屏上光点则出现振动，由于屏上荧光屏光余辉和人眼的视觉残留，当振动较快时，我们看到屏上出现一亮线的长度则和交变电压的峰-峰值成正比。

3)荧光屏。阴极射线管的前端的内表面涂有发光物质，高速运动的电子打在其上其动能被发光物质吸收而发光，在电子轰击停止后发光仍维持一段时间，称为作辉时间的长短和发光物质的成分有关，荧光屏不仅能将电子的动能转换成光能，同时还转换成热能。因此荧光屏上的光点长时间停在固定位置，可能将该处的发光物质烧毁，成为一暗斑，所以在操作时要注意不要使光点长时间停留在一处。

(2)扫描发生器。

将 $U=f(t)$ 的交流电压信号加到 Y 偏转板上，X 偏转板由于示波器内部加上扫描电压，荧光屏上将显示一波形图，图 3-8-4 为一例，实际上该波形图正是 $f(t)$ 函数曲线的一部分。

中学物理课中，我们曾经做过演示振动图形的沙斗实验，它的装置如图 3-8-5 所示，图中 P 为硬纸板，能在 x 方向作匀速直线运动。S 沙斗内装上细土沙，能从斗的下端慢慢漏出，沙斗通过细绳连接在支架的 H 处，构成单摆。假定此单摆在与 S 的垂直方向 Y 上振动，P 在 x 方向匀速运动，那么在硬纸板上将有漏沙的径迹，这就是单摆的振动图线，它是一条正弦曲线，根据曲线和匀速运动的速率 v，不难求得振动周期(或频率)和振幅等物理量的大小。

图 3-8-4　电子束的扫描

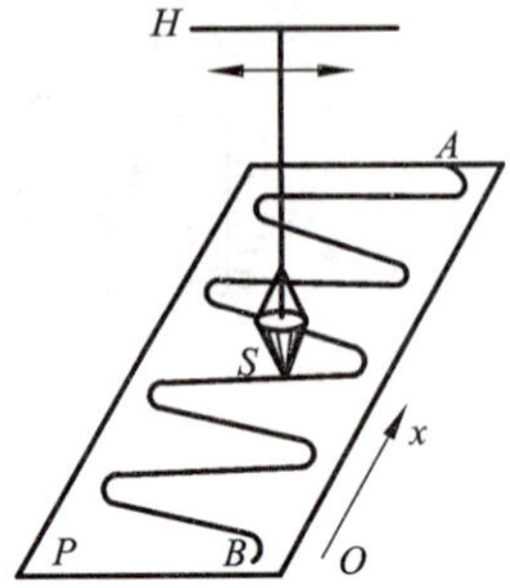

图 3-8-5　沙斗实验

示波器屏上图线形的原理和沙斗实验中纸板上漏沙径迹的道理相同，在示波器的 X 偏转板上，加上时间成正比变化的锯齿形电压信号(图 3-8-6)，开始 X_1X_2 间电压为 $-E$，屏上光点被推到最左侧，以后 X_1X_2 间的电压匀速增加(类似于沙斗实验中匀速推动纸板)，屏上光点在沿 Y 轴振动的同时，匀速向右移动，留下了亮的图线——亮点的径迹(相当于纸板上的沙的径迹)，当 X_1X_2 间的电压达最大值 $+E$ 时，亮点移到最右侧，与此同时 X_1X_2 间电压迅速降到 $-E$，又将亮点移到最左侧，再重复上述过程。

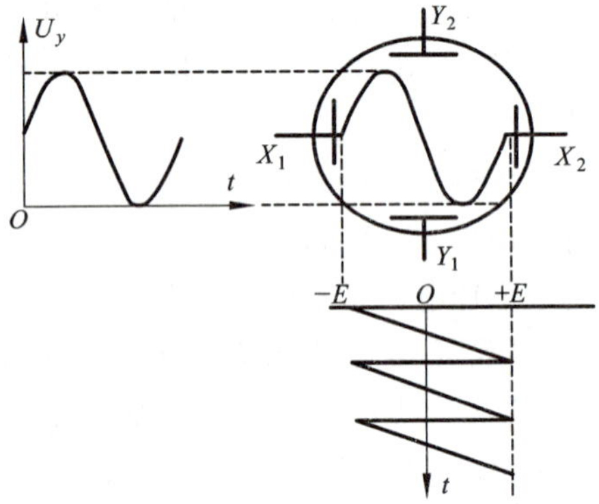

图 3-8-6　波形与偏转电压的关系图

将加到 Y 偏转板上的电压信号，在屏上展开成为函数曲线图形的过程称为扫描，所加的锯齿形电压称为扫描电压，示波器由扫描发生器提供扫描电压。

(3) 同步电路。

为了观察到稳定的波形，要求每次扫描起点的相位应等于前次扫描终点的相位，或简单地讲，要求扫描电压周期 T_x 为被测电压周期 T_y 的 n 倍($n=1, 2, 3, \cdots$)同步电路就是为了实现以上目的而设计的。

(4) 水平轴与垂直轴放大器。

为了观察电压幅度不同的电信号波形，示波器内设有衰减器和放大器，对观察的小信号放大，大信号衰减，因此能在荧光屏上显示出适中的波形，通常示波器的垂直输入峰-峰值应不低于 10～50 mV，因为输入信号的电压太小，一是不能同步，二是在荧光屏上呈一条横线，会失去示波的功能；也不要将几百伏甚至上千伏的信号直接输入到示波器，最好用分压器取得几伏左右的分压再用示波器观察波形。此外，还有水平和垂直两个方向的位移调节旋钮，可用来改变和选择波形的位置。

(5) 电源供给。

电源供给系统为示波器各部件提供了其所需的工作电压，保障了各部件的正常工作。

2. 音频信号——电信号的转换

把敲响的音叉放在话筒旁，则话筒中感应出相应的电信号，其频率等于音叉所发音的频率。即：

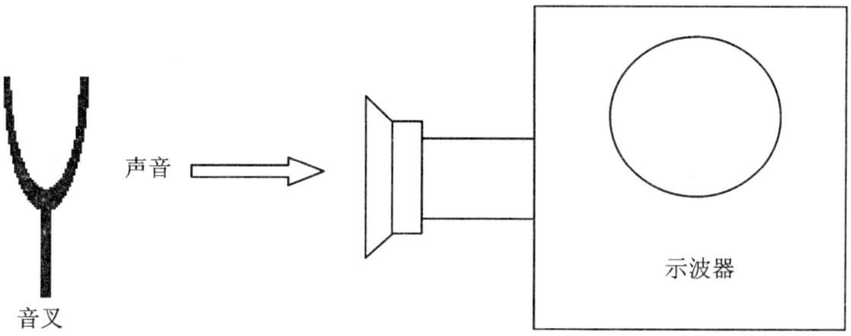

图 3-8-7　声电转换原理

$$f_{音叉的频率}=f_{电信号的频率}$$

3. 李萨如图形原理

李萨如图形是两个相垂直的简谐振动合成的轨迹图，其位矢方程为：

$$\vec{R}(t)=\vec{i}(A_x\cos(\omega_x t-\phi_x))+\vec{j}(A_y\cos(\omega_y t-\phi_y))$$

其轨道方程为

$$\begin{cases}x(t)=A_x\cos(\omega_x t-\phi_x)\\ y(t)=A_y\cos(\omega_y t-\phi_y)\end{cases}$$

根据 x 方向与 y 方向振动的频率关系可得利萨如图形在 x 轴和 y 轴上的切点数计算公式为：

$$\frac{f_y}{f_x}=\frac{与\ x\ 轴切点数}{与\ y\ 轴切点数}$$

部分李萨如图形如下：

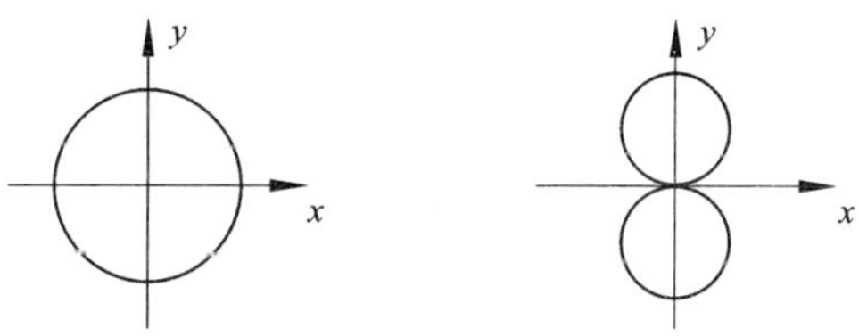

$\frac{f_x}{f_y}=\frac{1}{1}$　　$\frac{f_x}{f_y}=\frac{2}{1}$

4. 测量原理

调节 f_y（信号发生器的频率）得到稳定的李萨如图形后，利用切点数计算公式：

$$f_x(音叉的频率)=f_y\cdot\frac{与\ x\ 轴的切点数}{与\ y\ 轴的切点数}$$

即可求出音叉的频率。

实验步骤

（1）把示波器 CH_1 切换到水平扫描（x 轴）工作方式，即按下 $x-y$ 控制键。

（2）信号发生器连接到示波器的 CH_2（y 轴）输入端。

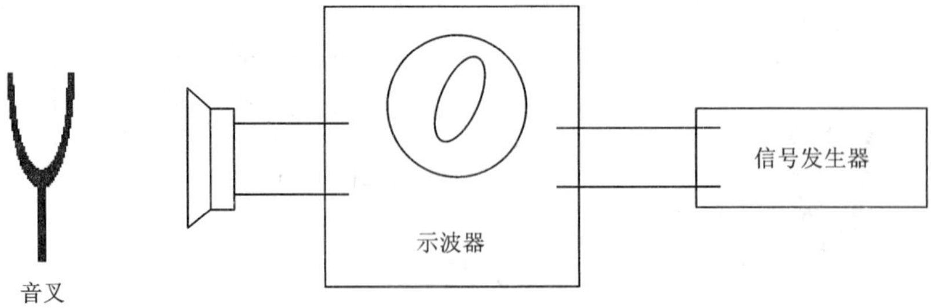

图 3-8-8　测量原理示意图

(3)在示波器的 CH_1(x 轴)输入端连接上话筒。

(4)调节示波器 CH_2 垂直灵敏度，使显示屏上出现一条约 6 cm 长的垂直亮线。

(5)调节信号发生器的频率，得到一个稳定的椭圆形的李萨如图形，画出此图，记下信号发生器的频率 f_y。

(6)再调节信号发生器的频率，得到一个稳定的∞型的李萨如图形，画出此图，记下信号发生器的频率 f_y。

(7)用同样的方法再测量另 1 支不同音叉的频率。

注意事项

(1)只能用橡皮锤敲打音叉，而且敲击的部位要正确。

(2)由于话筒感应的电信号较小，示波器的增益要尽量调大。

思考题

(1)为什么不直接用示波器去测量话筒中感应出相应的电信号的频率，而要用李萨如图形原理去测量?

(2)请谈谈李萨如图形计算公式的来由。

(3)如何减小测量的误差?

实验3－9 硅光电池特性的研究

硅光电池可将太阳能直接转换成电能，转换效率高达10%甚至20%以上。所以应用十分广泛，例如缺少常规电能的农田、牧区、高山、大海上的航标、通信电源、人造卫星上的电能板等。它作为光电信号转换器件，在光电检测、自动控制、计算机输入、输出设备中被广泛应用。

实验目的

（1）测量光敏二极管（硅光电池）的伏安特性；

（2）测量硅光电池的短路特性、负载特性（频率特性），以备应用。

实验仪器

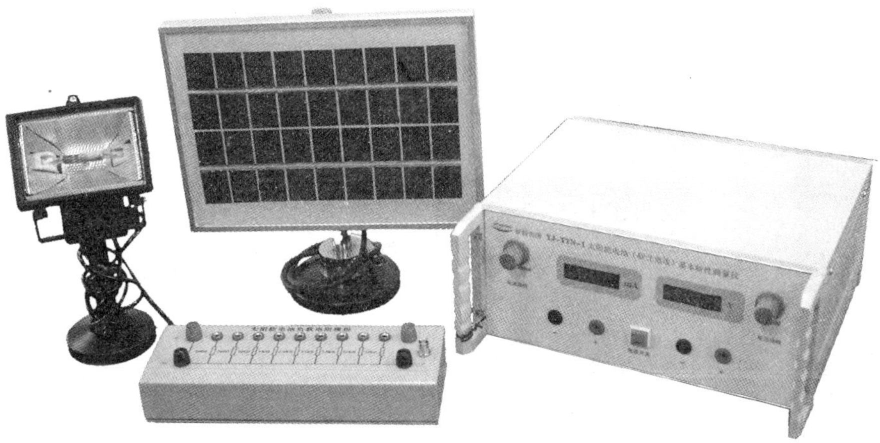

图3－9－1 实验仪器实物图

实验原理

1. 硅光电池结构和组成原理

如图3－9－2所示为薄片式、银丝电极的硅光电池，是普通N/P型结构，它是用扩散法在N型硅层底上形成P型，制成大面积P－N结，再用真空蒸发镀膜或溅射镀膜或化学沉积法在P层上面淀积成集聚光电流的金属（银）栅极引线以作为欧姆电极。在整个背面也沉积金属层以作为欧姆电极。在整个表面还覆盖一层透光和

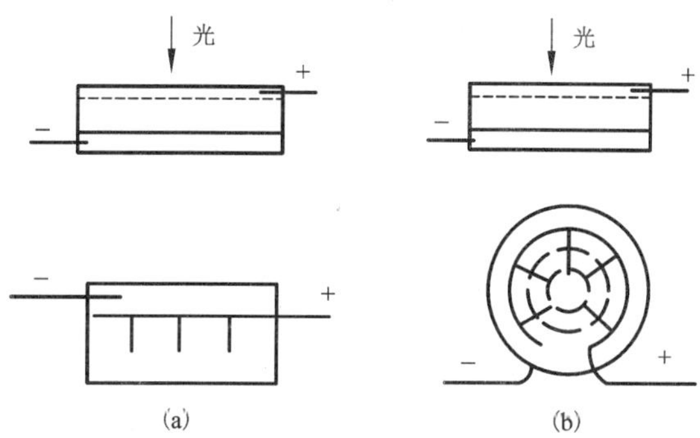

图3－9－2 光电池结构

（a）正方形；（b）圆形

保护的反射膜。

当一定波长 λ 的光（或各种波长的光）射入硅块时价带电子吸收光子后产生电子－空穴对。在电池两端为开路的情况下，被分离的光生载流子分别积累在 N 区和 P 区，建立起以 P 区为正、N 区为负的光生电动势（常称为光生伏特电压）。如果在电池两端接上负载，在光的持续照射下就会有光电流源源不断地从 P 端流入 N 端，形成电流回路。

2. 无光照下的（暗）特性

P－N 结的伏安特性如图 3－9－3 所示，$10\times10\ mm^2$的方形某硅光电池；在 -20 V ~ 0 V 区内，其反向电阻 $R>18\ k\Omega$，而在 0 ~ 1.3 V 区从数百欧姆逐降至数欧姆。再增大 U 值时 R 更小，所以可当整流二极管对待。

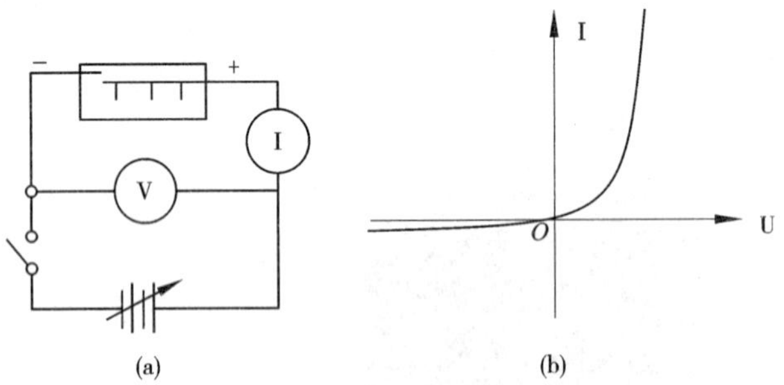

图 3－9－3　N－Si 硅光电池的暗特性

（a）电路图　（b）特性曲线

3. 光照下的有源伏安特性

电路图如图 3－9－4（a）所示，特性曲线如图 3－9－4（b）所示。

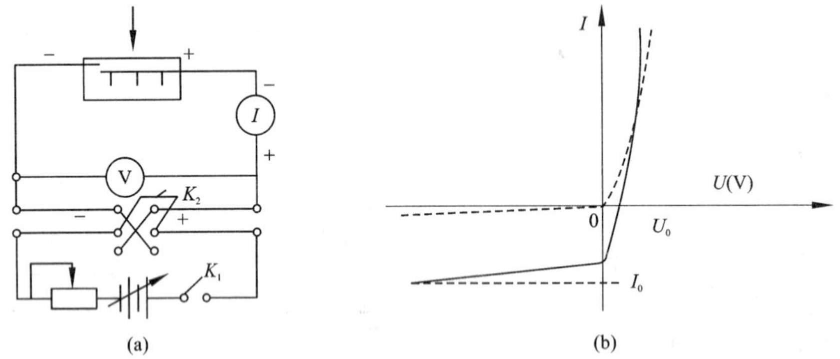

图 3－9－4　N－Si 有源伏安特性

（a）电路图；（b）特性曲线

因为有光生伏特效应，所以，在一定强度的光照下，当外加电压 U 为 0 伏特时，$I<0$（例如：-2.6 mA），当接通开关逐渐增大外加电压，在其与光生伏特值 U_0 相等时，$I=0$（$U_{0\approx0.4\ V}$）。进一步增大时，I 值按指数规律迅速上升，关系如图 3－9－4（b）所示，其变化规律可用下式表示：

$$I = I_0 [\, e^{e(U-U_0)/kT} - 1 \,]$$

式中：I_0为“反相饱和”电流值，e 为电子电量，k 为玻尔兹曼常数，T 为室温的(开氏)绝对温标值。

将图 3-9-3 的暗特性曲线移在同一张图 3-9-4(b)上相比较，如虚线所示，其性状是相似的。

4. 光照下，无(电)源的伏安特性

如图 3-9-5 所示，光照在光电池时就形成光生伏特电压 U(V)，短接上电流表以后，就有电流源源不断地流通。由于光电池有一定的内阻 R_i，所以，增加光照强度，则 U，I 同时都有增加。由此可测出光照下的短路伏安特性，如图 3-9-6 所示，并由此测出光电池在稳定工作条件下的内阻 R_i。

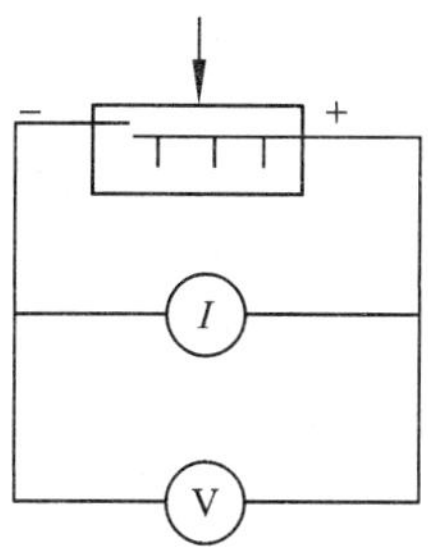

图 3-9-5　光照下的短路特性

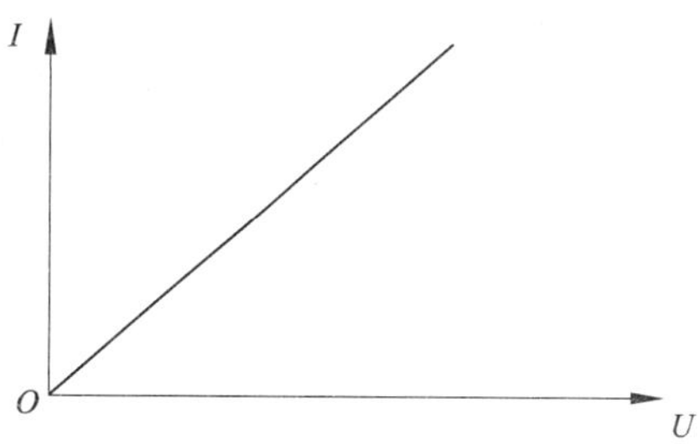

图 3-9-6　短路伏安特性

如果不断地继续增加光强 L，则光电流 I 将随之增加，而光生电势 U 则逐渐饱和，如图 3-9-7所示，N-Si 硅光电池能在很大光强下(例如 5 倍于日光直射的照度下)尚未达到饱和，这将带来很多方便，不用担心被烧焦(例如用常规的 He-Ne 激光束直接照射等)。作为教学和使用，我们仅只求出其内阻 R_i备用即可。

5. 光电池的负载特性

如图 3-9-8，光电池的电流回路上串有一可变负载 R，在光照强度一定的条件下，将 R 值从 0 逐渐变大，则可得出如图 3-9-9 所示的负载输出特性曲线。

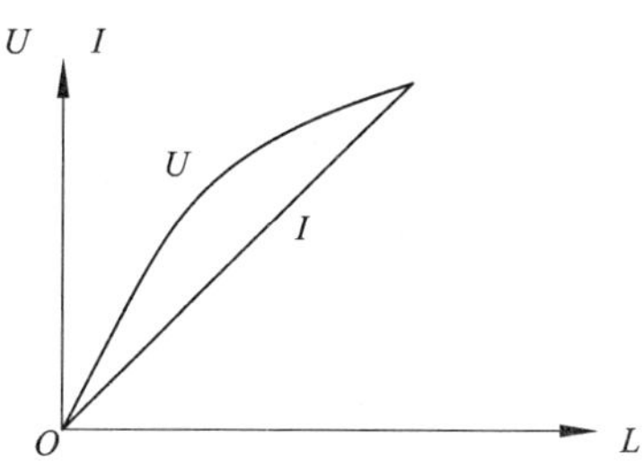

图 3-9-7　光照饱和特性曲线

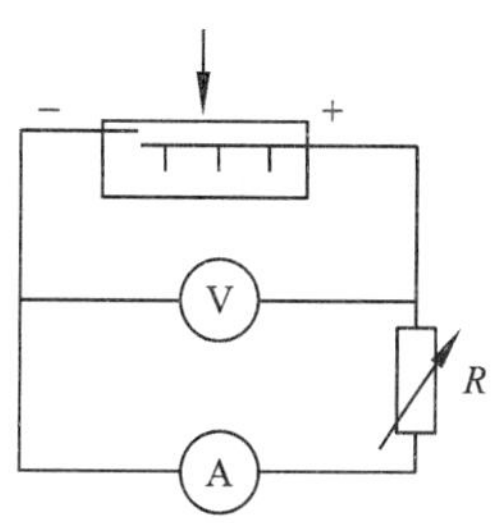

图 3-9-8　负载伏安特性实验电路

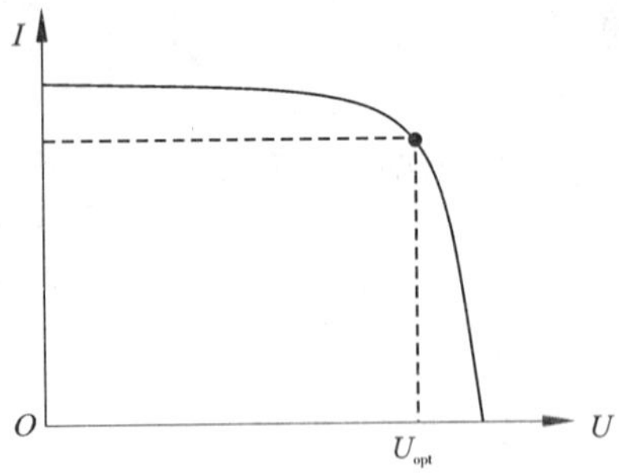

图 3-9-9　负载(输出)特性曲线

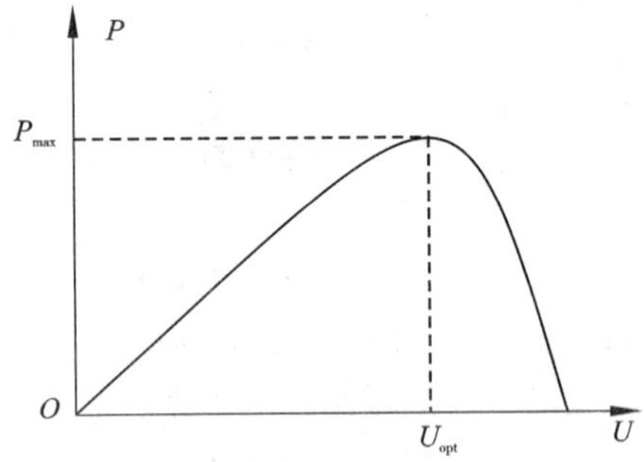

图 3-9-10　功率 P 随 U 的变化曲线

在曲线上任一点，其 UI 值即为该工作点的输出功率值 $P=UI$。

以 U 为横坐标、以 P 为纵坐标作图，如图 3-9-10 所示，其 P_{max} 值即为最大功率输出值。而与之对应的 U_{opt} 值即为此硅光电池在与之相应的(额定)负载 R 值下的最佳工作点(电流也随之而被确定)。

实际应用中恰恰是反顺序的。即先由工作负载对电源的电压、电流的要求，来决定对硅光电池的组合。即从以上对单片硅光电池的研究中，我们总可以用串串、并并的办法来恰当地满足应用中对电源的要求。

为了在无光条件下，电器能连续工作，常并接一个适当的蓄电池，无光时蓄电池继续供电；用电器停用时，光电池电源则对蓄电池充电。在光电池和蓄电池之间，正向电阻小，反向电阻大，所以已相当于一个二极管，如嫌反向电阻不够大，还可以再串接一个高效能的二极管。

实验步骤

(1)做出无光照下伏的安特性曲线，并求出反向电阻。

(2)测出固定光照(固定温度)下的反向饱和电流 I_0，及光生电压值 U_0。

(3)算出内电阻 R，求出通常光照下硅光下硅光电池的最佳工作点。

思考题

(1)硅光电池的有源内阻与常用电源的内阻有何异同?

(2)在你的实验过程中，你感觉硅光电池的时间响应情况如何?

实验 3－10　二极管伏安特性曲线的研究

实验目的

(1)掌握分压器和限流器的使用方法；

(2)熟悉测量伏安特性的方法；

(3)了解二极管的正向伏安特性。

实验仪器

直流稳压电源、直流电流表、直流电压表、电位器、检流计、开关、待测二极管、SJ－010九孔插件方板、导线

实验原理

1. 制流电路与分压电路

测量电路一般由电源、控制电路和测量电路三部分组成，其中控制电路是控制负载的电流和电压，使其数值和范围达到预定的要求。常用的控制电路是制流与分压电路，其控制的元件主要是变阻器和电阻箱。

(1)制流电路。

电路如图 3－10－1 所示，图中 E 为直流电源，R_0 为滑线变阻器，A 为电流表；R_Z 为负载，本实验采用电位器；K 为电源开关。一般情况下负载 R_Z 中的电流为

$$I=\frac{E}{R_Z+R_{AC}}=\frac{\frac{E}{R_0}}{\frac{R_Z}{R_0}+\frac{R_{AC}}{R_0}}=\frac{\frac{E}{R_0}}{K+X}$$

式中：$K=\frac{R_Z}{R_0}$，$X=\frac{R_{AC}}{R_0}$。

图 3－10－2 为不同值的制流特性曲线。

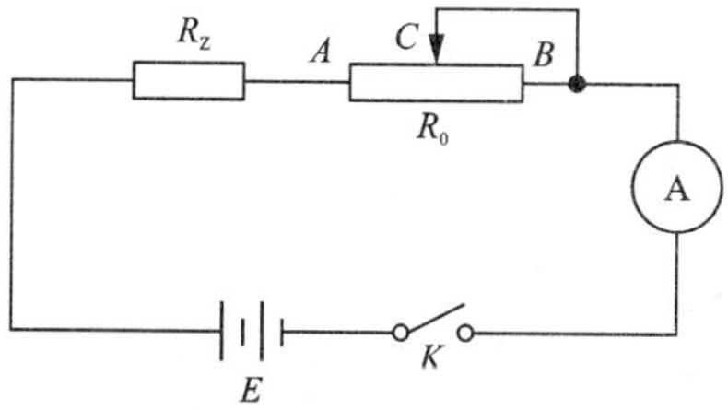

图 3－10－1　制流电路

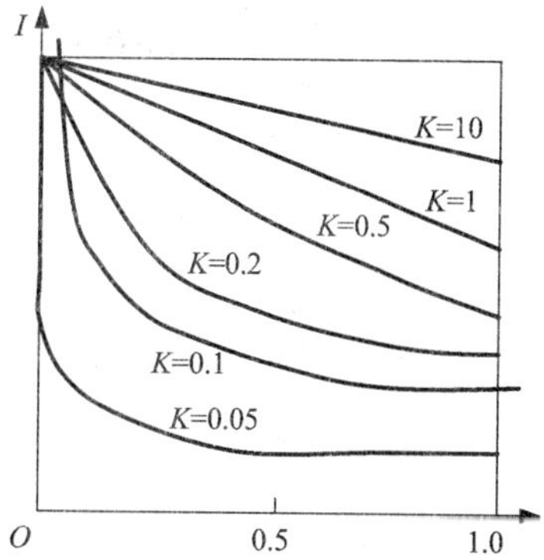

图 3－10－2　不同值的制流特性曲线

(2)分压电路。

分压电路如图3－10－3所示，滑线变阻器两个固定端A、B与电源相接，负载R_Z接滑动端C和固定端A(或B)上，当滑动头C由A端滑至B端，负载上电压由O变至E，调节的范围与变阻器的阻值无关。当滑动头C在任一位置时，AC两端的分压值为

$$U=\frac{K\cdot R_{AC}\cdot E}{R_Z+R_{BC}\cdot X}$$

式中：$K=\frac{R_Z}{R_0}$，$X=\frac{R_{AC}}{R_0}$，$R_0=R_{AC}+R_{BC}$。

由实验可得不同值的分压特性曲线，如图3－10－4所示。

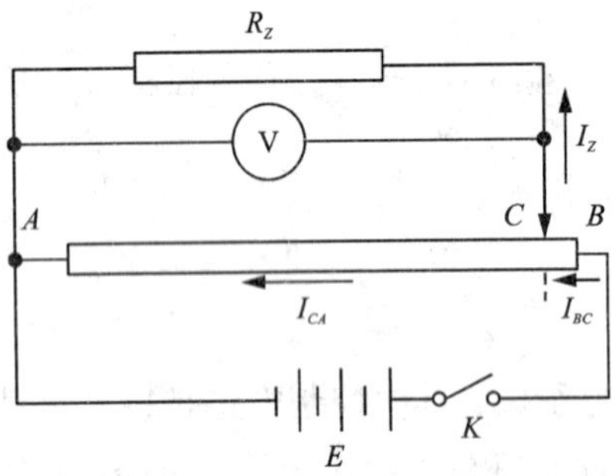

图3－10－3　分压电路图

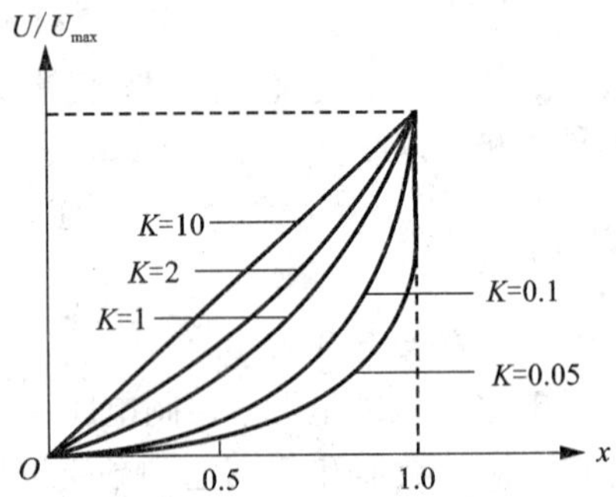

图3－10－4　不同值的分压特性曲线

2. 二极管伏安特性描述

对二极管施加正向偏置电压时，则二极管中就有正向电流通过(多数载流子导电)，随着正向偏置电压的增加，开始时，电流随电压变化很缓慢，而当正向偏置电压增至接近二极管导通电压时(锗管为0.2 V左右，硅管为0.7V左右)，电流急剧增加，二极管导通后，电压稍许变化导致的电流的变化都很大。

对上述两种器件施加反向偏置电压时，二极管处于截止状态，其反向电压增加至该二极管的击穿电压时，电流猛增，二极管被击穿。在二极管使用中应竭力避免出现击穿观察，这很容易造成二极管的永久性损坏。所以在做二极管反向特实验性时，应串入限流电阻，以防因反向电流过大而损坏二极管。

二极管伏安特性示意图如图3－10－5、图3－10－6所示。

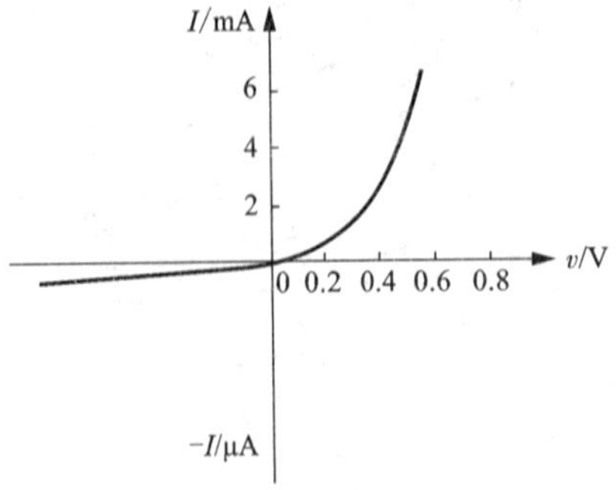

图3－10－5　锗二极管伏安特性曲线

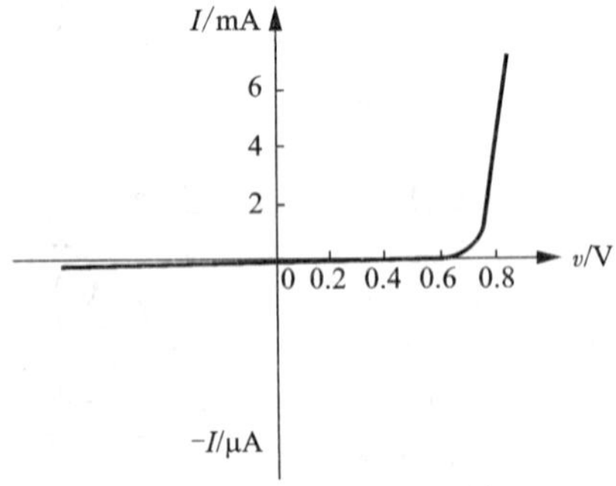

图3－10－6　硅二极管伏安特性曲线

3. 实验设计

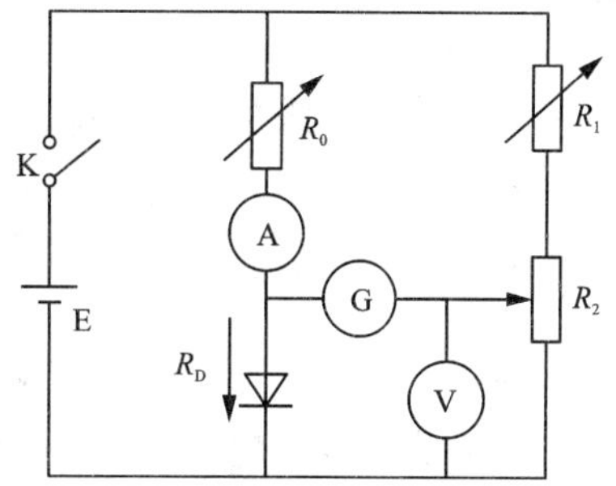

图 3－10－7　伏安法测量二极管的特性电路图

用伏安法测量二极管的特性可采用图 3－10－7 所示的电路，当检流计指零时，电压表指示着二极管两端的正向电压值，电流表 A 指示着流过二极管的正向电流 。R_0 为限流器(即电位器)，改变电位器的阻值可改变正向电流值。R_1 为限流器，R_2 为分压器。改变 R_1 和 R_2 可输出不同的电压值，并由电压表指示，目的是与二极管两端的电压进行比较，如果 G 指示为零，电压表指示值就是二极管端压 U_D。通常 R_1 值越大，可测量的 U_D 越小，R_1 值很小甚至为零，可测量较大的 U_D 值。此外 R_1 的微小调节可使电压表 V 指示值有微小变化，常称为电压微调电阻。

如果将稳压电源的极性反向连接，按上述相同方法测量，也可得到 U_D 与 I_D 的许多组数据，但这些数据表征着二极管的反向特性。

实验内容

(1)根据图 3－10－7 连接线路，并预置 R_0 为最大值，R_1 为最小值，R_2 的输出为零，电源的输出电压为零，注意电表的极性!

(2)接通电源，缓慢增加电源的电压，注意观察有无异常情况发生，否则马上切断电源，根据现象检查故障。

(3)选择各种 U_D 值 (0.1～0.8 V)，对于每种 U_D 值，调节 R_0，使检流计指示为零，记下电流表的电流值。

(4)将图 3－10－7 中的电源反接，选择各种 U_D 值(1～8 V)，测量反向特性。

(5)将上述数据在坐标纸上画出伏安特性曲线。

思考题

(1)二极管伏安特性的测试线路中，电压表能否直接连在二极管的两个端点？检流计的作用是什么？

(2)你对 R_0，R_1，R_2 的调节有什么体会？其各自的主要功能是什么？

实验 3－11　整流、滤波和稳压电路实验

实验目的

(1)掌握整流、滤波、稳压电路工作原理及各元件在电路中的作用；

(2)学习直流稳压电源的安装、调整和测试方法；

(3)熟悉和掌握线性集成稳压电路的工作原理；

(4)学习线性集成稳压电路技术指标的测量方法。

实验仪器

交流电源盒、低频功率信号源、通用示波器、数字万用表稳压块(LM317、LM7812)、二极管(IN4007)、电容、电阻、电位器、短接桥和连接导线、九孔插件方板。

实验原理

1. 整流滤波电路

常见的整流电路有半波整流电路、全波整流电路和桥式整流电路等。这里介绍半波整流电路和桥式整流电路。

(1)半波整流电路。

如图 3－11－1 所示为半波整流电路，交流电压 U 经二极管 D 后，由于二极管的单向导电性，只有信号的正半周 D 能够导通，在 R 上形成压降；负半周 D 截止。电容 C 并联于 R 两端，起滤波作用。在 D 导通期间，电容充电；D 截止期间，电容 C 放电。用示波器可以观察 C 接入和不接入电路时的差别，以及不同 C 值和 R 值时的波形差别，不同电源频率时的差别。

(2)桥式整流电路

如图 3－11－2 所示电路为桥整流电路。在交流信号的正半周，D_2、D_3 导通，D_1、D_4 截止；负半周 D_1、D_4 导通，D_2、D_3 截止，所以在电阻 R 上的压降始终为上“+”下“－”，与半波整流相比，信号的另半周也有效地利用了起来，减小了输出的脉动电压。电容 C 同样起到滤波的作用。用示波器比较桥式整流与半波整流的波形区别。

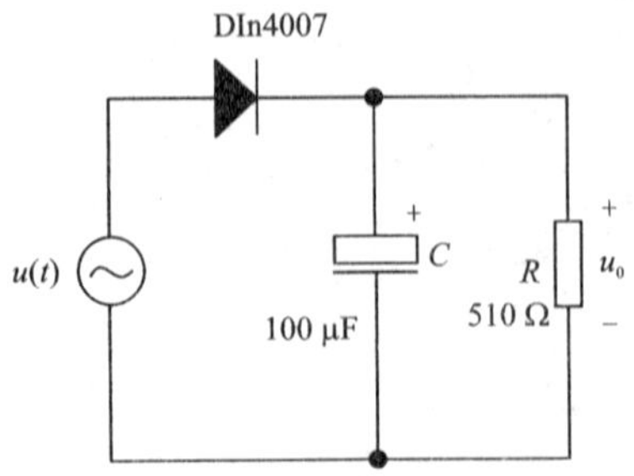

图 3－11－1　半波整流电路

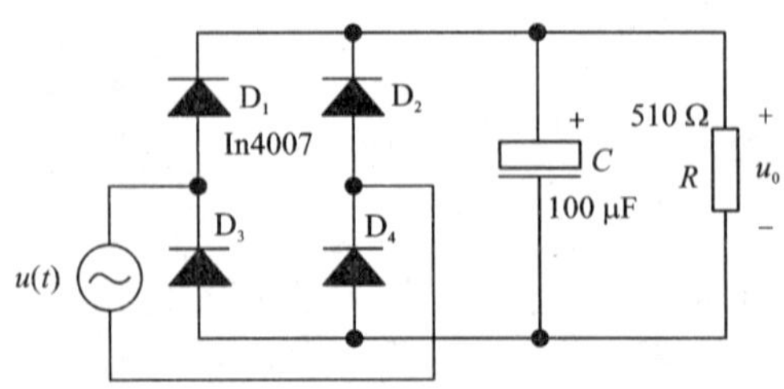

图 3－11－2　桥式整流电路

2. 直流稳压电源

直流稳压电源是电子设备中最基本、最常用的仪器之一。它作为能源，可保证电子设备的正常运行。

直流稳压电源一般由整流电路、滤波电路和稳压电路三部分组成，如图 3－11－3 所示。

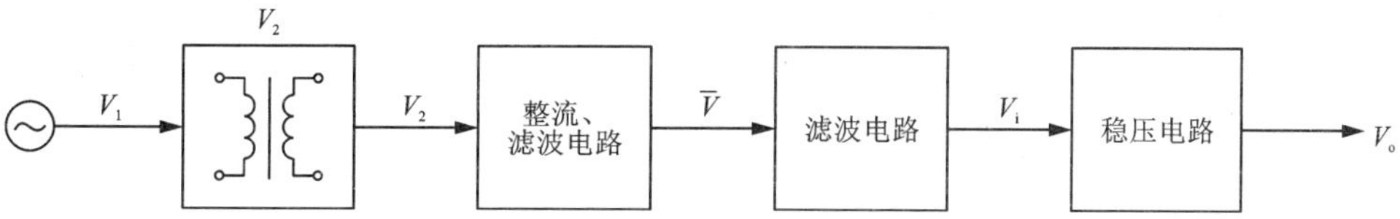

图 3－11－3　直流稳压电源工作流程

整流电路是利用二极管的单向导电性，将交流电转变为脉动的直流电；滤波电路是利用电抗性元件(电容、电感)的贮能作用，以平滑输出电压；稳压电路的作用是保持输出电压的稳定，使输出电压不随电网电压、负载和温度的变化而变化。

在小功率直流稳压电源中，多采用桥式整流、电容滤波，常用三端集成稳压器，为便于观测滤波电路时间常数的改变对其输出电压的影响，本实验采用半波整流，如图 3－11－4 所示。在图 3－11－4 中，Tr_1 为调压器，以便观测电网电压波动时稳压电路的稳压性能。

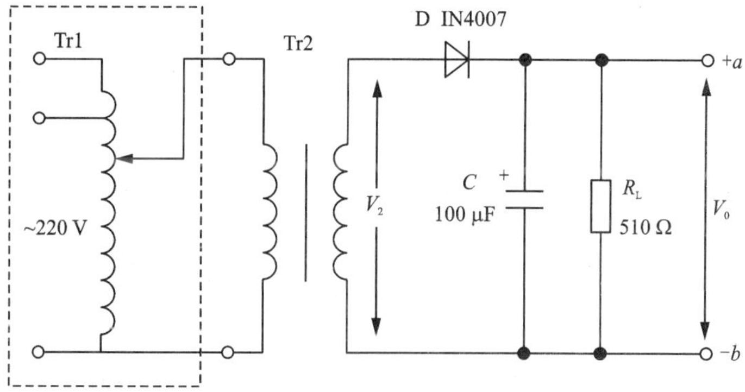

图 3－11－4　直流稳压电路

下面我们讨论由 LM317 和 LM7812 组成的直流稳压电路。

(1)图 3－11－5 为三端可调式集成稳压器，其管脚分为调整端、输入和输出端，调节电位器 R_p 的阻值便可以改变输出电压的大小，由于它的输出端和可调端之间具有很强的维持 1.25 V 电压不变的能力，所以 R_1 上的电流值基本恒定，而调整端的电流非常小且恒定，故将其忽略，那么输出电压为 $U_0=(1+R_P/R_1)\times 1.25(\text{V})$

(2)线性集成稳压电路组成的稳压电源如图 3－11－6 所示，其工作原理与由分立元件组成的串联型稳压电源基本相仿，只是稳压电路部分由三端稳压块代替，整流部分由 4 个二极管组成的全波整流电路代替(图中简化了)，使电路的组装与调试工作大为简化。

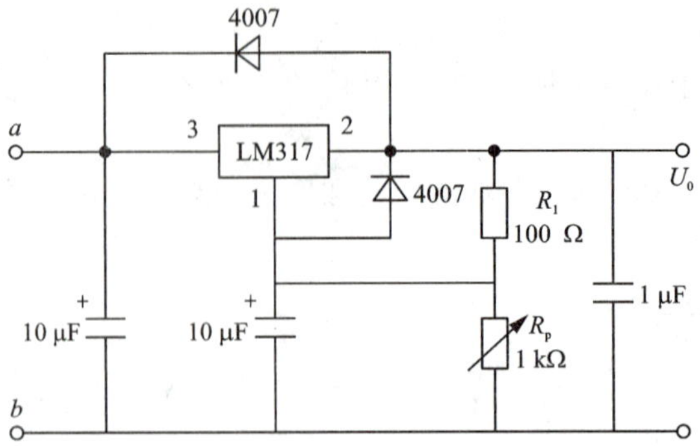

图 3-11-5　三端可调式集成稳压器

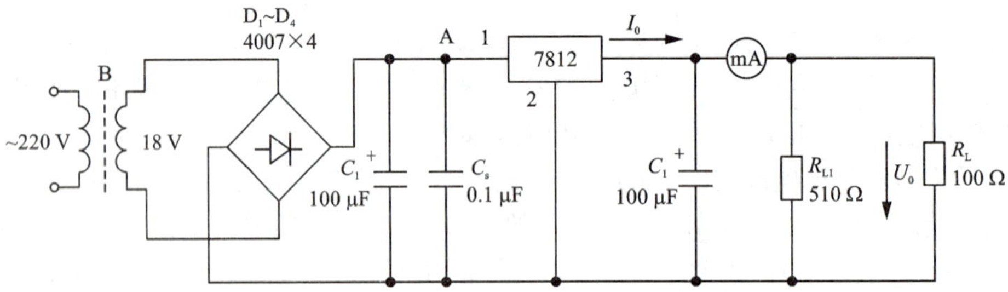

图 3-11-6　线性集成稳压电源电路

实验步骤

1. 整流滤波电路

(1)半波整流电路，按图 3-11-1 接线。

①$u(t)$用低频功率信号源提供，预先把信号源的频率调节到 50 Hz，幅度 3 V 左右。

②进行下列测试：将整流二极管 D 短路，滤波电容 C 断路(拔掉)，用示波器观察负载电阻 R_L 两端的电压波形(R_L 取 510 Ω)，并用万用表直流挡测其电压数值。去掉二极管 D 的短路，电容 C 仍断路，用示波器观测负载电阻 R_L 两端的电压波形，并用万用表直流挡测其电压数值。

在上述实验基础上插上电容 C(100μF)，观察电压输出波形，并测出其数值。

固定电容 C(100μF)，改换 R_L 为 100 Ω，观测其电压波形及数值。

固定 R_L(510 Ω)，改变电容 C 的数值(C 取 10 μF)，观测输出电压的波形及数值。

③试着改变信号的 $u(t)$的频率，重复实验 B。

(2)桥式整流电路，按图 3-11-2 所示接线。

重复半波整流电路的实验 A、B、C。

2. 由 317 组成的直流稳压电路

(1)按图 3-11-4 所示接入调压器 Tr_1 和降压变压器 Tr_2，组装好整流滤波电路。

①调整调压器，使调压器 Tr_1 的次级绕组输出电压 V_2 的有效值为 10V(用万用表交流挡监测)。

②进行下列测试：

将整流二极管 D 短路，滤波电容 C 断路（拔掉），用示波器观察负载电阻 R_L 两端的电压波形（R_L 取 510 Ω），并用万用表直流挡测其电压数值。

去掉二极管 D 的短路，电容 C 仍断路，用示波器观测负载电阻 R_L 两端的电压波形，并用万用表直流挡测其电压数值。

在上述实验基础上插上电容 C（100 μF），观察电压输出波形，并测出其数值。

固定电容 C（100 μF），改换 R_L 为 100 Ω，观测其电压波形及数值。

固定 R_L（510 Ω），改变电容 C 的数值（C 取 10 μF），观测输出电压的波形及数值。

③固定 R_L 为 510 Ω，电容 C 为 100 μF，其余不变，以备使用。

（2）将图 3－11－4 和图 3－11－5 所示两电路接好。

①调节 R_P，观察输出电压 V_O 是否可以改变。输出电压可调时，分别测出 V_O 的最大值和最小值及对应稳压部分的输入电压 V_i 与输入端和输出端之间的压降。

②调节 R_P，使 V_O 为 6 V 并测出此时 a、b 两端的电压 V_1 值。

③调节调压器，使电网电压（220 V）变换 ±10% 时，测量出输出电压相应的变化值 ΔV_O 及输入电压相应的变化值 ΔV_i，求稳压系数

$$S=\frac{\Delta V_O/V_0}{\Delta V_i/V_i}$$

④用示波器或真空管毫伏表测出输出电压中的纹波成分 V_{OW}，输出电压中的纹波成分 V_{OW} 既可用交流毫伏表测出，也可用灵敏度较高的示波器测出。但是由于纹波电压已不再是正弦波电压，毫伏表的读数并不能代表纹波电压的有效值，因此，在实际测试中，最好用示波器直接测出纹波电压的峰值 ΔV_{OW}。

注意：没有交流调压器的话可以把 V_2 用 10 V 左右的交流电源代替，不测直流稳压电路的 C 和 D。

3. 由 7812 组成的直流稳压电路

（1）接线。

按图 3－11－6 所示连接电路，电路接好后在 A 点处断开，测量并记录的 U_1 波形（即 U_A 的波形），然后接通 A 点后面的电路，观察 U_O 的波形。

（2）观察纹波电压。

用示波器观察稳压电路输入电压 U_i 的波形，并记录纹波电压的大小，再观察输出电压 U_O 的纹波，将两者进行比较。

思考题

（1）桥式整流与半波整流相比，有哪些优点？

（2）怎样提高整流电路的效果？

实验3－12 RLC电路的稳态特性实验

实验目的

(1)观测RC和RL串联电路的幅频特性和相频特性;

(2)了解RLC串联、并联电路的相频特性和幅频特性;

(3)观察和研究RLC电路的串联谐振和并联谐振现象;

(4)了解RC低通滤波电路的特性。

实验仪器

双踪示波器、低频功率信号源、十进制电阻器、电容、电感、短接桥和连接导线、九孔插件方板、开关。

实验原理

1. RC串联电路的稳态特性

(1)RC串联电路的频率特性。

在图3－12－1所示电路中，电阻R、电容C的电压有以下关系式:

$$I=\frac{U}{\sqrt{R^2+(\frac{1}{\omega C})^2}} \tag{3-12-1}$$

$$U_R=IR=\frac{UR}{\sqrt{R^2+(\frac{1}{\omega C})^2}} \tag{3-12-2}$$

$$U_C=\frac{U}{\sqrt{1+(RC\omega)^2}} \tag{3-12-3}$$

$$\varphi=\arctan\frac{1}{\omega CR} \tag{3-12-4}$$

式中：ω为交流电源的角频率，U为交流电源的电压有效值，φ为电流和电源电压的相位差，它与角频率ω的关系如图3－12－2所示。

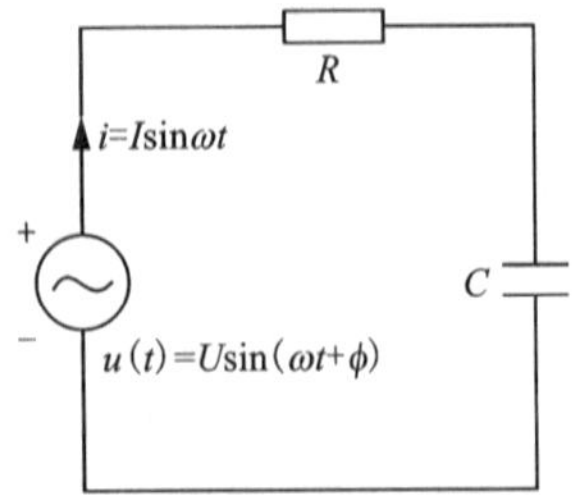

图3－12－1 RC串联电路

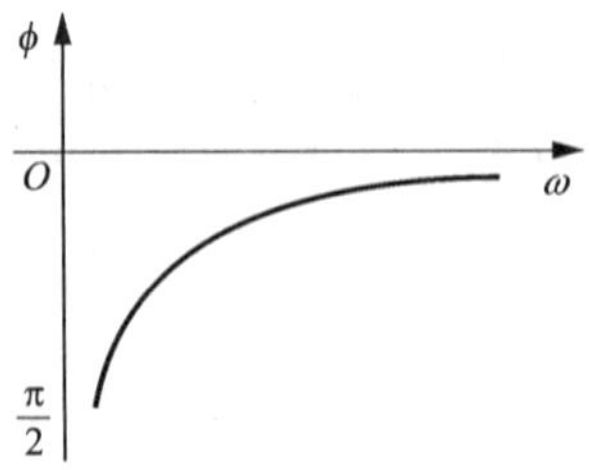

图3－12－2 RC串联电路的相频特性

可见当 ω 增加时，I 和 U_R 增加，而 U_C 减小。当 ω 很小时 $\varphi\to-\frac{\pi}{2}$，ω 很大时 $\varphi\to0$。

(2) RC 低通滤波电路如图 3－12－3 所示，其中 U_i 为输入电压，U_o 为输出电压，则有

$$\frac{U_o}{U_i}=\frac{1}{1+j\omega RC} \tag{3-12-5}$$

它是一个复数，其模为：

$$\left|\frac{U_o}{U_i}\right|=\frac{1}{\sqrt{1+(\omega RC)^2}} \tag{3-12-6}$$

设 $\omega_0=\frac{1}{RC}$，则由上式可知：

$\omega=0$ 时，$\left|\frac{U_o}{U_i}\right|=1$；

$\omega=\omega_0$ 时，$\left|\frac{U_o}{U_i}\right|=\frac{1}{\sqrt{2}}=0.707$；

$\omega\to\infty$ 时，$\left|\frac{U_o}{U_i}\right|=0$。

可见，$\left|\frac{U_o}{U_i}\right|$ 随 ω 的变化而变化，并且当 $\omega<\omega_0$ 时，$\left|\frac{U_o}{U_i}\right|$ 变化较小，$\omega>\omega_0$ 时，$\left|\frac{U_o}{U_i}\right|$ 明显下降。这就是低通滤波器的工作原理，它使较低频率的信号容易通过，而阻止较高频率的信号通过。

(3) RC 高通滤波电路。

RC 高通滤波电路的原理图如图 3－12－4 所示。

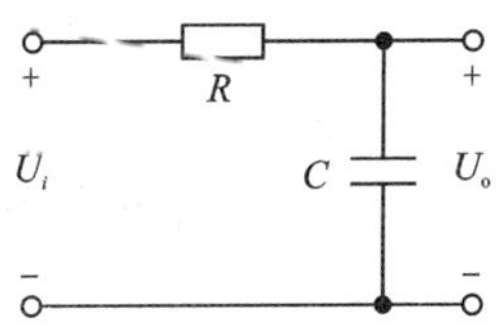

图 3－12－3 RC 低通滤波器

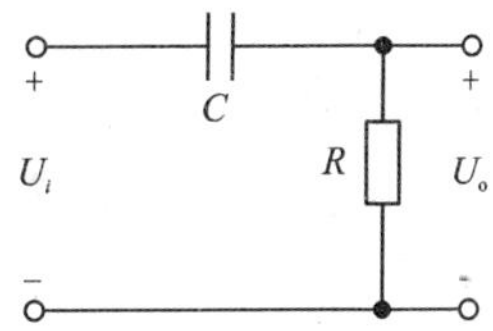

图 3－12－4 RC 高通滤波器

分析图 3－12－4 可知有：

$$\left|\frac{U_o}{U_i}\right|=\frac{1}{\sqrt{1+\left(\frac{1}{\omega RC}\right)^2}} \tag{3-12-7}$$

同样令 $\omega_0=\frac{1}{RC}$，则：

$\omega=0$ 时，$\left|\frac{U_o}{U_i}\right|=0$；

$\omega=\omega_0$ 时，$\left|\frac{U_o}{U_i}\right|=\frac{1}{\sqrt{2}}=0.707$；

$\omega \to \infty$ 时，$\left|\dfrac{U_o}{U_i}\right| = 1$。

可见该电路的特性与低通滤波电路相反，它对低频信号的衰减较大，而高频信号容易通过，衰减很小，通常称作高通滤波电路。

2. RL 串联电路的稳态特性

RL 串联电路如图 3－12－5 所示，可见电路中 I、U 、U_R、U_L有以下关系：

$$I = \frac{U}{\sqrt{R^2 + (\omega L)^2}} \tag{3-12-8}$$

$$U_R = IR,\ U_L = I\omega L \tag{3-12-9}$$

$$\varphi = \arctan\frac{\omega L}{R} \tag{3-12-10}$$

可见 RL 电路的幅频特性与 RC 电路相反，增加时，I, U_R 减小 U_L则增大。它的相频特性如图 3－12－6 所示。

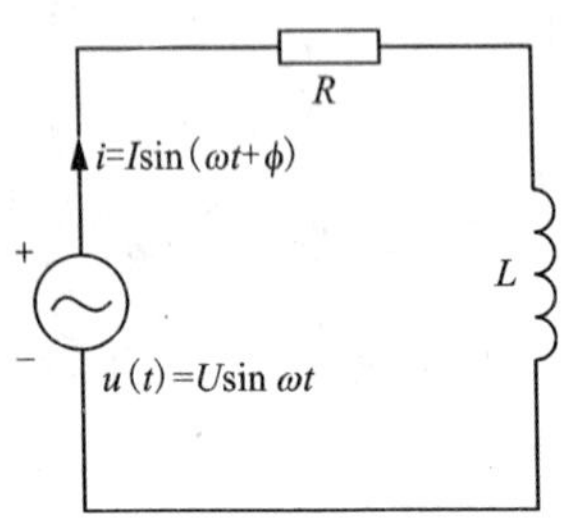

图 3－12－5　RL 串联电路

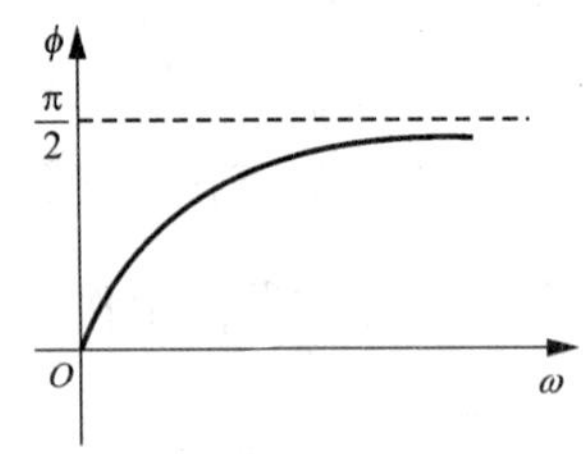

图 3－12－6　RL 串联电路的相频特性

由图 3－12－6 可知，ω 很小时 $\varphi \to 0$，ω 很大时 $\varphi \to \pi/2$ 。

3. RLC 电路的稳态特性

在电路中如果同时存在电感和电容元件，那么在一定条件下会产生某种特殊状态，能量会在电容和电感元件中产生交换，我们称之为谐振现象。

(1) RLC 串联电路。

在如图 3－12－7 所示电路中，电路的总阻抗 $|Z|$，电压 U, U_R 和 i 之间有以下关系：

$$|Z| = \sqrt{R^2 + \left(\omega L - \frac{1}{\omega C}\right)^2} \tag{3-12-11}$$

$$i = \frac{U}{\sqrt{R^2 + \left(\omega L - \frac{1}{\omega C}\right)^2}} \tag{3-12-12}$$

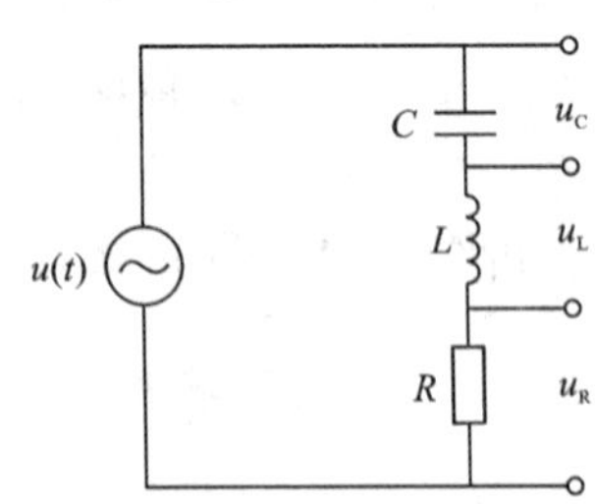

图 3－12－7　RLC 串联电路

$$\varphi = \arctan\frac{\omega L - \frac{1}{\omega C}}{R} \tag{3-12-13}$$

式中：ω 为角频率，可见以上参数均与 ω 有关，它们与频率的关系称为频响特性，如图 3－12－8 所示。

由图 3－12－8 可知，在频率f_0处阻抗z值最小，且整个电路呈纯电阻性，而电流i达到最大值，我们称f_0为 RLC 串联电路的谐振频率(ω_0为谐振角频率)。从图 3－12－8 中还可知，在$f_1 \sim f_0 \sim f_2$的频率范围内i值较大，我们称为通频带。

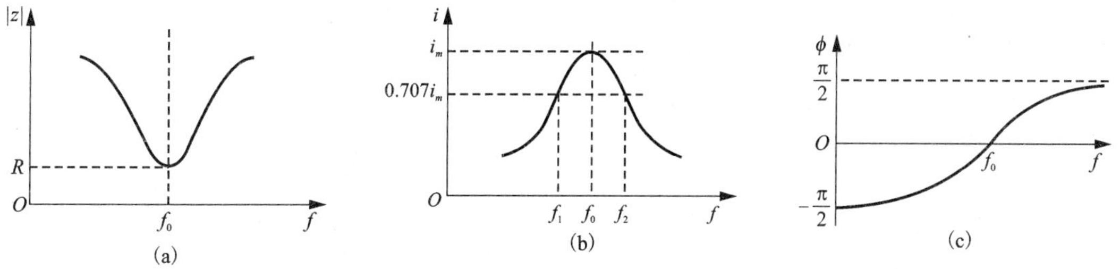

图 3－12－8　RLC 串联电路的特性曲线

(a) RIC 串联电路的阻抗特性；(b) RIC 串联电路的幅频特性；(c) RIC 串联电路的相频特性

下面我们推导出$f_0(\omega_0)$和另一个重要的参数品质因数Q。

当$\omega L = \frac{1}{\omega C}$时，从式(3－12－11)、式(3－12－12)及式(3－12－13)可知

$$\omega = \omega_0 = \frac{1}{\sqrt{LC}}\,|Z| = R,\ \varphi = 0,\ i_m = U/R \tag{3-12-14}$$

这时的

$$f = f_0 = \frac{1}{2\pi\sqrt{LC}} \tag{3-12-15}$$

电感上的电压

$$U_L = i_m |Z_L| = \frac{\omega_0 L}{R} U \tag{3-12-16}$$

电容上的电压

$$U_C = i_m |Z_C| = \frac{1}{R\omega_0 C} U \tag{3-12-17}$$

U_C或U_L与U的比值称为品质因数Q。

$$Q = \frac{U_L}{U} = \frac{U_C}{U} = \frac{\omega_0 L}{R} = \frac{1}{R\omega_0 C} \tag{3-12-18}$$

可以证明$\nabla f = \frac{f_0}{Q}$，$Q = \frac{f_0}{\nabla f}$。

(2) RLC 并联电路。

在图 3－12－9 所示的电路中有

$$|Z| = \sqrt{\frac{R^2 + (\omega L)^2}{(1-\omega^2 LC)^2 + (\omega RC)^2}} \tag{3-12-19}$$

$$\varphi = \arctan\frac{\omega L - \omega C[R^2 + (\omega L)^2]}{R} \tag{3-12-20}$$

可以求得并联谐振角频率

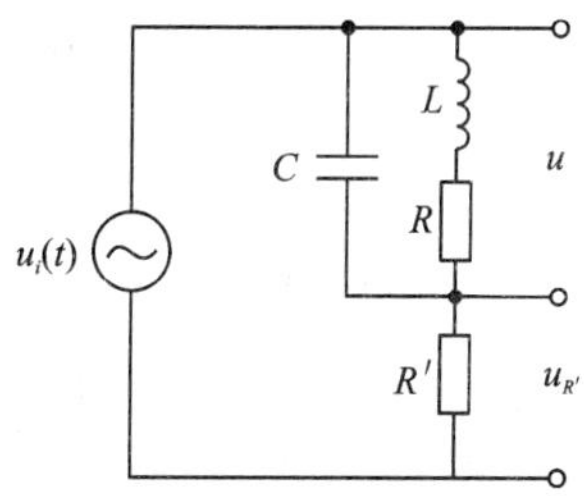

图 3－12－9　RLC 并联电路

$$\omega_0 = 2\pi f_0 = \sqrt{\frac{1}{LC} - \left(\frac{R}{L}\right)^2} \qquad (3-12-21)$$

可见并联谐振频率与串联谐振频率不相等(当 Q 值很大时才近似相等)。

图 3－12－10 给出了 RLC 并联电路的阻抗、相位差和电压随频率的变化关系。和 RLC 串联电路类似，品质因数 $Q = \frac{\omega_0 L}{R} = \frac{1}{R\omega_0 C}$。

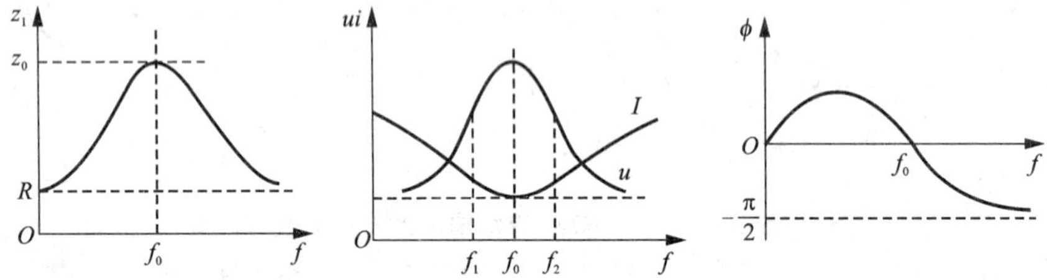

图 3－12－10　RLC 并联电路的阻抗特性、幅频特性、相频特性

由以上分析可知 RLC 串联、并联电路对交流信号具有选频特性，在谐振频率点附近，有较大的信号输号，其他频率的信号被衰减。这个特点在通信领域的高频电路中得到了非常广泛的应用。

实验步骤

1. RC 串联电路的稳态特性

(1) RC 串联电路的幅频特性。

选择正弦波信号，保持其输出幅度不变，分别用示波器测量不同频率时的 U_R，U_C，作 RC 串联电路幅频特性图，可取 $C = 0.1\ \mu F$，$R = 1\ k\Omega$，也可根据实际情况自选 R，C 参数。

用双通道示波器观测时可用一个通道监测信号源电压，另一个通道分别测 U_R、U_C，但需注意两通道的接地点应位于线路的同一点，否则会引起部分电路短路。

(2) RC 串联电路的相频特性。

将信号源电压 U 和 U_R 分别接至示波器的两个通道，可取 $C = 0.1\ \mu F$，$R = 1\ k\Omega$(也可自选)。从低到高调节信号源频率，记下不同频率时的相位差 φ，观察示波器上两个波形的相位变化情况，先可用利萨如图形法观测，作出相频特性图。

2. RL 串联电路的稳态特性

测量 RL 串联电路的幅频特性和相频特性与 RC 串联电路时方法类似，可选 $L = 100\ mH$，$R = 1\ k\Omega$，也可自行确定。

3. RLC 串联电路的稳态特性

自选合适的 L 值、C 值和 R 值，用示波器的两个通道测信号源电压 U 和电阻电压 U_R，必须注意两通道的公共线是相通的，接入电路中应在同一点上，否则会造成短路。

(1) 幅频特性。

保持信号源电压 U 不变(可取 $U_{pp} = 5\ V$)，根据所选的 L，C 值，估算谐振频率，以选择合适的正弦波频率范围。从低到高调节频率，当 U_R 的电压为最大时的频率即为谐振频率，记

录下不同频率时的 U_R 大小，作出 U_R 的幅频特性曲线。记录谐振频率所对应的 U_L、U_C，分别用电压谐振法和频带宽度法求 Q 值。

（2）相频特性。

用示波器的双通道观测 U，U_R 的相位差，U_R 的相位与电路中电流的相位相同，观测并记录在不同频率下的相位变化。

注意事项

仪器采用开放式设计，使用时要正确接线，不要短路功率信号源，以防损坏。

实验 3－13　螺线管磁场及其分布的测量

实验目的

(1)了解霍耳效应产生的机理；

(2)学会用霍耳集成电路测量磁场的基本方法；

(3)测量螺线管内轴线上磁场的分布情况。

实验仪器

YJ－DZT－I 电磁学综合实验平台、螺线管实验装置、霍耳传感器实验模板。

(1)实验装置如图 3－13－1 所示。

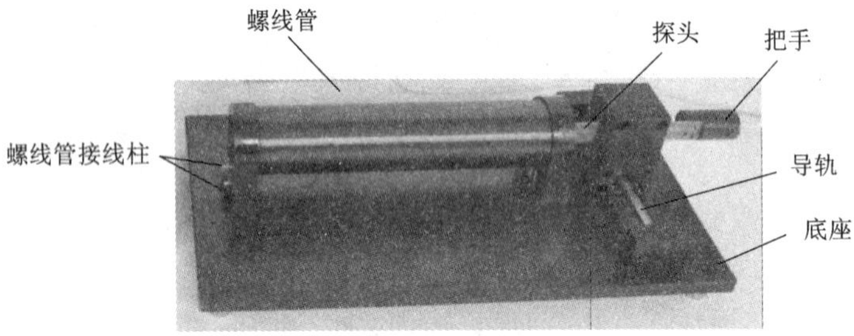

图 3－13－1　实验装置图

(2)霍耳传感器实验模板如图 3－13－2 所示。

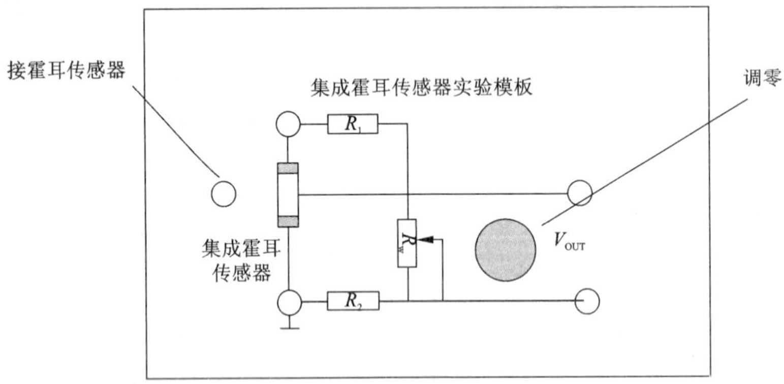

图 3－13－2　霍尔传感器实验模板图

实验原理

1. 霍耳效应

霍耳效应是霍耳 1879 年在他的导师罗兰指导下发现的。这一效应在科学实验和工程技术中得到了广泛的应用。用半导体材料制成的霍耳元件，在磁场作用下会出现显著的霍耳效应，并产生霍耳电压 $U_H = K_H IB$。如果 K_H、I、B 中任两个量是已知的，那么测出 U_H 后便可求出第三个量(如测量磁场 B)。

霍耳最初的实验是这样的：在一块长方形的薄金属板两边的对称点 1 和 2 之间接一个灵敏电流计(如图 3－13－3 所示)。沿 x 轴正方向通以电流 I，若在 z 方向不加磁场，电流计不显示任何偏转，这说明 1、2 两点是等位的。若在 z 方向加磁场 B，电流计立即显示偏转，这说明 1、2 两点间建立了电位差。霍耳发现这个电位差与电流强度 I 及磁感应强度 B 均成正比，与板的厚度 d 成反比，即

$$U_H=\frac{R_H IB}{d} \tag{3-13-1}$$

式中：U_H 称为霍耳电压；R_H 称为霍耳系数。式(3－13－1)在当时是一个经验公式，现在可以用洛仑兹力来加以说明。

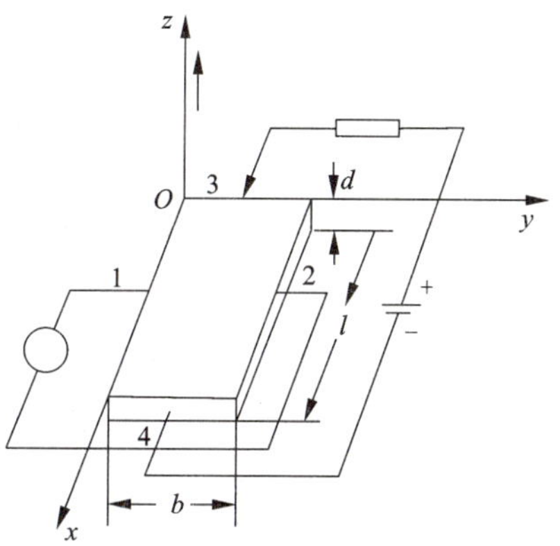

图 3－13－3　霍尔实验图(不加磁场)

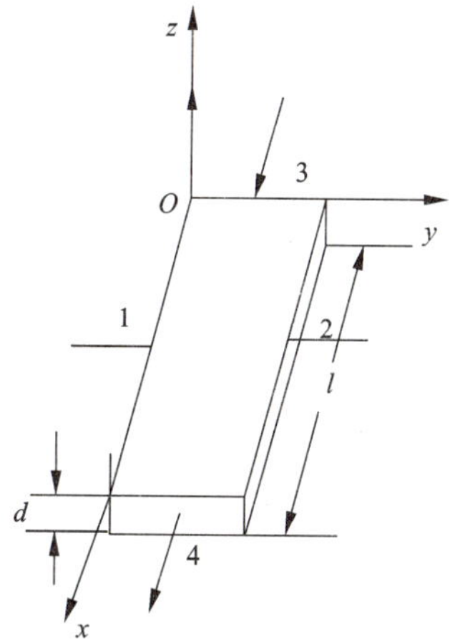

图 3－13－4　霍尔实验图(加磁场)

试考虑一块厚度为 d、宽度为 b、长度为 l 的半导体材料制成的霍耳片，如图 3－13－4 所示，设控制电流 I 沿 x 轴正向流过半导体，如果半导体内的载流子电荷为 e(正电荷，空穴型)，平均迁移速度为 v，则载流子在磁场中受到洛仑兹力的作用，其大小为 $F_B=evB$，在 F_B 的作用下，电荷将在元件的两边堆积并形成一横向电场 E，电场对载流子产生一个方向和 F_B 相反的静电力 F_e，其大小为 $F_e=eE$，F_e 阻碍着电荷的进一步堆积，最后达到平衡状态时有 $F_B=F_e$，即 $evB=Ee=\frac{eU_H}{b}$，于是 1、2 两点间的电位差为 $U_H=vbB$，我们知道，控制电流 I 与载流子电荷 e、载流子浓度 n、迁移速度 v 及霍耳片的截面积 bd 之间的关系为 $I=nevbd$，则

$$U_H=\frac{IB}{ned} \tag{3-13-2}$$

和式(3－13－1)相比较后可以看出，霍耳系数 R_H 为 $R_H=\frac{1}{ne}$。

为了实用上的方便，通常把式(3－13－1)写成

$$B=\frac{U_H}{K_H I} \tag{3-13-3}$$

式中的 K_H 称为霍耳片的灵敏度，它是一个重要参数，表示该元件在单位磁感应强度和单位控制电流时霍耳电压的大小。从式(3－13－3)可知：如果知道了霍耳片的灵敏度 K_H，用仪

器测出 U_H 和 I，就可以算出磁感应强度 B。这就是利用霍耳效应测磁场的原理。

上面我们在推导式(3－13－3)时，是完全从理想情况出发的，但实际情况复杂得多，实际测得的不只是 U_H，还包括其他因素带来的附加电压，为了减小副效应带来的误差，我们可以采用霍耳集成电路。霍耳集成电路由电压调整器、霍耳元件、差分放大器、输出极等组成，利用射极输出形式，输入(即接受)的是线性变化的磁感应强度，得到与磁感应强度成线性关系的电压。

$$U = KB \tag{3-13-4}$$

式中：K 为霍耳集成电路的磁电转换灵敏度。

2. 螺线管中心的磁感应强度

螺线管中心的磁感应强度 $B = \frac{\mu_0 IN'}{2r}$，其中 $2r$ 为螺线管的直径，$\mu_0 = 12.566371 \times 10^{-7}$ H/m。

实验步骤

1. 测霍耳集成电路的磁电转换灵敏度 K

(1)安装好实验装置，调节恒压输出为5 V。将励磁电流调节旋钮逆时针旋到最小，接好霍耳传感器插头，打开电源开关，预热5 min后，调节实验模板使霍耳传感器输出为0 mV。

(2)接好励磁电流电路，抽动探头，使探头伸入螺线管中间位置，调节励磁电流为500 mA，记下输出电压 V_1，改变电流方向，使励磁流为－500 mA，记下输出电压 V'_1，则实际霍耳电压为

$u_1 = V_1 - V_0$，$u_2 = V'_1 - V_0$。取其平均值 $U = \frac{(|u_1| + |u_2|)}{2}$，即为霍耳传感器在螺线管中间位置的霍耳电压；

由 $B = \frac{\mu_0 IN'}{2r}$ 求螺线管中间磁感强度 B，由 $B = \frac{U}{K}$ 求 K，

$$K = \frac{2rU}{u_0 IN'}$$

式中：$2r$ 为螺线管的直径，N'为螺线管匝数，真空中的磁导率 $\mu_0 = 12.56 \times 10^{-7}$ H/m，励磁电流 I 为5000。U 为霍耳传感器在螺线管中间位置的霍耳电压。

2. 测绘螺线管内的 $B-x$ 分布曲线

(1)将霍耳传感器调整好位置，调节恒压输出为5 V。固定好紧固螺丝，将励磁电流调节旋钮逆时针旋到最小，接好霍耳传感器插头，打开电源开关，预热5 min后，调节实验模板使霍耳传感器输出为0 mV。

(2)接好励磁电流电路，抽动探头，使探头伸入螺线管中间位置，记下标尺读数 x_1，调节励磁电流为500 mA，记下输出电压 U_1，改变电流方向，使励磁电流为－500 mA，记下输出电压 U'_1，则实际霍耳电压为 $u_1 = V_1 - V_0$，$u_2 = V'_{-} V_0$。取其平均值 $U_1 = \frac{(|u_1| + |u_2|)}{2}$，即为螺线管在 x_1 位置的霍耳电压。

(3)改变探头位置，记下标尺读数 x_i，测出与 x_i 相对应的霍耳电压 U_i，可求出相应的 B_i，即可绘出螺线管内的 $B-x$ 分布曲线；

3. 测绘螺线管的 $B-I$ 分布曲线

将探头伸入螺线管中间位置，将励磁电流依次取 0，±50 mA，±100 mA，±150 mA，±200 mA，…，±500 mA，得出相应的 B，并绘出 $B-I$ 关系曲线。

数据记录及处理

1. 测霍耳集成电路的磁电转换灵敏度 K，$K=\dfrac{2rU}{u_0IN'}$

式中：$2r$ 为螺线管的直径，N' 为螺线管匝数，μ_0 为真空中的磁导率，励磁电流 I 为 500 mA。U 为霍耳传感器在螺线管中间位置的电压。

2. 测绘螺线管内的 $B-x$ 分布曲线

表 3-13-1　$B-x$ 分布 V_0 =　mVI = 500 mA.

x/cm	V_i/mV(+I)	V_i'/mV(−I)	u_1/mV	u_2(mV)	U_i/mV	B_i/mT

3. 测绘螺线管的 $B-I$ 分布曲线

表 3-13-2　螺线管的 $B-I$ 关系 V_0 =　mV

I(mA)	V_i/mV(+I)	V_i'/mV(−I)	U_1/mV	U_imV	U_i/mV	B_i/mT
0						
50						
100						
150						
200						
250						
300						
350						
400						
450						
500						

注意事项

(1) 正确连接霍耳传感器插头，注意方向性；

(2) 抽动探头的时候动作要轻柔缓慢。

实验 3-14 迈克尔逊干涉仪器的调整与使用

1883 年，美籍德国物理学家迈克尔逊(Albert A. Michelson，1852—1931)为了研究地球对于“以太”的相对运动而设计制造了一台双光束分振幅干涉实验装置，他用这台装置与莫雷(Moley)合作进行了举世闻名的迈克尔逊-莫雷实验，该实验得到的地球上“以太风”为零的结果在物理学发展史上有十分重要的意义。后来，他又用该装置做了许多光的干涉实验，如首次系统地研究了光谱线的精细结构，直接用光的波长对米原器进行了比较等。由于这些贡献，迈克尔逊于 1907 年获得诺贝尔物理学奖。后人称该装置为迈克尔逊干涉仪，并在此基础上发展出在当今物理学、化学、生物学、医学等领域都有许多重要应用的现代干涉仪器，如激光比长仪、傅里叶变换光谱仪等。本实验要求学生了解迈克尔逊干涉仪的原理、结构及调节方法，并在此基础上，研究定域干涉、非定域干涉、等倾干涉、等厚干涉及光源的时间相干性、空间相干性等重要问题。由于本实验包含极为丰富的实验思想，其实验操作技巧又无一不与物理原理紧密联系，故实验前必须认真阅读实验原理和有关参考书，复习关于光的干涉的许多基本概念。

实验目的

(1)熟悉迈克尔逊干涉仪的结构，掌握其调整方法；

(2)通过实验观察，认识点光源等倾干涉条纹的形成条件和条纹特点；

(3)用干涉条纹变化的特点，测定光源波长。

实验仪器

迈克尔逊干涉仪、氦氖激光器、扩束镜。

仪器介绍

1. 迈克尔逊干涉仪的机械结构

实际的迈克尔逊干涉仪如图 3-13-1所示。反射镜 M_1 装在带有 1 条刻度线的滑块上，滑块通过精密丝杆可在 1 根导轨上滑动，导轨上有 0 ~ 100 mm 的刻度。旋转粗调手轮，可使 M_1 在导轨上前后移动，手轮与一个大刻度盘连接，刻度盘的刻度可从观察窗读出。粗调手轮的右边还有一个微调轮，上有小刻度盘。大、小刻度盘上均有 100 个刻度，大盘的一格对应于 M_1 移动 0.01 mm；

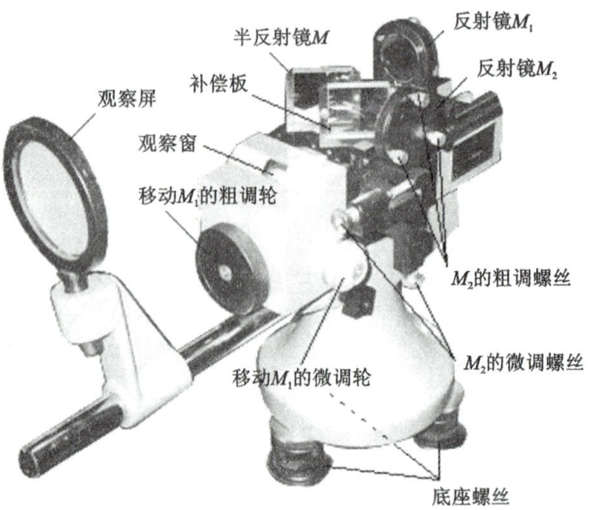

图 3-13-1 迈克尔逊干涉仪

小盘的一格对应于 M_1 移动 0.0001 mm。反射镜 M_2 的前后位置不可移动。它的背面有 3 个滚花螺丝，用来调节它的方向(粗调)；它的下面还有两个微调螺丝，分别可在 X 方向或 Y 方向进行微调。反射镜 M_1 的背面虽然也有 3 个滚花螺丝，但已调好(与 M 成 45°角，与它在精密丝杆上的运动方向垂直)，实验中不要动它们。观察屏是一块毛玻璃，可前后移动，也可取下。整个干涉仪安装在底座上，有三个底座螺丝，可调节它的水平位置。

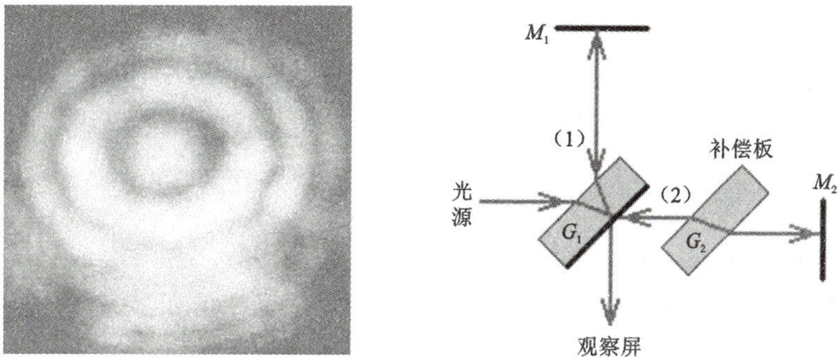

图 3－14－2　迈克尔逊干涉仪中的补偿板

为了保证 M 是一个平整的半反射镜而不变形，它常用较厚的玻璃板镀半反膜制成，如图 3－14－2中 G_1 所示。这使光束(1)与光束(2)明显的不对称：光束(1)经过该玻璃板三次而光束(2)只经过一次；并且光束(1)与光束(2)中，上下偏离中心 i 角与左右偏离中心 i 角的光束经过玻璃板的光程差也是不同的。这就使 M_1 与 M_2' 平行时等 i 角光束的光程差不相等，因而看到的条纹将不是圆形的而可能是椭圆形的；更严重的是由于玻璃的色散，各种波长的光通过玻璃板所经历的光程相差甚远，因而白光的干涉条纹无法形成。为了解决这一问题，迈克尔逊在半反镜的右侧加了一块与半反镜玻璃板完全相同且平行放置的玻璃板 G_2，称为“补偿板”，如图 3－14－2 所示。它补偿了(1)、(2)两光束在玻璃板中经历的光程差，从而使半反镜玻璃板的影响得以消除。

2. 氦氖激光器

氦氖激光器的工作物质为氖气和氦气，在气体放电时，氖能级中出现粒子数反转，氖原子因受激发射而辐射光能并产生激光。实验室常用激光管功率为 1～2 mW，工作电压为 1.5 kV左右，工作电流 4～6 mA。氦氖激光器发出波长为 632.8 nm 的激光，其光束发射角小，方向性，单色性好，亮度高，是很好的定向光源和单色光源。使用时注意高压安全，不能触摸电极。不允许眼睛直视激光束，以免损伤视力。

实验原理

1. 迈克尔逊干涉仪的光路

迈克尔逊干涉仪的光路如图 3－14－2 所示，从光源 S 发出的一束光射在分束板 G_1 上，将光束分为两部分，一部分从 G_1 的半反射膜处反射，射向平面镜 M_2，另一部分从 G_1 透射，射向平面镜 M_1。因为 G_1 和全反射平面镜 M_1、M_2 均成 45°角，所以两束光均垂直射到 M_1、M_2 上。从 M_2 反射回来的光，透过半反射膜，从 M_1 反射回来的光，为半反射膜反射，二者汇集成一束光，我们在 E 处即可观察到干涉条纹。光路中另一平行板 G_2 与 G_1 平行，其材料与厚度和 G_1 完全相同，以补偿两束光的光程差，称为补偿板。

反射镜 M_2 是固定的，M_1 可以在精密导轨上前后移动，以改变两束光之间的光程差。M_1、M_2 的背面各有三个螺钉用以调节平面镜的方位。M_2 的下方还附有两个方向相互垂直的拉簧，松紧它们，能使 M_2 支架产生微小变形，以便精确调节 M_2。

在图 3-14-3 的光路中，M_2' 是 M_2 被 G_1 半反射膜反射所形成的虚像。对观察者而言，两相干光束等价于从 M_1 和 M_2' 反射而来，迈克尔逊干涉仪所产生的干涉花样就如同 M_2' 与 M_1 之间的空气膜所产生的干涉花纹一样。如 M_1 与 M_2' 平行，可视作折射率相同，厚度相同的薄膜，如 M_1' 与 M_2 相交，可视为折射率相同、夹角恒定的楔形薄膜。

2. 单色点光源的非定域干涉条纹

如图 3-14-3 所示，M_2' 平行 M_1 且相距为 d。点光源 S 发出的一束光，对 M_2' 来说，正如 S' 处发出的光一样，即 $SG=S'G$，而对于在 E 处观察的观察者来说，由于 M_2 的镜面反射，S' 点光源如处于位置 S_2' 处一样，即 $S'M_2=M_2S_2'$，又由于半反射膜 G 的作用，M_2' 的位置如处于 M_2 的位置一样。同样对 E 处的观察者，点光源 S 如处于 S_1' 位置处。所以 E 处的观察者所观察到的干涉条纹，犹如虚光源 S_1'、S_2' 发出的球面波，它们在空间处处相干，把观察屏放在 E 空间不同的位置处，都可以见到干涉花样，所以这一干涉是非定域干涉。

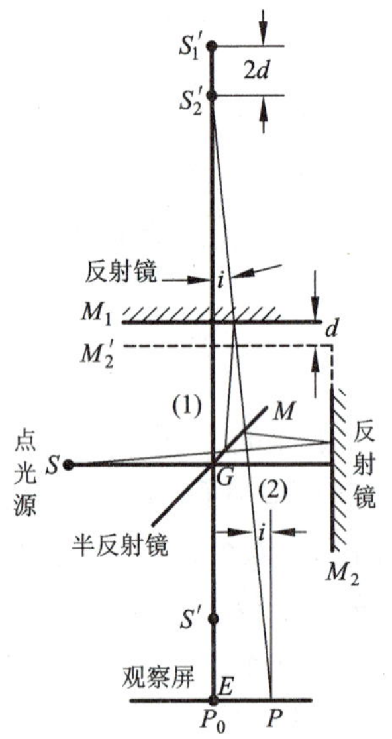

图 3-14-3　等倾干涉光路

如果把观察屏放在垂直于 S_1'、S_2' 连线的位置上，则可以看到一组同心圆，而圆心就是 S_1'、S_2' 的连线与屏的交点 E。由于同一级干涉条纹上各点对虚光源 S_1'、S_2' 的倾角相同，所以这一干涉条纹，又称之为点光源等倾干涉条纹。

设在 E 处($ES_2'=L$)的观察屏上，离中心 E 点远处有一点 P，EP 的距离为 R，则两束光的光程差为

$$\Delta L=\sqrt{(L+2d)^2+R^2}-\sqrt{L^2+R^2}$$

$L\gg d$ 时，展开上式并略出 d^2/L^2，则有

$$\Delta L=2Ld/\sqrt{L^2+R^2}=2d\cos\varphi$$

式中：φ 是圆形干涉条纹的倾角。所以亮纹条件为

$$2d\cos\varphi=k\lambda \qquad k=0,1,2,\cdots \tag{3-14-1}$$

由上式可见点光源非定域等倾干涉条纹的特点是：

(1) 当 d，λ 一定时，具有相同倾角 φ 的所有光线的光程差相同，所以干涉情况也完全相同，对应于同一级次，形成以光轴为圆心的同心圆环。

(2) 当 d，λ 一定时，如 $\varphi=0$，干涉圆环就在同心圆环中心处，其光程差 $\Delta L=2d$ 为最大值，根据明纹条件，其 k 也为最高级数。如 $\varphi\neq0$，φ 角越大，则 $\cos\varphi$ 越小，k 值也越小，即对应的干涉圆环越往外，其级次 k 也越低。

(3) 当 d，λ 一定时，如果 d 逐渐减小，则 $\cos\varphi$ 将增大，即 φ 角逐渐减小，也就是说，同一 k 级条纹，当 d 减小时，该级圆环半径减小，看到的现象是干涉圆环内缩(吞)；如果 d 逐渐增大，同理，看到的现象是干涉圆环外扩(吐)。对于中央条纹，当内缩或外扩 N 次，则光程差变化为 $2\Delta d=N\lambda$，式中 Δd 为 d 的变化量，所以有

$$\lambda = 2\Delta d/N \tag{3-14-2}$$

(4)设 $\varphi=0$ 时最高级次为 k_0，则 $k_0=2d/\lambda$。

同时在能观察到干涉条纹的视场内，最外层的干涉圆环所对应的相干光的入射角为 φ'，则最低的级次为 k'，$k'=\frac{2d}{\lambda}\cos\varphi'$，所以在视场内看到的干涉条纹的总数为：

$$\Delta k = k_0 - k' = \frac{2d}{\lambda}(1-\cos\varphi') \tag{3-14-3}$$

当 d 增加时，由于 φ' 一定，所以条纹总数增多，条纹变密。

(5)当 $d=0$ 时，则 $\Delta k=0$，即整个干涉场内无干涉条纹，见到的是一片明暗程度相同的视场。

(6)当 d、λ 一定时，相邻两级条纹有下列关系

$$2d\cos\varphi_k = k\lambda$$
$$2d\cos\varphi_{k+1} = (k+1)\lambda \tag{3-14-4}$$

设 $\overline{\varphi_k} \cong \frac{1}{2}(\varphi_{k=1}+\varphi_k)$，$\Delta\varphi_k=(\varphi_{k+1}-\varphi_k)$，且考虑到 $\overline{\varphi_k}$，$\Delta\varphi_k$ 均很小，则可证得

$$\Delta\varphi_k = -\frac{\lambda}{2d\cdot\overline{\varphi_k}} \tag{3-14-5}$$

式中：$\Delta\varphi_k$ 称为角距离，表示相邻两圆环对应的入射光的倾角差，反映圆环条纹之间的疏密程度。上式表明 $\Delta\varphi_k$ 与 $\overline{\varphi_k}$ 成反比关系，即环条纹越往外，条纹间角距离越小，条纹越密。

实验步骤

1. 迈克尔逊干涉仪的调整

(1)借助水平仪调节迈克尔逊干涉仪的底脚螺钉，使仪器导轨水平。

(2)调整激光器，使红色激光束水平地入射到 M_1，M_2 反射镜中部并基本垂直于仪器导轨。方法是采用自准直法。首先将 M_1，M_2 背面的三个螺钉及 M_1 的两个微调拉簧均拧成半紧半松，然后上下移动、左右旋转激光器并调节激光管俯仰，使激光束入射到 M_1，M_2 反射镜的中心，并使 M_1，M_2 反射回来的光回到激光器光束输出镜面的中点附近。

(3)调节 M_1，M_2 互相垂直，其方法：采用自准直法。在光源前放置一小孔，让激光束通过小孔射到 M_1，M_2 上，根据反射光点的位置对激光束方位作进一步细调。在此基础上调整 M_1 背面的 3 个方位螺钉，使其反射光斑(最亮的一个)与小孔重合，则 M_1 必垂直于 M_2。

2. 点光源非定域干涉条纹的观察和测量

(1)将激光束用扩束镜扩束，以获得点光源。

(2)调节 M_2 镜下方微调拉簧，使产生圆环非定域干涉条纹，并观察 d 为定值时干涉条纹的特点。

(3)沿一个方向旋转微调轮移动 M_1 镜，观察条纹变化的特点，条纹每变化 N 次时记录一次 M_1 所在位置 di。

(4)改变 d 值，使条纹外扩或内缩，用式(3-14-2)测出激光的波长。

要求圆环中心每吞(或吐)100 个条纹，即明暗交替变化 100 次记下一个 d，共测 10 个值。测量时首先要将读数轮调零，还要注意防止空程。

数据记录及处理

(1)原始数据列表表示。

(2)用逐差法处理数据。

(3)计算波长及其不确定度，并给出测量的结果表述。

波长 λ 测量的不确定度主要来自三个方面：①重复性误差(A 类)；②仪器误差(B 类)；③方法误差(B 类)，$N=100$ 次条纹变化的最大判断误差为 $\Delta N=0.5$ 条。

(4)每一计算量用公式(符号)表示，然后代入具体数据求出结果。

思考题

(1)概述一下调好迈克尔逊干涉仪的关键步骤。

(2)本实验可能达到的测量精度是多少？可以获得几位有效数字？应该如何从毫米刻尺、观察窗和微调手轮来正确读出移动的距离？

实验3-15　数字分光计测三棱镜折射率

实验目的

(1)了解数字分光计结构。
(2)学会最小偏向角法测定三棱镜玻璃的折射率。

实验仪器

数字分光计、汞灯、三棱镜、双面平面镜。

图3-15-1　数字分光计

1—狭缝装置；2—平行光管仰角调节螺钉；3—载物台；4—载物台调节螺钉(3只)；5—物镜；6—望远镜仰角调节螺钉；7—目镜调节手轮；8—物镜锁紧螺钉；9——狭缝装置锁紧螺钉；10—平行光管；11—制动螺钉；12—平行光管水平调节螺钉；13—载物台制动螺钉；14—望远镜水平调节螺钉；15—望远镜

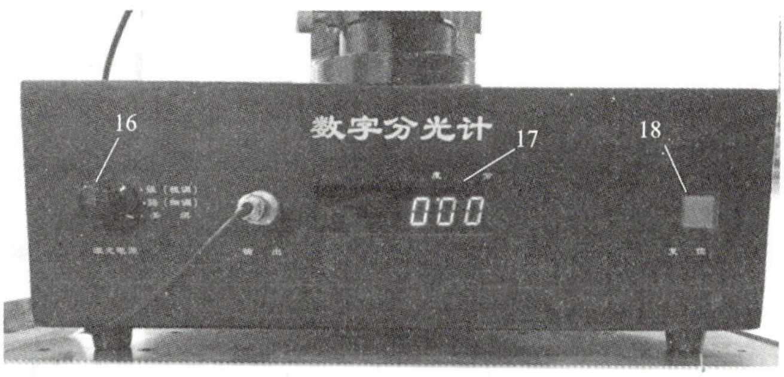

图3-15-2　数字分光计(面板)

16—激光调节钮；17—读数显示屏；18—复位按钮

仪器介绍

1. 分光计的调节(半调法)

(1)粗调。目测望远镜、载物台、平行光管处于同一高度。

(2)目镜调焦。把目镜调焦手轮(图3-15-1中的7)轻轻旋出或旋进，从目镜中观看，直到分划板刻线清晰为止。

(3)将双面平面镜放置于载物台(图3-15-1中的3)上。

放置位置如图3-15-3。其中a_1，a_2，a_3表示载物台调节螺钉(图3-15-1中的4)。

(4)物镜聚焦。将望远镜对准双面平面镜a面(任选平面镜其中一透光面为a面，则另一透光面为b面)。观察望远镜视野中红色“+”。前后伸缩物镜(图3-15-1中的5)，使望远镜视野中红色十字反射像最为清晰。

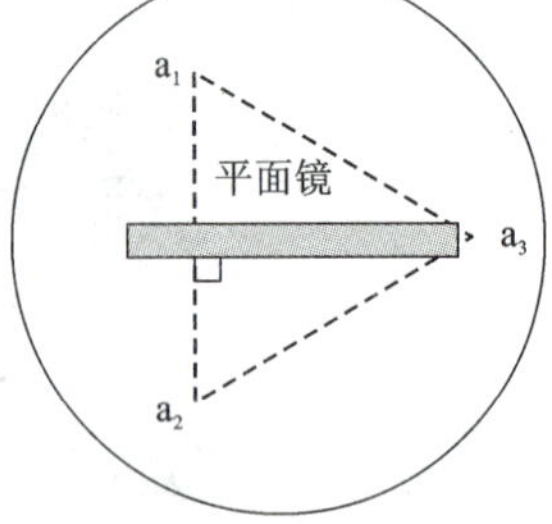

图3-15-3　载物台双面平面镜放置图

(5)松开螺钉(图3-15-1中的13)，将载物台旋转180°，使双面平面镜b面与望远镜垂直。观察是否有红色“+”。如果a、b面均可观察到红色反射“+”，则进入下一步。若a、b两面任一面无法观察到反射红色“+”，则需重新回到第一步进行粗调。

(6)若红色反射“+”位于分划板上十字上方，如图3-15-4位置2所示。调节方法：首先，调节图3-15-1中螺钉6，将红色反射“+”调节至靠近图3-15-4位置1一的半，即图3-15-4位置3。(注意在这里只关注竖直方向，与水平方向无关，水平方向可通过移动望远镜使反射红色“+”居中)。然后，调节图3-15-1螺钉4(包含三只载物台水平调平螺钉)中距离实验操作者最近的螺钉，直至反射红色“+”与分划板上十字(图3-15-4位置1)重合。

若反射红色“+”位于分划板上十字下方，如图3-15-5所示位置2。调节方法：首先，调节图1中螺钉6，将红色反射“+”调节至靠近图3-15-5位置1一半，至图3-15-5位置3。(注意在这里只关注竖直方向，与水平方向无关，水平方向可通过移动望远镜使反射红色“+”居中)。再者，调节图3-15-1螺钉4(包含3只载物台水平调平螺钉)中距离实验操作者最近的螺钉，直至反射红色“+”与分划板上十字(图3-15-5位置1)重合。

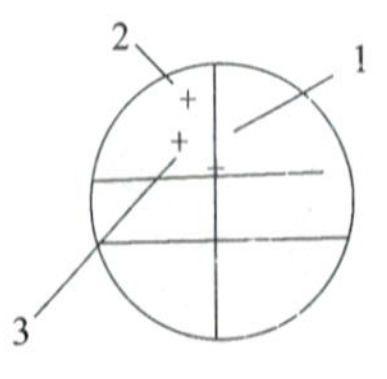

图3-15-4　望远镜视野图

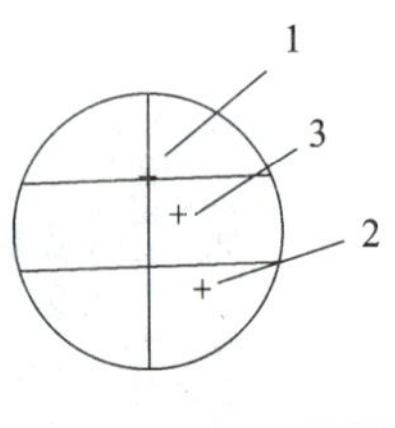

图3-15-5　望远镜视野图

(7)将载物台(图3-15-1中的3)旋转180°。观察红色反射“+”位置。重复步骤(6)。直至双面平面镜a、b两面的反射“+”，均与分划板上十字(图3-15-4、5位置1)重合，即完成了望远镜与载物台的调平，然后取下双面平面镜。

2. 平行光管调节

(1) 打开汞灯。在望远镜视野中观察白色亮光。

(2) 前后伸缩望远镜物镜镜筒(图 3 - 15 - 1 中 5)，使白色亮光尽量清晰。

(3) 旋转单缝(图 3 - 15 - 1 中 1)，使白色亮光成竖直方向。调节图 3 - 15 - 1 中的 9 螺钉锁紧单缝。

(4) 调节平行光管仰角(图 3 - 15 - 1 中的 2)，使望远镜视野中白色竖线居中(此处强调竖直方向居中，水平方向可通过转动望远镜实现水平居中)。

实验原理

1. 用最小偏向角法测定三棱镜的折射率

(a)　　　　(b)

图 3 - 15 - 6　实验原理图

如图 3 - 15 - 6(a)，一束单色光以 i_1 角入射到 AB 面上，经棱镜两次折射后，从 AC 面折射出来，出射角为 i_2'。入射光和出射光的夹角 δ 称为偏向角。当棱镜顶角 A 一定时，偏向角 δ 的大小随入射角 i_1 的变化而变化。而当 $i_1 = i_2'$ 时，0 为最小(证明可参阅光学教材中的相关内容)。此时的偏向角称为最小偏向角，记为 δ_{min}。

由图 3 - 15 - 6(a) 中可以看到，此时 $i_1' = \frac{A}{2}$，有

$$\frac{\delta_{min}}{2} = i_1 - i_1' = i_1 - \frac{A}{2} \Longrightarrow i_1 = \frac{1}{2}(\delta_{min} + A)$$

设棱镜折射率为 n，由折射定律得

$$\sin i_1 = n\sin i_1' = n\sin\frac{A}{2} \Longrightarrow n = \frac{\sin i_1}{\sin\frac{A}{2}} = \frac{\sin\frac{\delta_{min} + A}{2}}{\sin\frac{A}{2}}$$

2. 用自准直法测三棱镜顶角

由于三棱镜的平面有平面镜的效果，只有镜面跟望远镜的轴垂直或者镜面的法线与望远镜轴平行时才能有自准直现象，这样通过两次产生自准直现象平台转动的角度可求出顶角。

先用三棱镜的一个面与望远镜产生自准直，如图 3 - 15 - 6(b) 所示，图中 OD 垂直于 AB (其中 OD 代表望远镜方向，AB 代表三棱镜其中一个反射面)。再固定载物台平台从而使望远镜平台转动，直至三棱镜的另一个面再次与望远镜产生自准直，如图 3 - 15 - 6(b)，OE 垂

直于 AC（其中 OE 代表望远镜方向，AC 代表三棱镜另一反射面）。记下平台转过的角度 φ（φ 为 OD 与 OE 夹角），它的补角即为三棱镜顶角 A 大小。由图可知 $\angle A=\pi-\angle\varphi$。

实验步骤

（1）调节分光计处于工作状态，具体步骤参前面的分光计的调节（半调法）以及平行光管调节。

（2）将待测三棱镜放置于载物台上（如图 3－15－7 所示）。注意：3 棱镜三条边与载物台中心到图 3－15－1 中的 4 螺钉的 3 条连线垂直。

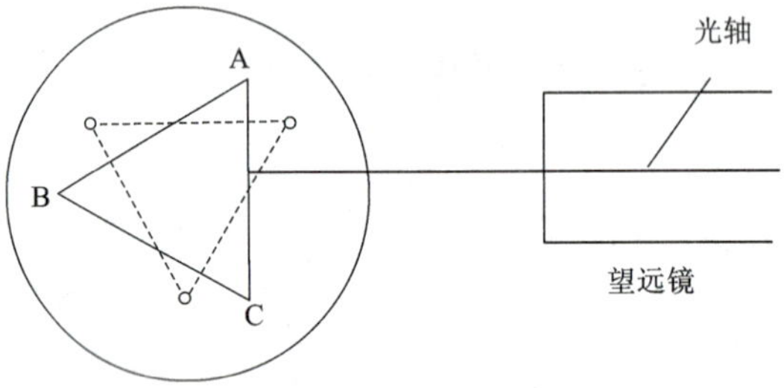

图 3－15－7　载物台俯视图

（3）测顶角。

①将望远镜移动至与三棱镜 AC 面垂直（设 BC 面为磨砂面），此时应在望远镜中观察到红色反射“＋”。移动望远镜将红色反射“＋”移至与分划板上十字（图 3－15－5 中的位置）重合。记录读数显示屏角度 θ_1。（注意：实际操作中只要红色反射“＋”竖线与分划板竖线重合即可读数）

②转动望远镜，再使棱镜 AB 面正对望远镜，此时应在望远镜中观察到红色反射“＋”。移动望远镜将红色反射“＋”移至与分划板上十字（图 3－15－5 中的 1 位置）重合。记录读数显示屏角度 θ_1'。（注意：实际操作中只要红色反射“＋”竖线与分划板竖线重合即可读数）

③将望远镜移动至任意位置，按复位键（图 3－15－2 中的 18），进行复位。重复以上①②步骤。进行 3 次实验取平均值。

（4）测最小偏向角。

①取下三棱镜，使平行光管狭缝对准汞灯光源。

②观察望远镜中白色竖线亮光。移动望远镜使白色竖线亮光与望远镜分划板竖线重合。记录读数显示屏角度 θ_2。

③放置三棱镜于载物台上，位置如图 3－15－8 所示。注意：保证平行光管出射光线，顺利从 AB 面入射至三棱镜中，且光线经折射后，从 AC 面出射。

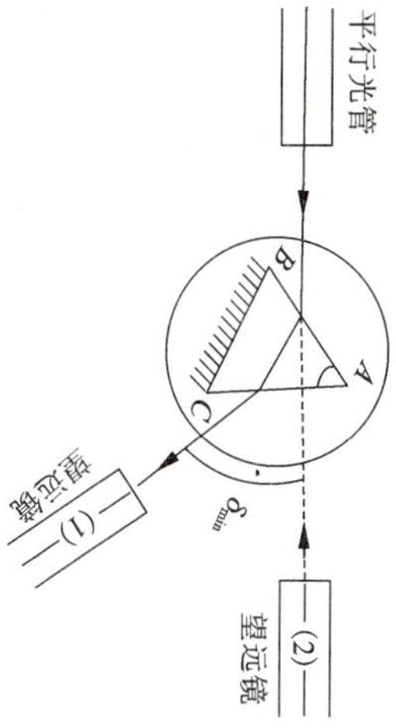

图 3-15-8 载物台俯视图

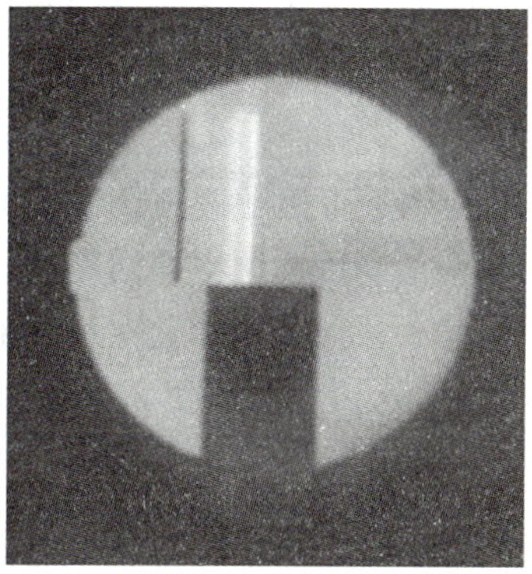

图 3-15-9 望远镜视野图

④转动望远镜，在望远镜视野中观察，经三棱镜折射后的彩色光线(如图 3-15-9 所示)。

⑤轻轻转动载物台(改变入射角 i_1)，望远镜中将看到光线跟着移动。改变 i_1，使光线往 δ 减小的方向移动(即向顶角 A 方向移动)。望远镜跟着光线移动，直到棱镜继续转动，而光线开始反向移动为止。光线反向移动的转折位置，即光线以最小偏向角射出的方向。固定载物台(图 3-15-1 中的 13)，微动望远镜，使其分划板上的中心竖线对准黄色谱线。记录读数显示屏角度 θ_2'。

⑥将望远镜移动至任意位置按复位键(图 3-15-2 中的 18)，进行复位。重复以上①~⑤。三次实验取平均值。

⑦运用公式 $n=\dfrac{\sin\dfrac{\delta_{min}+A}{2}}{\sin\dfrac{A}{2}}$ 计算三棱镜折射率。

数据记录及处理

	θ_1(初始值)	θ_1'(旋转后)	φ	$A=\pi-\varphi$	$\bar{A}$
第一次					
第二次					
第三次					

	θ_2(初始值)	θ_2'(旋转后)	$\delta_{min}=\lvert\theta_2-\theta_2'\rvert$	$\bar{\delta}_{min}$	0
第一次					
第二次					
第三次					

思考题

(1)什么是最小偏向角?

(2)简单描述什么是自准直法?是否可以用自准值法测量任意角度的三棱镜顶角?

注意事项

(1)不能用手直接触碰三棱镜镜面,以保持镜面清洁。

(2)实验完成后必须将平面镜、三棱镜等实验材料放入保护盒,防止摔坏。

(3)不得随意将分光计上螺钉拧下,以防丢失。

(4)读数显示为“××度××分”。比如39度20分,而不是39.20度。应区分开。(注意1度等于60分)。

(5)读数时,必须将黄色的竖线(测最小偏向角时)、红色十字叉丝(测顶角时)移动至与分划板竖线重合才可读数。

常见问题

(1)问题:望远镜视野中找不到红色十字叉丝,或者一面能找到十字叉丝转至另一面找不到。

解决方法:这是由于粗调没有到位,需重新粗调,直至两边都能看到十字叉丝,才能进入下一步。

(2)问题:取下双面平面镜后,放上三棱镜依然找不到反射十字叉丝。

解决方法:由于三棱镜与双面平面镜形状以及放置位置的区别,所以放置三棱镜后,需继续微调载物台升降螺钉4以及望远镜仰角调节螺钉6(图一)。

(3)分划板看不清楚。

解决方法:旋转望远镜目镜调焦。

(4)反射红十字叉丝不清晰。

解决方法:前后伸缩望远镜物镜调焦。

实验 3-16　用透射光栅测定光波的波长

实验目的

(1)加深对光栅分光原理的理解；

(2)用透射光栅测定光栅常量，光波波长和光栅角色散；

(3)了解分光计的结构，学习正确调节和使用分光计的方法。

实验仪器

分光计、平面透射光栅、汞灯、单缝(宽度可调)。

实验原理

1. 分光计的结构

分光计主要由平行光管、望远镜、载物台和读数装置 4 部分组成，其结构如图 3-16-1 所示。平行光管用来发射平行光，望远镜用来接收平行光，载物台用来放置三棱镜、平面镜、光栅等物体，读数装置用来测量角度。

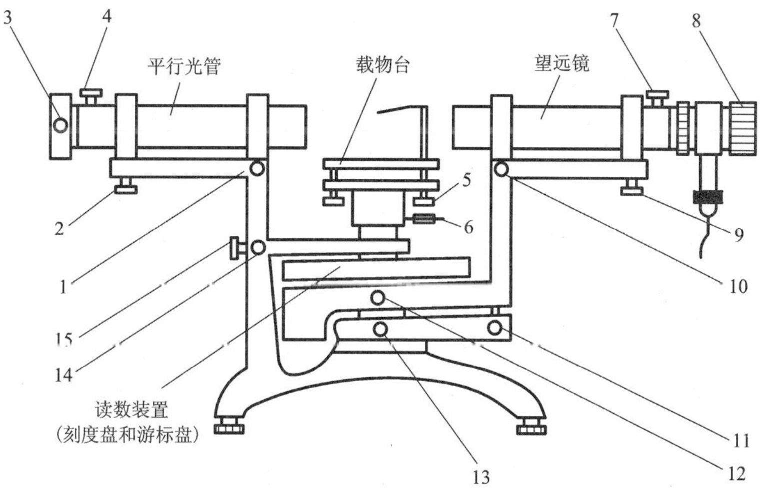

图 3-16-1　分光计结构图

分光计上有许多调节螺丝，它们的代号、名称和功能如表 3-16-1 所示。

表 3-16-1　分光计名称代码及功能表

代号	名　称	功　能
1	平行光管光轴水平调节螺丝	调节平行光管光轴的水平方位（水平面上方位调节）
2	平行光管光轴高低调节螺丝	调节平行光管光轴的倾斜度（铅直面上方位调节）
3	狭缝宽度调节手轮	调节狭缝宽度（0.02～2.00 mm）
4	狭缝装置固定螺丝	松开时，调平行光；调好后锁紧，以固定狭缝装置
5	载物台调平螺丝（3 只）	台面水平调节（本实验中，用来调平面镜和三棱镜折射面平行于中心轴）
6	载物台固定螺丝	松开时，载物台可单独转动、升降，锁紧后，使载物台与游标盘固联
7	叉丝套筒固定螺丝	松开时，叉丝套筒可自由伸缩、转动（物镜调焦）；调好后锁紧，以固定叉丝套筒
8	目镜调焦轮	目镜调焦用（调节 8，可使视场中叉丝清晰）
9	望远镜光轴高低调节螺丝	调节望远镜光轴的倾斜度（铅直面上方位调节）
10	望远镜光轴水平调节螺丝（在图后侧）	调节望远镜光轴的水平方位（水平面上方位调节）
11	望远镜微调螺丝（在图后侧）	在锁紧 13 后，调 11 可使望远镜绕中心轴微动
12	刻度盘与望远镜固联螺丝	松开 12，两者可相对转动；锁紧 12，两者固联，才能一起转动
13	望远镜止动螺丝（在图后侧）	松开 13，可用手大幅度转动望远镜；锁紧 13，微调螺丝 11 才起作用
14	游标盘微调螺丝	锁紧 15 后，调 14 可使游标盘作小幅度转动
15	游标盘止动螺丝	松开 15，游标盘能单独作大幅度转动；锁紧 15，微调螺丝 14 才起作用

分光计的读数装置由刻度盘和游标盘两部分组成。刻度盘分为 360°，最小分度为半度（30′），半度以下的角度可借助游标准确读出。游标等分为 30 格，游标的这 30 小格正好跟刻度盘上的 29 小格对齐，因此知道游标上 1 小格为 29′，游标上 1 小格与刻度盘上 1 小格两者之差为 1′，即分光计最小分度为 1′。由此可知游标上 n 小格与刻度盘上 n 小格相差 n'。

角游标的读法与直游标（如游标卡尺）相似，以游标零线为基准，先读出大数（大于 30′的部分），再利用游标读出小数（小于 30′的部分），大数跟小数之和即为测量结果。现举两例，如图 3-16-2 所示。

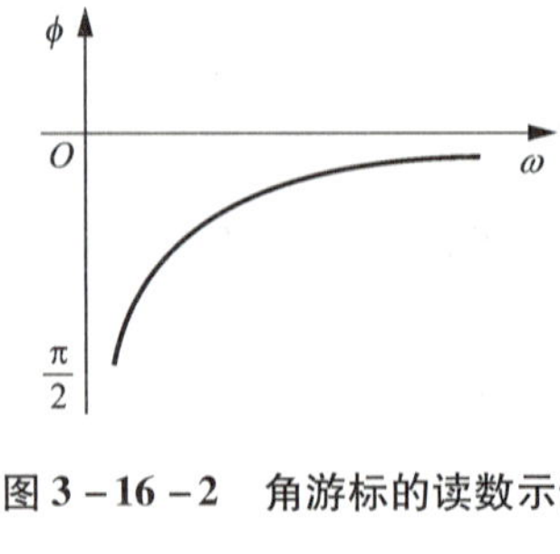

图 3-16-2　角游标的读数示例

在生产分光计时，难以做到使望远镜、刻度盘的旋转轴线与分光计中心轴完全重合。为消除刻度盘与分光计中心轴偏心而引起的误差，在游标盘同一条直径的两端各装一个读数游标。测量时两个游标都应读数，然后分别算出每个游标两次读数之差，取其平均值作为测量结果。用双游标消除偏心误差的原理详见附注。

2. 分光计的调节

概括地说，分光计的调整要求是：使平行光管出射平行光；望远镜适合于接收平行光；平行光管和望远镜的光轴等高并与分光计中心轴垂直。

在正式调整前，先目测粗调：使望远镜和平行光管对准；将载物台、望远镜和平行光管大致调水平，使它们大致垂直于分光计中心轴。这一步很重要，只有做好粗调，才能按下列步骤进一步细调（否则细调难以进行）。

调整望远镜使其达到下面两条要求（望远镜是由物镜镜筒、叉丝套筒和目镜镜筒三部分组成。叉丝到目镜和物镜的距离皆可调节。常用的阿贝目镜式望远镜的结构和视场如图 3-16-3 所示）。

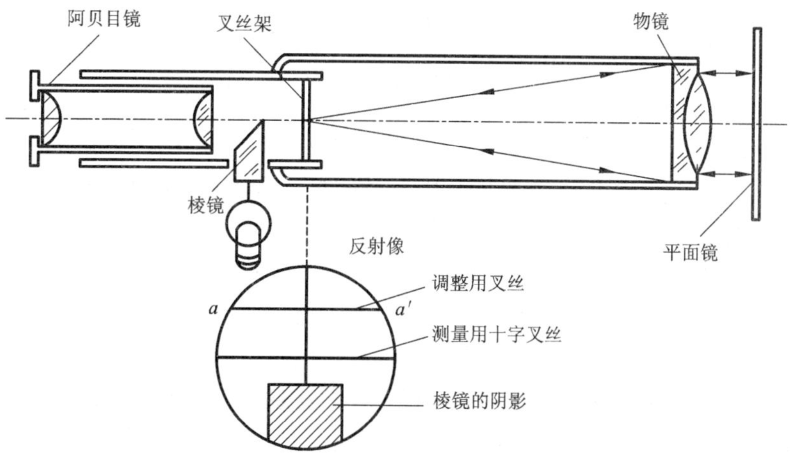

图 3-16-3　阿贝目镜式望远镜的结构和视场

①用自准法调节望远镜，使之适合于接收平行光：点亮望远镜侧窗的照明灯将叉丝照亮，旋转移动日镜使叉丝位于目镜焦平面上，此时叉丝看得很清楚。再按图 3-16-4 所示位置，将平面反射镜置于载物台上（镜面朝望远镜）。然后缓慢转动载物台，同时调节叉丝套筒（改变叉丝与物镜间距），从望远镜中找到由平面镜反射回来的模糊光斑（如果找不到，则粗调没有达到要求，应重调）。找到光斑后进一步细调叉丝套筒，光斑逐渐变成清晰的绿色小亮"十"字（它是叉丝平面上小黑十字的反射像，为绿色小亮"十"字）。当叉丝位于物镜焦平面上时，叉丝发出的光经过物镜后成为平行光，平行光经平面镜反射再次通过物镜后仍成像于叉丝平面。此时，从目镜中可同时看清叉丝与绿色小亮"十"字，且两者无视差。至此，叉丝既落在目镜焦平面上又落在物镜焦平面上，望远镜已适合于接收平行光。各镜筒间的相对位置就不应改变了。

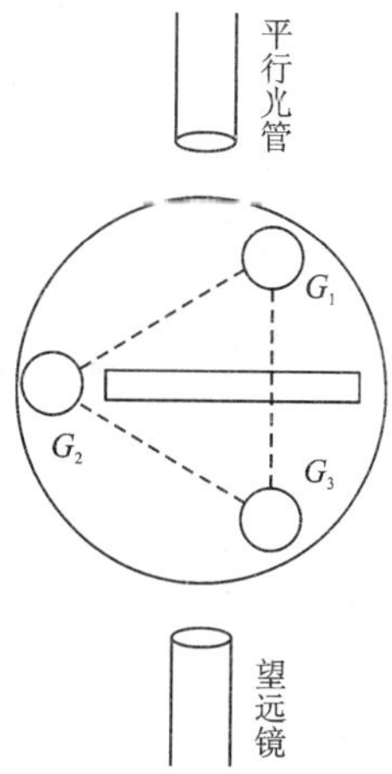

图 3-16-4　平面镜在载物台上的放法

要补充说明的是，叉丝套筒在调节过程中应做适当转动，使竖直叉丝平行于分光计中心轴(怎样鉴别是否已达到了这一要求)。

②使望远镜光轴垂直于分光计中心轴。

望远镜调好焦后，从目镜中能同时看清叉丝和绿色小亮“十”字，且两者无视差。但绿色小亮“十”字一般不处于小黑十字的对称位置(aa'线)上。其原因可能是望远镜光轴未垂直中心轴，也可能是平面镜镜面与中心轴不平行，或者两者兼有。为使望远镜光轴垂直中心轴，调整方法如下：

首先检查平面镜正反两面分别正对望远镜时，视场中是否都能找到绿色小亮“十”字(如果找不到或只找到一个，说明粗调不合格，应进一步调整)。然后用螺丝 9 调节望远镜光轴倾斜度，使绿色小亮“十”字到 aa'线的距离减小一半，再调载物台螺丝 G_1(或 G_3)，使两者重合。把载物台转 180°，使平面镜的反面正对望远镜，再次用“各半调节法”同样调节。如此反复调节，直到平面镜任一面正对望远镜时，视场中的绿色小亮“十”字都落在调整叉丝 aa'上时为止。此时，望远镜光轴就与中心轴垂直了。

调节过程中，不必刻板地运用“各半调节法”。若发现正反两面的反射像纵向位移较大，说明平面镜镜面与中心轴明显不平行，就应侧重调节螺丝 G_1 或 G_3。如果纵向位移不大，但反射像都远离 aa'线，这表明望远镜光轴与中心轴明显不垂直，就该侧重调节螺丝 9 了。

3. 调整平行光管

①调整平行光管使之出射平行光：平行光管是由两个可以相对滑动的套筒组成的，外筒上装有一组消色差透镜，内筒外端装有一个宽度可调的狭缝。

调节时先取下载物台上的平面镜，点亮汞灯使之正照狭缝。然后一边调节平行光管上狭缝和透镜的间距，一边用调好焦的望远镜对准平行光管观察。当狭缝正好调到透镜焦平面上时，平行光管就出射平行光。由于望远镜已适合于接收平行光，因此平行光射入望远镜后将在叉丝平面成像。这时从望远镜中能看到清晰的与叉丝无视差的狭缝像。

这就是说，我们是以调好焦的望远镜视场中，能否产生清晰的、无视差的狭缝像作为判据，来判别平行光管出射的光是否是平行的。

②使平行光管光轴与分光计中心轴垂直：调节螺丝 3 使狭缝像宽约 1 mm 多，再转动狭缝使狭缝像平行于竖直叉丝，然后调节平行光管光轴水平调节螺丝 1 和高低调节螺丝 2，把狭缝像精确调到视场中心且被十字叉丝所等分。至此，平行光管与望远镜的光轴重合且与分光计中心轴垂直。

4. 用透射光栅测定光波波长

光栅是一种数目极多的等宽、等距和平行排列的狭缝，如图 3－16－5 所示，设 S 位于透镜 L_1 物方焦面上的细长狭缝光源，G 为光栅，光栅上相邻狭缝的间距为 d 为光栅常量，自 L_1 射出的平行光垂直地照射在光栅 G 上，与光栅法线成 θ 角的平行光线经透镜 L_2 后将会聚于像方焦面上的 P_θ 点，产生衍射亮条纹的条件为：

$$d\sin\theta = k\lambda \tag{3-17-1}$$

该式称为光栅方程。

式中 θ 是衍射角，λ 是光波波长，k 是光谱级数。衍射亮条纹实际上是光源狭缝的衍射像，是一条锐细的亮线。当 $k=0$ 时，各种波长的亮线重叠在一起，形成明亮的零级像，对于 k 的其他数值，不同波长的亮线重叠在一起在不同的方向形成光谱，此时各波长的亮线称为光谱线。而与 k 的正负两组值相对应的两组光谱，则对称地分布在零级像的两侧。

由光栅方程对 λ 微分，可得光栅的角色散：

$$D=\frac{d\theta}{d\lambda}=\frac{k}{d\cos\theta} \tag{3-17-2}$$

光栅分辨本领 R 为：

$$R=\frac{\lambda}{d\lambda}=kN\ (\text{其中 } N \text{ 为光栅刻线的总数})$$

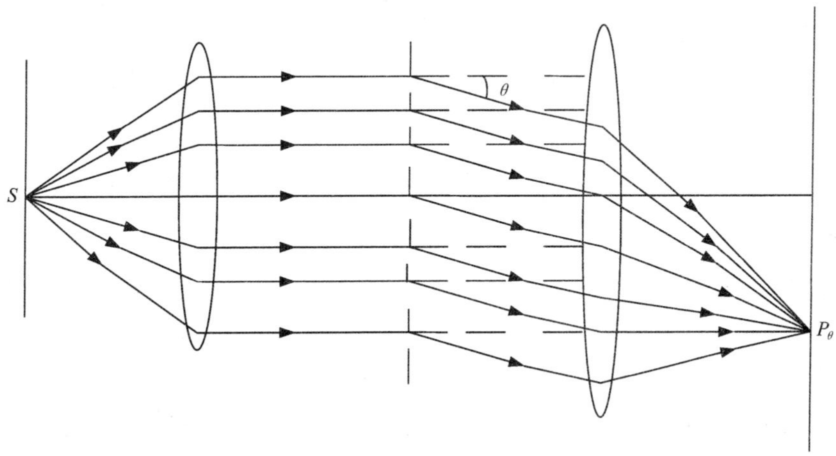

图 3 – 16 – 5　多缝衍射原理图

实验步骤

1. 分光计的调节

(1)望远镜适应平行光(对无穷远调焦)；

(2)望远镜准直管主轴均垂直于仪器主轴；

(3)准直管发出平行光。

2. 光栅位置的调节

(1)将光栅面调节到垂直于入射光。

(2)将光栅衍射面调节到和观察面刻度盘平面一致。

(3)使望远镜对准准直管，从望远镜中观察到被照亮的准直管狭缝的像，使其和叉丝的垂直线重合，固定望远镜，点亮目镜叉丝照明灯，左右转动载物平台，看到反射的绿“十”字，调节 b_2 和 b_3，使绿“十”字和目镜的调整叉丝重合，用汞灯照亮准直管的狭缝，转动望远镜观察光谱，如果左右两侧的光谱线相对于目镜中叉丝的水平线高低不平时，说明光栅的衍射面和观察面不一致，这时可调节平台上的螺钉 b_1，使它们一致。

3. 测量光栅常量 d

根据式(3 – 17 – 1)，只要测出第 k 级光谱中波长 λ 已知的谱线的衍射角 θ，就可以求出 d 值。转动望远镜到光栅的一侧，使叉丝的垂直线对准已知波长的第 k 级谱线的中心，记录游标值，将望远镜转向光栅的另外一侧，同上测量，同一游标的两次读数之差是衍射角的二倍，重复测量几次，计算 d 值及其标准不确定度。

4. 测量未知波长

由于光栅常量 d 已测到，以此只要测出未知波长的第 k 级谱线的衍射角 θ，就可以求出其波长值 λ。可以选取汞灯光谱中的 n 条强谱线作为波长未知的测量目标，衍射角的测量同上。

数据记录及处理

读数＼光谱	左侧光谱			右侧光谱		
	黄	绿	紫	紫′	绿′	黄′
左游标读数						
右游标读数						

注意事项

(1)按光栅位置调节的两项要求逐一调节后，应再重复检查，因为调节后一项时，可能对前一项的状况有些破坏。

(2)光栅位置调节好后，在实验过程中不应移动它。

(3)本实验选用光栅常量较大的光栅，以便于观察高级次光谱中不同级次光谱的重叠现象。

思考题

(1)分析光栅面与入射光不严格垂直时对实验有何影响？

(2)如果波长都是未知的，能否利用光栅测其波长？

(3)在载物台上放置三棱镜时，为什么要使折射面垂直于载物台调平螺丝的连线？

实验3－17　偏振光分析实验

实验目的

(1)观察光的偏振现象；
(2)分析偏振光，起偏，定光轴。

实验仪器

He－Ne激光器(632.8 nm)、偏振片(起偏器)、可变口径维架：SZ－05、偏振片(检偏器)、X轴旋转二维架：SZ－06(两个，波片也需要一个)、白屏H：SZ－13、通用底座：SZ－04、一维底座：SZ－03、一维底座：SZ－03、通用底座：SZ－04、1/4、1/2波片各一片、公用底座：SZ－04(波片使用)。

实验原理

1.偏振光的基本概念

光是电磁波，它的电矢量E和磁矢量H相互垂直，且均垂直于光的传播方向c，通常用电矢量E代表光的振动方向，并将电矢量E和光的传播方向c所构成的平面称为光振动面。在传播过程中，电矢量的振动方向始终在某一确定方向的光称为平面偏振光或线偏振光，如图3－17－1(a)所示。光源发射的光是由大量原子或分子辐射构成的。由于大量原子或分子的热运动和辐射的随机性，它们所发射的光的振动面，出现在各个方面的几率是相同的。故这种光源发射的光对外不显现偏振的性质，称为自然光图，如图3－17－11(b)所示。在发光过程中，有些光的振动面在某个特定方向上出现的几率大于其他方向，即在较长时间内电矢量在某一方向上较强，这种的光称为部分偏振光，如图3－17－11(c)所示，还有一些光，其振动面的取向和电矢量的大小随时间作有规律的变化，而电矢量末端在垂直于传播方向的平面上的轨迹呈椭圆或圆。这种光称为椭圆偏振光或圆偏振光。

2.获得偏振光的常用方法

将非偏振光变成偏振光的过程称为起偏，起偏的装置称为起偏器。常用的起偏装置主要有：

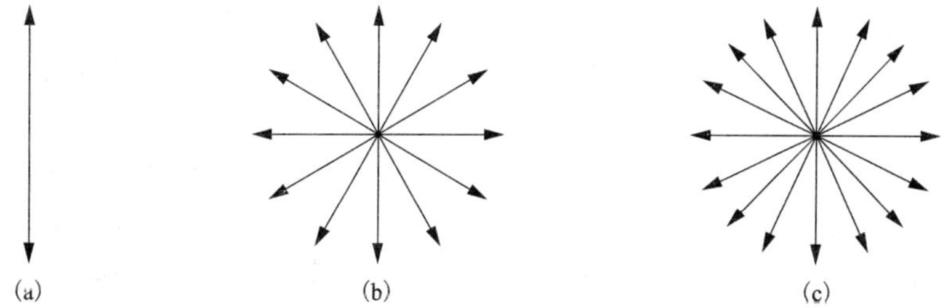

图3－17－1　偏振光

(1)反射起偏器(或透射起偏器)。

当自然光在两种媒质的界面上反射和折射时，反射光和折射光都将成为部分偏振光。当入射角达到某一特定值 φ_b 时，反射光成为完全偏振光，其振动面垂直于入射面(如图 3-17-2 所示)，而角 φ_b 就是布儒斯特角，也称为起偏振角，由布儒斯特定律得

$$\tan\varphi_b = n_2/n_1$$

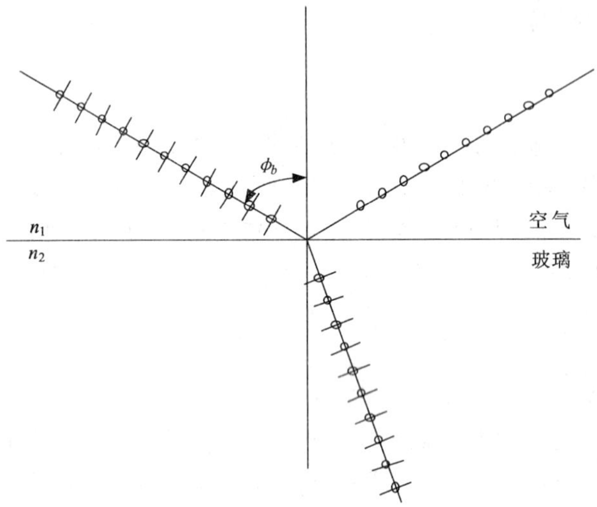

图 3-17-2　反射起偏器

例如，当光由空气射向 $n=1.54$ 的玻璃板时，$\varphi_b=57°$。

若入射光以起偏振角 φ_b 射到多层平行玻璃片上，经过多次反射最后透射出来的光也就接近于线偏振光，其振动面平行于入射面。由多层玻璃片组成的这种透射起偏振器又称为玻璃片堆。如图 3-17-3 所示。

(2)晶体起偏器。

利用某些晶体的双折射现象来获得线偏振光，如尼科尔棱镜等。

(3)偏振片(分子型薄膜偏振片)。

聚乙烯醇胶膜内部含有刷状结构的练状分子。在胶膜被拉伸时，这些练状分子被拉直并平行排列在拉伸方向上，拉伸过的胶膜只允许振动取向平行于分子排列方向(此方向称为偏振片的偏振轴)的光通过，利用它可获得线偏振光，其示意图如图 3-17-4 所示。偏振片是一种常用的“起偏”元件，用它可获得截面积较大的偏振光束(它就是本实验使用的元件)。

3. 偏振光的检测

鉴别光的偏振光状态的过程称为检偏，它所用的装置称为检偏器。实际上，起偏器和检偏器是通用的。用于起偏的偏振片称为起偏振器，把它用于检偏就成为检偏器了。

按照马吕斯定律，强度为 I_0 的线偏振光通过检偏器后，透射光的强度为

$$I = I_0\cos^2\theta$$

式中：θ 为入射光偏振方向与检偏器偏振轴之间的夹角。显然，当以光线传播方向为轴转动检偏器时，透射光强度 I 将发生周期性变化。当 $\theta=0°$时，透射光强度最大；当 $\theta=90°$时，透

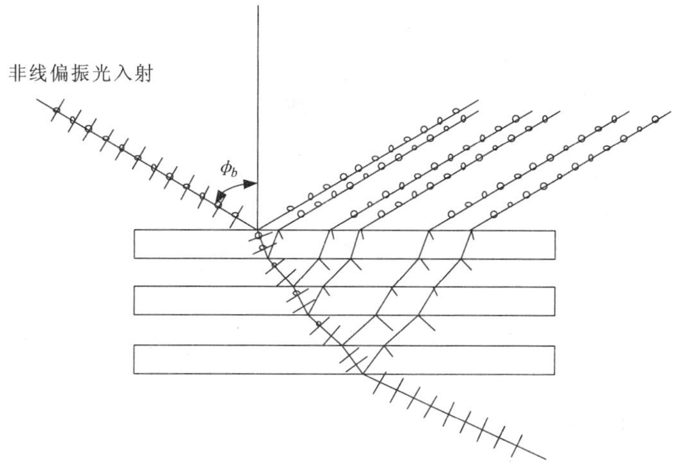

图 3－17－3

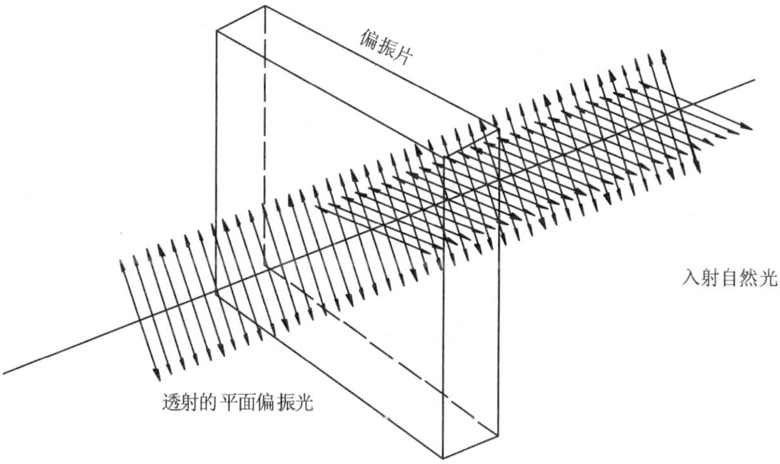

图 3－17－4

射光强度最小(消失状态)；当 $0° < \theta < 90°$ 时，透射光强度介于最大值和最小值之间。因此，根据透射光强度变化的情况，可以区别光的不同偏振状态。

4. 偏振光通过波晶片时的情形

(1)波晶片。

波晶片是从单轴晶体中切割下来的平行平面板，其表面平行于光轴。

当一束单色平行自然光正入射到波晶片上时，光在晶体内部便分解为 o 光与 e 光。o 光电矢量垂直于光轴；e 光电矢量平行于光轴。而 o 光和 e 光的传播方向不变，仍都与表面垂直。但 o 光在晶体内的速度为 v_0，e 光的为 v_e，即相应的折射率 n_0、n_e 不同。

设晶片的厚度为，则两束光通过晶体后就有位相差

$$\sigma=\frac{\pi}{\lambda}(n_0-n_e)l$$

式中：λ 为光波在真空中的波长。$\sigma=2k\pi$ 的晶片，$\sigma=2k\pi+\pi$ 称为全波片；——为半波片（$\lambda/2$ 波片）；$\sigma=2k\pi\pm\frac{\pi}{2}$为 $\lambda/4$ 片，上面的 k 都是任意整数。不论全波片、半波片或 $\lambda/4$ 片，都是对一定波长而言的。

以下直角坐标系的选择，是以 e 光振动方向为横轴，o 光振动方向为纵轴。沿任意方向振动的光，正入射到波晶片的表面，其振动便按此坐标系分解为 e 分量和 o 分量。

(2)光束通过波片后偏振态的改变。

平行光垂直入射到波晶片后，分解为 e 分量和 o 分量，透过晶片，二者间产生一附加位相差 σ。离开晶片时合成光波的偏振性质，决定于 σ 及入射光的性质。

①偏振态不变的情形。

a. 自然光通过波晶片，仍为自然光。因为自然光的两个正交分量之间的位相差是无规的，通过波晶片，引入一恒定的位相差 σ，其结果还是无规的。

b. 若入射光为线偏振光，其电矢量 E 平行 e 轴（或 o 轴），则任何波长片对它都不起作用，出射光仍为原来的线偏振光。因为这时只有一个分量，谈不上振动的合成与偏振态的改变。

除上述二情形外，偏振光通过波晶片，一般其偏振情况是要改变的。

②$\lambda/2$ 片与偏振光。

a. 若入射光为线偏振光，在 $\lambda/2$ 片的前面（入射处）上分解为

$$E_e=A_e\cos\omega t$$

$$E_o=A_o\cos(\omega t+\varepsilon)\qquad \varepsilon=0\text{ 或 }\pi$$

出射光表示为

$$E_e=A_e\cos(\omega t-\frac{2\pi}{\lambda}n_e l)$$

$$E_o=A_o\cos(\omega t+\varepsilon-\frac{2\pi}{\lambda}n_o l)$$

讨论二波的相对位相差，上式可写为

$$E_e=A_e\cos\omega t$$

$$E_o=A_o\cos(\omega t+\varepsilon-\frac{2\pi}{\lambda}n_o l+\frac{2\pi}{\lambda}n_e l)=A_o\cos(\omega t+\varepsilon-\sigma),\ \sigma=\pi$$

出射光二正交分量的相对位相差由决定。现在

$$\varepsilon-\sigma=0-\pi=-\pi\text{ 和 }\varepsilon-\sigma=\pi-\pi=0$$

这说明出射光也是线偏振光，但振动方向与入射光的不同。如入射光与晶片光轴成 θ 角，则出射光与光轴成 $-\theta$ 角。即线偏振光经 $\lambda/2$ 片电矢量振动方向转过了 2θ 角。

b. 若入射光为椭圆偏振光，作类似的分析可知，半波片既改变椭圆偏振光长（短）轴的取向，也改变椭圆偏振光（圆偏振光）的旋转方向。

3. $\lambda/4$ 片与偏振光

①入射光为线偏振光

$$E_e=A_e\cos\omega t$$

$$E_o = A_o\cos(\omega t+\varepsilon) \qquad \varepsilon = 0 \text{ 或 } \pi$$

则出射光为

$$E_e = A_e\cos\omega t$$

$$E_o = A_o\cos(\omega t+\varepsilon-\sigma),\ \sigma = \pm\frac{\pi}{2}$$

则出射光为

$$E_e = A\cos\omega t$$

$$E_o = A\cos(\omega t+\varepsilon-\sigma),\ \sigma = \pm\frac{\pi}{2}$$

此式代表一正椭圆偏振光。$\varepsilon-\sigma = +\frac{\pi}{2}$对应于右旋，$\varepsilon-\sigma = -\frac{\pi}{2}$对应于左旋。当 $A_e = A_o$ 时，出射光为圆偏振光。

②入射光为圆偏振光

$$E_e = A\cos\omega t$$

$$E_o = A\cos(\omega t+\varepsilon),\ \varepsilon = \pm\frac{\pi}{2}$$

此式代表线偏振光。$\varepsilon-\sigma = 0$ 出射光电矢量$\underline{E_{出}}$沿一、三象限；$\varepsilon-\sigma = \pi$，$\underline{E_{出}}$沿二、四象限。

③入射光为椭圆偏振光

$$E_e = A_e\cos\omega t$$

$$E_o = A\cos(\omega t+\varepsilon),\ \varepsilon \text{ 在 } -\pi \text{ 到 } +\pi \text{ 任意取某值}$$

出射光为

$$E_e = A_e\cos\omega t$$

$$E_o = A_o\cos(\omega t+\varepsilon-\sigma),\ \sigma = \pm\frac{\pi}{2}$$

可见出射光一般为椭圆偏振光。

实验步骤

1. 定偏振片光轴

把所有器件按图的顺序摆放在平台上，调至共轴。旋转第二个偏振片，使起偏器的偏振轴与检偏器的偏振轴相互垂直，这时可看到消光现象。

2. 考察平面偏振光通过 $\lambda/2$ 波长时的现象

(1)在两块偏振片之间插入 $\lambda/2$ 波片，把 X 轴旋转二维架转动 360°，能看到几次消光？请解释该现象。

(2)将 $\lambda/2$ 波片转任意角度，这时消光现象被破坏。把检偏器转动 360°，观察到什么现象？由此说明通过 $\lambda/2$ 波片后，光变为怎样的偏振状态？

(3)仍使起偏器和检偏器处于正交(即处于消光现象时)，插入 $\lambda/2$ 波片，使消光，再将其转动 15°，破坏其消光。转动检偏器至消光位置，并记录检偏器所转动的角度。

(4)继续将 $\lambda/2$ 波片转 15°(即总转动角为 30°)，记录检偏器达到消光所转总角度。依次使 $\lambda/2$ 波片总转角为 45°，60°，75°，90°，记录检偏器消光时所转总角度。

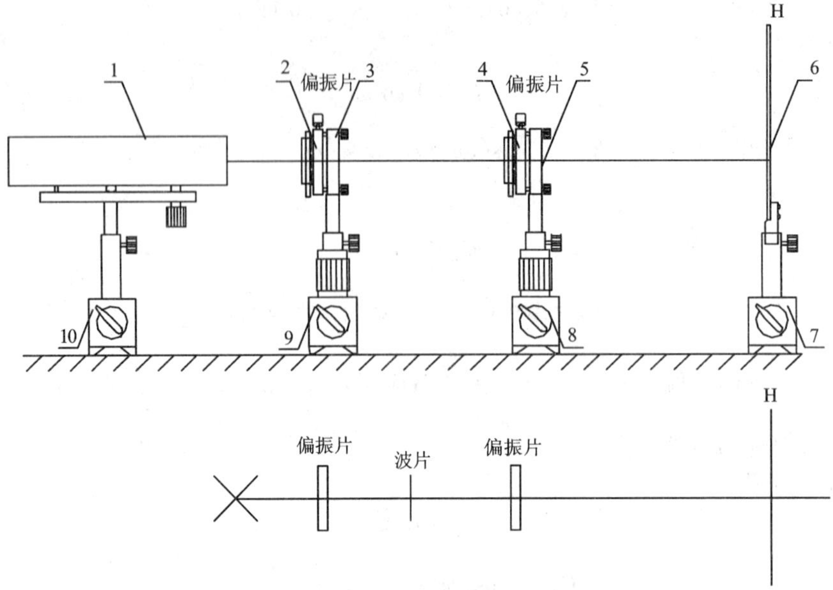

图 3-17-5　仪器实物图及原理图

表 3-18-1　检偏器消光时所转总角度

半波片转动角度	检偏器转动角度
15°	
30°	
45°	
60°	
75°	
90°	

从上面实验结果可得出什么规律？

3. 用波长片产生圆偏振光和椭圆偏振光

(1)按图使与起偏器和检偏器正交，用 $\lambda/4$ 波片代替 $\lambda/2$ 波片，转动 $\lambda/4$ 波片使消光。

(2)再将 $\lambda/4$ 波片转动 15°，然后将检偏器转动 360°，可观察到什么现象？你认为这时从 $\lambda/4$ 波片出来光的偏振状态是怎样的？

(3)依次使转动总角度为 30°，45°，60°，75°，90°，每次将检偏器转动，记录所观察到的现象。

表 3-18-2　实验记录表

$\lambda/4$ 波片转动的角度	检偏器转动 360°观察到的现象	光的偏振性质
15°		
30°		
45°		
60°		
75°		
90°		

思考题

描述并解释所观察到的偏振现象。

第四章　设计性实验

设计实验一般是由教师预先提出任务和要求，实验室提供条件，在规定的教学时间内，要求学生查阅有关资料，自行提出实验原理，确定实验方案，选择配套的仪器设备，拟定实验程序和实验注意事项，进行实验，合理处理实验数据，得出实验结果，最后写出完整的实验报告。

可见，设计性实验是科学实验全过程得到初步训练，也是对学生掌握理论知识和实验技能，并进行综合应用的检查。

实验 4－1　单摆的设计性实验

如今进行的单摆实验，是要进一步精确地研究该力学系统所包含的力学线性和非线性运动行为。

实验目的

(1)学会用相图法探究单摆的运动行为；

(2)改变摆线和摆球，考察阻力对单摆运动行为的影响。

实验仪器

单摆实验装置、多功能微秒计、卷尺、游标卡尺。

实验原理

单摆的线性振动是一种近似，实际上，单摆在振动的过程中，既受到阻力，又与摆角有关，在小阻尼条件下，可认为单摆所受到的阻尼力与摆的速度成正比，因此，在单摆的运动方程中加进了阻尼力项后，其动力学方程为：

$$ml\frac{d^2\theta}{dt^2}+\gamma l\frac{d\theta}{dt}+mg\sin\theta=0 \tag{4-1-1}$$

式中：第二项就是单摆受到的阻尼力，γ 为阻尼系数，在小阻尼条件下，γ 可视为常数，取 $\beta=\frac{\gamma}{2m}$，β 为无量级阻尼系数，由式(4－1－1)，得

$$\frac{d^2\theta}{dt^2}+2\beta\frac{d\theta}{dt}+\omega_0\sin\theta=0 \tag{4-1-2}$$

式(4－1－2)为一非线性方程。物体运动的非线性行为比较复杂，下面我们讨论式(4－1－2)的几种特殊情况，介绍描述运行行为的相图法。

1. 小角度无阻尼单摆运行的相轨图

无阻尼情况下，$\gamma=0(\beta=0)$。正弦函数用级数展开为

$$\sin\theta=\theta-\frac{\theta^3}{3!}+\frac{\theta^5}{5!}-\frac{\theta^7}{7!}+\cdots \tag{4-1-3}$$

在小角度情况下，忽略式(4－1－3)的高次项，有 $\sin\theta=\theta$，由式(4－1－2)退化到式(4－1－1)，并对式(4－1－1)进行一次积分，得

$$\frac{1}{2}\left(\frac{\mathrm{d}\theta}{\mathrm{d}t}\right)^2+\frac{1}{2}\omega_0^2\theta^2=E \tag{4-1-4}$$

E 为积分常数，设 $\bar{\theta}=\frac{\mathrm{d}\theta}{\mathrm{d}t}$为角速度，则有

$$\bar{\theta}+\omega_0^2\theta^2=2E, \tag{4-1-5}$$

如果设式(4－1－5)中的 $x=\theta$ 为横坐标，$y=\bar{\theta}$ 为纵坐标，式(4－1－5)表示的图像如图 4－1－1 所示。把以 $\bar{\theta}$ 和 θ 定义的平面称为相平面（相空间），在相平面中，表示的运动关系图称为相图，由式(4－1－5)决定的单摆运动行为的相图为一椭圆，这种在相平面上表示运动状态的方法，称为相平面法。相图上每一个点表示了系统在某一时刻的状态，如图 4－1－1 中的摆角与角速度运动状态图，系统的运动状态则用相图上的点的移动来表示，点的运动轨道称为轨线。这种用相空间里的轨线来表示系统运动状态的方法是法国数学家庞加莱（Poincare）于 19 世纪末提出的，已成为广泛使用的一种描述系统运动状态的方法。

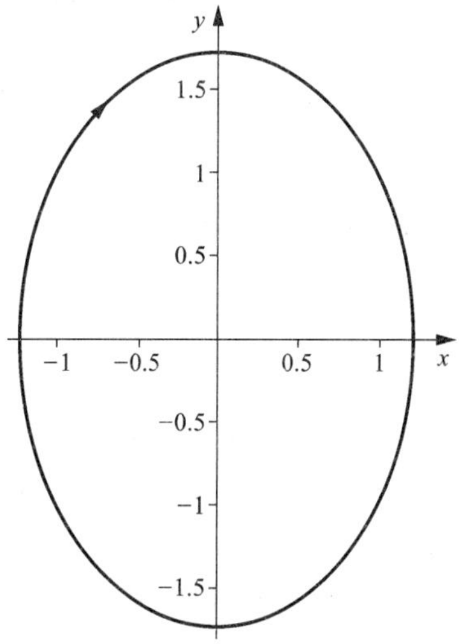

图 4－1－1　小角度无阻尼单摆运动的相轨线

对于小摆角无阻尼的单摆运动，摆长 l 一定时，其椭圆轨线的长短轴不变，当改变摆长 l 时，将得到不同的椭圆轨线。

相轨线的测量：选定摆长 l，使摆球作小角度摆动，调节光电门角度，使摆球的挡光棒经过光电门，将光电门竖直杆调节到某一角度，测量摆球经过该位置时，来回的即时速度 v，角速度 $\bar{\theta}=v/l$。调节光电门到新的位置，测量结果填入表 4－1－1 中，根据表 4－1－1 的测量结果作 $\theta-\bar{\theta}$ 图。

表 4－1－1　小角度无阻尼单摆的角度与角速度的测量结果

θ		50	40	30	20	10	00	−10	−20	−30	−40	−50
t	向左											
	向右											
$\bar{\theta}=v/l$	向左											
	向右											

利用 $\theta-\bar{\theta}$ 相轨图，研究小角度无阻尼的单摆动运行规律，并与练习一进行比较。

2. 小角度阻尼单摆的运动行为研究

将单摆的摆线加粗，摆球的质量减小而体积增大，如用乒乓球，组成一个阻尼单摆，此时阻力对单摆的影响更加明显，不能忽略，式(4－1－2)中的 γ，β 不为零，由于是小角度，可近似认为 $\sin\theta=\theta$。由式(4－1－2)得

$$\frac{d^2\theta}{dt^2}+2\beta\frac{d\theta}{dt}+\omega_0^2\theta=0, \qquad (4-1-6)$$

设式(4－1－6)有如下形式的解

$$\theta=e^{\lambda t} \qquad (4-1-7)$$

式中，λ 为待定常数，将式(4－1－7)代入式(4－1－6)，得特征方程

$$\lambda^2+2\beta\lambda+\omega_0^2=0 \qquad (4-1-8)$$

解特征根方程式(4－1－8)，得

$$\lambda_{1,2}=-\beta\pm\sqrt{\beta^2-\omega_0^2} \qquad (4-1-9)$$

由于单摆是小阻尼，所以，取，代入式(4－1－9)，得

$$\lambda_{1,2}=-\beta\pm i\omega \qquad (4-1-10)$$

由此，可得式(4－1－6)的解为

$$\theta=c_1e^{(-\beta+i\omega)t}+c_2e^{(-\beta-i\omega t)}=e^{-\beta t}(c_1e^{i\omega t}+c_2e^{-i\omega t}) \qquad (4-1-11)$$

因为 θ 为实函数，所以 c_1，c_2 必须满足条件

$$c_1^*e^{-i\omega t}+c_2^*e^{i\omega t}=c_1e^{i\omega t}+c_2e^{-i\omega t}$$

由此得 $c_1=c_2^*$，$c_2=c_1^*$。

将满足这种条件的系数 c_1，c_2 写成指数形式，有

$$c_1=\frac{p}{2}e^{i\varphi},\ c_2=\frac{p}{2}e^{-i\varphi}$$

式中，p 为它们的模，φ 为幅角，代入式(4－1－11)，得

$$\theta=pe^{-\beta t}\cos(\omega t+\varphi) \qquad (4-1-12)$$

可见，阻尼单摆是幅度 $pe^{-\beta t}$ 随时间作指数衰减的周期振荡，且振动频率 $\omega=\sqrt{\omega_0^2-\beta^2}$，因阻尼 $\beta>0$ 而减小。为了给出在相平面的图像，对式(4－1－12)微分，得

$$\bar{\theta}=-pe^{-\beta t}[\beta\cos(\omega t+\varphi)+\omega\sin(\omega t+\varphi)] \qquad (4-1-13)$$

如果设 $x=\theta$ 为横坐标，$y=\bar{\theta}$ 为纵坐标，借助符号运算软件 MAPLE，作式(4－1－12)和式(4－1－13)联合的参数图，结果如图 4－1－2 所示。可见，小角度有阻尼单摆的运动相轨图为螺旋线，单摆的运动因阻尼的存在，而停止在坐标的原点，这一点称为不动点。

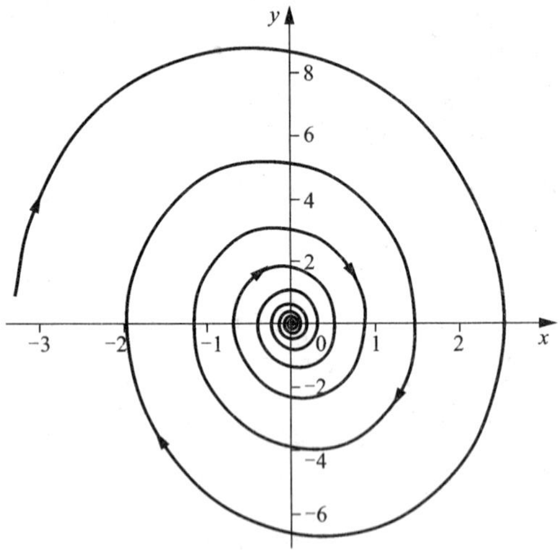

图 4－1－2　小角度有阻尼单摆运动的相轨图

$$\Delta E=\frac{1}{2}(m_1+m_2)v_2^2-\frac{1}{2}m_1v_{10}^2 \qquad (4-1-14)$$

实验步骤

自行设计实验方案，测量小角度有阻尼单摆运动的行为，并用相轨图法研究阻尼单摆的运动行为。

思考题

试通过实验研究在摆线长短不同时大摆角摆动情况下正摆周期与振幅的关系。

实验4－2　热电偶数字温度计设计

实验目的

(1)加深对温差电现象的理解；

(2)了解热电偶测温的基本原理和方法；

(3)设计热电偶数字温度计。

实验仪器

热电偶温度传感器、YJ－RZT－1 数字智能化热学综合实验平台、数字万用表热电偶温度传感器实验模板。实验模板如图4－2－1所示。

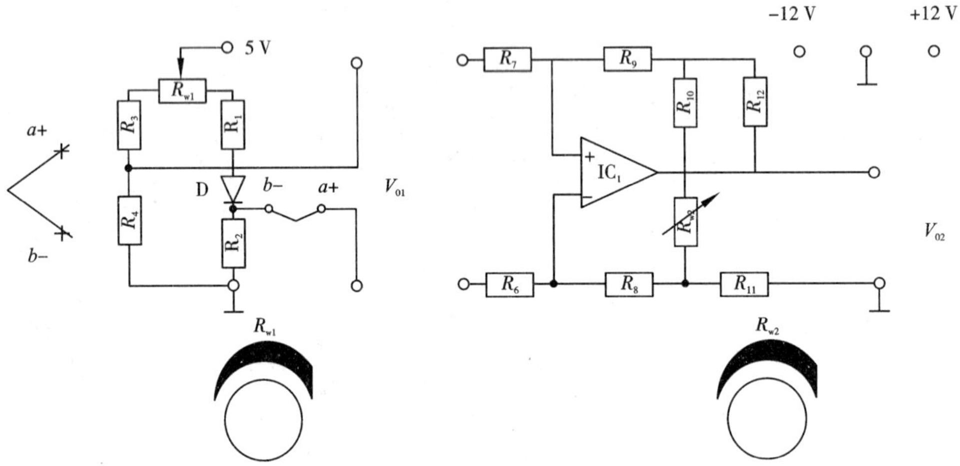

图4－2－1　实验模板示意图

实验原理

1. 温差电效应

如果用 A、B 两种不同的金属构成一闭合电路，并使两接点处于不同温度，如图4－2－2所示，则电路中将产生温差电动势，并且有温差电流流过，这种现象称为温差电效应。

2. 热电偶

两种不同金属串接在一起，其两端可以和仪器相连进行测温(图4－2－3)的元件称为温差电偶，也叫热电偶。温差电偶的温差电动势与两接头温度之间的关系比较复杂，但是在较小温差范围内可以近似认为温差电动势 E_t 与温度差 $(t-t_0)$ 成正比，即

$$E_x = c(t-t_0) \tag{4-2-1}$$

式中：t 为热端的温度，t_0 为冷端的温度，c 称为温差系数(或称温差电偶常量)单位为 $\mu V \cdot ℃^{-1}$，它表示两接点的温度相差1℃时所产生的电动势，其大小取决于组成温差电偶材料的性质，即

$$c = (k/e)\ln(n_{0A}/n_{0B}) \tag{4-2-2}$$

式中：k 为玻耳兹曼常量，e 为电子电量，n_{0A}和 n_{0B}为两种金属单位体积内的自由电子数目。

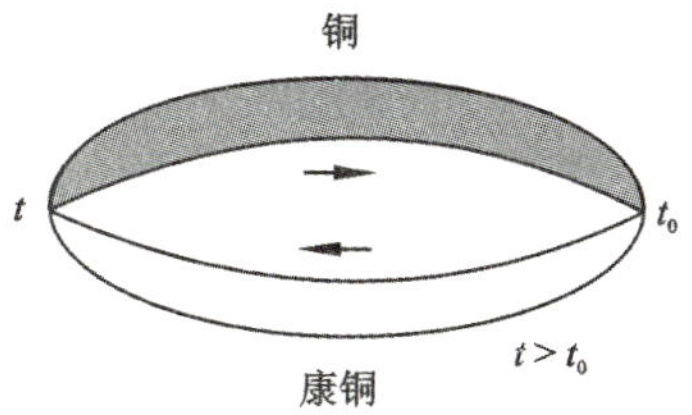

图 4－2－2　不同金属的连接

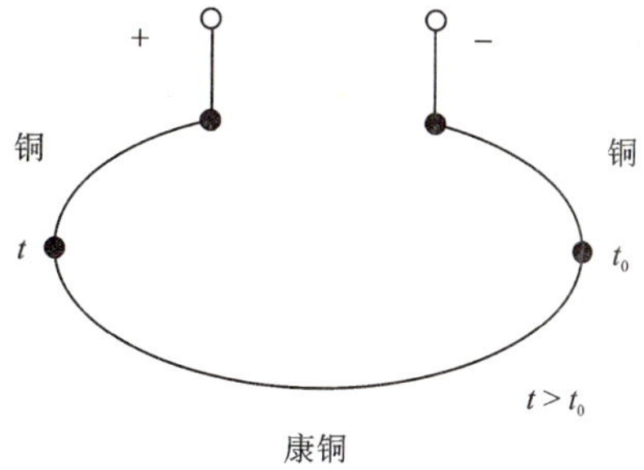

图 4－2－3　温差电偶原理

如图 4－2－4 所示，温差电偶与测量仪器有两种连接方式：①金属 B 的两端分别和金属 A 焊接，测量仪器 M 插入 A 线中间；②A、B 的一端焊接，另一端和测量仪器连接。

在使用温差电偶时，总要将温差电偶接入电势差计或数字电压表，这样除了构成温差电偶的两种金属外，必将有第三种金属接入温差电偶电路中，理论上可以证明，在 A，B 两种金属之间插入任何一种金属 C，只要维持它和 A，B 的联接点在同一个温度，这个闭合电路中的温差电动势总是和只由 A，B 两种金属组成的温差电偶中的温差电动势一样。

温差电偶的测温范围可以从 4.2K（－268.95℃）的深低温直至 2800℃ 的高温。必须注意，不同的温差电偶所能测量的温度范围各不相同。

3. 定标方法

如图 4－2－4（a）所示把自由端（冷端）浸入冰水共存的保温杯中，工作端（热端）插入恒温加热器中，恒温加热器可恒温在 50～120℃之间。用数字万用表测定出对应点的温差电动势，这就是冰点补偿法。以电动势 ε 为纵轴，以热端温度 t（50℃，60℃，70℃，80℃，90℃，100℃）为横轴。标出以上各点，连成直线。如图 4－2－5 所示，即为热电偶的定标曲线。有了定标曲线，就可以利用该热电偶测温度了。这时，仍将冷端保持在原来的温度（$t_0=0$℃），将热端插入待测物中，测出此时的温差电动势，再由 $\varepsilon-T$ 图线查出待测温度。

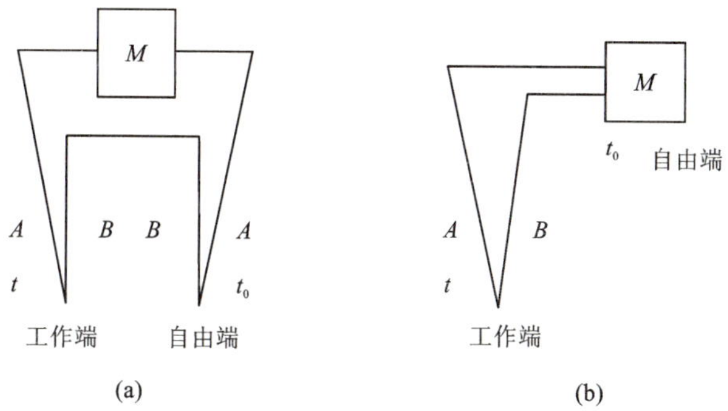

图 4－2－4　热电偶的工作状态

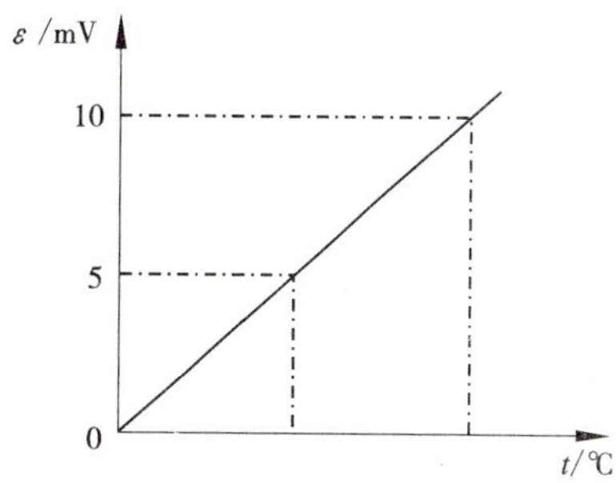

图 4－2－5　热电偶定标曲线

4. 冷端温度补偿方法

热电偶冷端温度补偿的方法有：冰水法、恒温槽法和自动补偿法、电桥法，常用的是电桥法(如图4-2-1所示)，它是在热电偶和测温仪表之间接入一个直流电桥，称为冷端温度补偿器，补偿器电桥在0℃时达到平衡(亦有20℃平衡的)。在补偿器中的PN呈负温度系数，其正向压降随温度升高而下降，其值正好补偿电路中环境温度变化引起的电势变化，达到补偿目的。

实验步骤

1. 热电偶定标

(1)测温差电动势。

将“温度选择”开关置于“设定”，调节“温度初选”和“温度细选”，选择恒温加热器中所需的温度(如50℃)，再将“温度选择”开关置于“测量”，按下“加热开关”开始加热，将热电偶热端置于恒温腔中，将热电偶冷端置于保温杯的冰水混合物中，用数字万用表测量出恒温在所设定温度时热电偶的温差电动势。

(2)如步骤(1)，设定恒温加热器的温度为60℃，70℃，80℃，90℃，100℃，热电偶冷端不变，测量不同温度下的温差电动势，作出热电偶的$\varepsilon-T$定标曲线。

2. 设计热电偶数字温度计

(1)将热电偶置于冰水混合物中，热电偶引线接入实验模板，并接通工作电源，调节R_{w1}使$V_{01}=0.00$ mV。

(2)将V_{01}输出端与R_6，R_7连接起来，将热电偶置于其中，并调节恒温加热器的温度，使之为50℃，用数字多用表测量V_{02}，调节R_{w2}使$V_{02}=5.0$mV。

(3)调节恒温加热器的温度，使之为100℃，用数字多用表测量V_{02}应为10.0 mV。

(4)重复(2)、(3)步使偏差最少。

3. 评估该数字温度计

交流与讨论该数字温度计的优缺点，准确程度，如何改进等等。

思考题

简述热电偶数字温度计的设计原理。

实验4-3　PN结数字温度计设计

实验目的

(1)了解和测量PN结正向压降与温度的关系;

(2)根据所测PN结正向压降与温度的关系，选择一种合适的电路设计制作数字温度计。

实验仪器

YJ-RZT-1数字智能化热学综合实验平台、恒温加热器、PN结、PN结数字温度计实验模板、数字万用表。实验模板如图4-3-1所示。

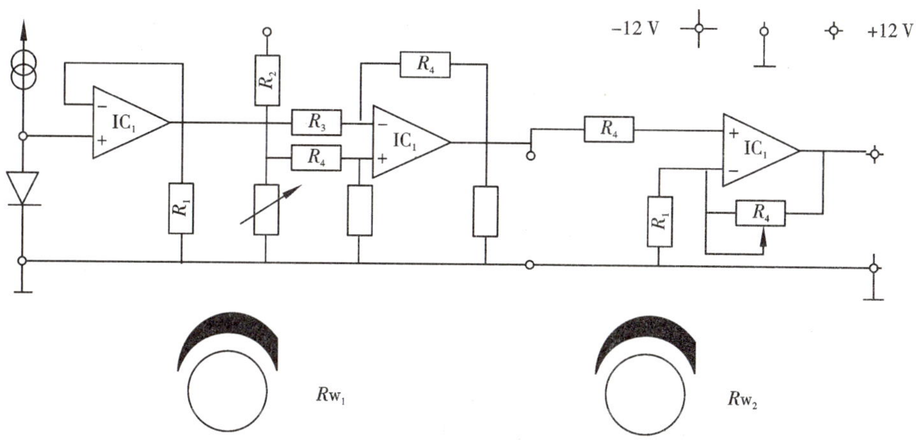

图4-3-1　PN结数字温度计原理图

实验原理

理想的PN结的正向电流I_F和正向压降V_F存在如下近关系式:

$$I_F = I_S \exp\left(\frac{qV_F}{kT}\right) \tag{4-3-1}$$

式中: q为电子电荷; k为玻尔兹曼常数; T为绝对温度; I_S为反向饱和电流，它是一个和PN结材料的禁带宽度以及温度有关的系数，可以证明

$$I_S = CT^r \exp\left(-\frac{qV_{g(0)}}{kT}\right) \tag{4-3-2}$$

式中: C是与PN结面积、掺质浓度等有关的常数，r也是常数(见附录); $V_{g(0)}$为绝对零度时PN结材料的带底和价带项的电势差。

将式(4-3-2)代入式(4-3-1)，两边取对数可得

$$V_F = V_{g(0)} - \left(\frac{k}{q}\ln\frac{C}{I_F}\right)T - \frac{kT}{q}\ln T^{\gamma} = V_1 + V_{n1} \tag{4-3-3}$$

其中 $$V_1 = V_{g(0)} - \left(\frac{k}{q}\ln\frac{C}{I_F}\right)T \qquad V_{n1} = -\frac{kT}{q}\ln T^{\gamma}$$

式(4－3－3)就是PN结正向压降作为电流和温度函数的表达式，它是PN结温度传感器的基本方程。令 I_F = 常数，则正向压降只随温度而变化，但是在式(4－3－3)中还包含非线性项 V_{n1}。下面来分析一下 V_{n1} 项所引起的线性误差。

设温度由 T_1 变为 T 时，正向电压由 V_{F1} 变为 V_F，由式(4－3－3)可得

$$V_F = V_{g(0)} - (V_{g(0)} - F_{F1})\frac{T}{T_1} - \frac{kT}{q}\ln\left(\frac{T}{T_1}\right)^r \tag{4-3-4}$$

按理想的线性温度响应，V_F 应取如下形式

$$V_{理想} = V_{F1} + \frac{\partial V_{F1}}{\partial T}(T - T_1) \tag{4-3-5}$$

$\frac{\partial V_F}{\partial T}$ 为曲线的斜率，且 T_1 温度时的 $\frac{\partial V_{F1}}{\partial T}$ 等于 T 温度时的 $\frac{\partial V_F}{\partial T}$ 值。

由(4－3－3)式可得

$$\frac{\partial V_{F1}}{\partial T} = -\frac{V_{g(0)} - V_{F1}}{T_1} - \frac{k}{q}r \tag{4-3-6}$$

所以
$$\begin{aligned} V_{理想} &= V_{F1} + \left(-\frac{V_{g(0)} - V_{F1}}{T_1} - \frac{k}{q}r\right)(T - T_1) \\ &= V_{g(0)} - (V_{g(0)} - V_{F1})\frac{T}{T_1} - \frac{k}{q}(T - T_1)r \end{aligned} \tag{4-3-7}$$

由理想线性温度响应式(4－3－7)和实际响应式(4－3－4)相比较，可得实际响应对线性的理论偏差为

$$\Delta = V_{理想} - V_F = -\frac{k}{q}(T - T_1)r + \frac{kT}{q}\ln\left(\frac{T}{T_1}\right)^r \tag{4-3-8}$$

设 $T_1 = 300\text{K}$，$T = 310\text{K}$，取 $r = 3.4$，由式(4－3－8)可得 $\Delta = 0.048\ \text{mV}$，而相应的 V_F 的改变量约20mV，相比之下误差甚小。不过当温度变化范围增大时，V_F 温度响应的非线性误差将有所递增，这主要由于 r 因子所致。

综上所述，在恒流供电条件下，PN结的 V_F 对 T 的依赖关系取决于线性项 V_1，即正向压降几乎随温度升高而线性下降，这就是PN结测温的理论依据。必须指出，上述结论仅适用于杂质全部电离，本征激发可以忽略的温度区间(对于通常的硅二极管来说，温度范围为－50～150℃)。如果温度低于或高于上述范围时，由于杂质电离因子减小或本征载流子迅速增加，$V_F - T$ 关系将产生新的非线性，这一现象说明 $V_F - T$ 的特性还随PN结的材料而异，对于宽带材料(如GaAs，E_g 为1.43 eV)的PN结，其高温端的线性范围宽；而材料杂质电离能小(如Insb)的PN结，则低温端的线性范围宽。对于给定的PN结，即使在杂质导电和非本征激发温度范围内，其线性度亦随温度的高低而有所不同，这是非线性项 V_{n1} 引起的，由 V_{n1} 对 T 的二阶导数 $\frac{d^2V}{dT^2}$ 可知，$\frac{dV_{n1}}{dT}$ 的变化与 T 成反比，所以 $V_F - T$ 的线性度在高温端优于低温端，这是PN结温度传感器的普遍规律。此外，由式(4－3－4)可知，减小 I_F，可以改善线性度，但并不能从根本上解决问题，目前行之有效的方法大致有两种：

(1)利用对管的两个be结(将三极管的基极与集电极短路与发射极组成一个PN结)，分

别在不同电流 I_{F1}，I_{F2} 下工作，由此获得两者之差$(I_{F1}-I_{F2})$与温度成线性函数关系，即

$$V_{F1}-V_{F2}=\frac{kT}{q}\ln\frac{I_{F1}}{I_{F2}}$$

由于晶体管的参数有一定的离散性，实际值与理论值仍存在差距，但与单个 PN 结相比其线性度与精度均有所提高，这种电路结构与恒流、放大等电路集成一体，便构成电路温度传感器。

(2)采用电流函数发生器来消除非线性误差。由式(4-3-3)可知，非线性误差来自 T^r 项，利用函数发生器，I_F 比例于绝对温度的 r 次方，则 V_F-T 的线性理论误差为 $\Delta=0$。实验结果与理论值比较一致，其精度可达 0.01℃。

实验步骤

1. 温度特性的测量

(1)将装有 PN 结的恒温体插入恒温箱中，导线与主机相连，打开主机电源开关，先将“设定、测量”开关置于设定，并选择适当的温度(如 50℃)，再将开关置于测量挡。

(2)PN 结恒流调节到 100μA，然后将加热开关打开并开始加热，待恒温箱内的温度稳定在设定温度(50℃)后，记下对应的 PN 结正向压降 V_1。

(3)新选择设定温度 T_2(55℃)，T_3(60℃)，T_4(65℃)，T_5(70℃)，T_6(75℃)，T_7(80℃)，T_8(85℃)，T_9(90℃)，T_{10}(95℃)，并测量出其对应的正向压降 V_2，V_3，V_4，V_5，V_6，V_7，V_8，V_9，V_{10}值。

(4)描绘 $V-T$ 曲线，求出 PN 结正向压降随温度变化的灵敏度 S(mV/℃)，即曲线斜率。

(5)估算被测 PN 结的禁带宽度 $V_{g(0)}=V_{Fi}-S_{Ti}$，禁带宽度 $E_{g(0)}=qV_{g(0)}$。

2. 数字温度计的设计与标定

(1)将 PN 温度传感器引线接入实验模板，同时将温度传感器置于 0℃的环境中(如冰水混合物)，调接 R_{w1} 使 V_{02} 为 0 mV。

(2)将温度传感器置于恒温腔中，加热至 100.0℃，调接 R_{w2} 使 V_{02} 为 1000 mV(1 mV 相当于 0.1℃)。

(3)重复(1)、(2)步，使误差最小。

注意事项

(1)供电电源插座必须良好接地；

(2)在整个电路连接好之后才能打开电源开关；

(3)严禁带电插拔电缆插头。

思考题

简述 PN 结数字温度计的设计原理。

实验4-4　电表的设计与定标

实验目的

(1)掌握一般万用电表的基本原理和结构；

(2)培养分析，设计实验万用电表的能力；

(3)学会对常用基本仪表的校正方法。

实验仪器

100μA 表头、直流电压表、直流电流表、电阻箱、直流电源、万用表、导线等。

实验原理

万用电表是由磁电式电流表(表头)，测量电路和转换开关等组成，达到一表多用的仪表。表头的内阻 R_g 和量程 I_g(又称灵敏度)是设计万用电表的主要依据。万用表是一种能测量直流电流、直流电压、交流电压和电阻的携带式仪表。有的万用表还可用来测量交流电流、音频功率、音频电平、阻抗、电容、电感、三极管直流电流放大率等参数。目前，数字式万用表也用得越来越多。本实验仅限于指针式万用电表。典型万用表外形如图4-4-1所示。

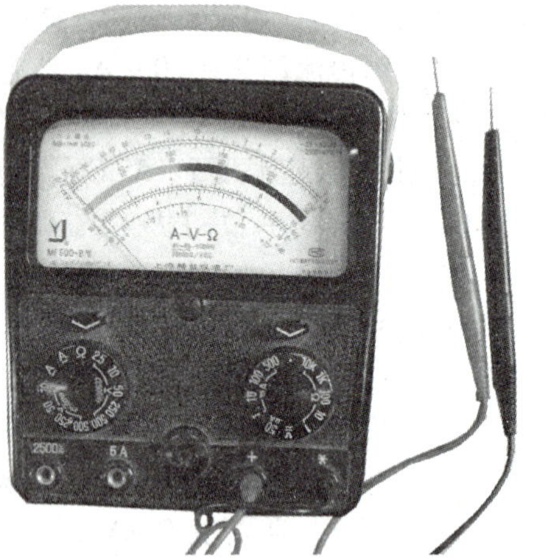

图4-4-1　万用电表

万用电表使用的操作规程：

(1)认清面板和刻度，根据待测量的种类及大小，将选择开关拨至合适的位置(不知待测量大小时，应先选择最大量程)。

(2)测量电流串联，测电压并联；测量直流量时正负不能接反；手不能触及表笔的金属部分；采用"跃接法"，即用表笔轻触测量点，且注视指针变化，一有异常则表笔迅速离开测量点。

(3)使用欧姆挡时，每次换挡后都要将两表笔短路调节"欧姆零点"。

(4)使用完毕，应将选择开关拨到交流电压的最高挡或空挡，以保护仪表。

1. 直流电流挡的设计

万用电表的电流挡部分的电路如图4-4-2所示，其原理如图4-4-3所示，设表头的内阻为 R_g，量程为 I_g，扩程后的电流挡 I 为 I_g 的 N 倍，则 R_p 可根据并联分流公式

$I_gR_g=(I-I_g)R_p$

得 $R_p=1/(n-1)R_g$。

故不同的电流挡对应不同的 R_p 值。

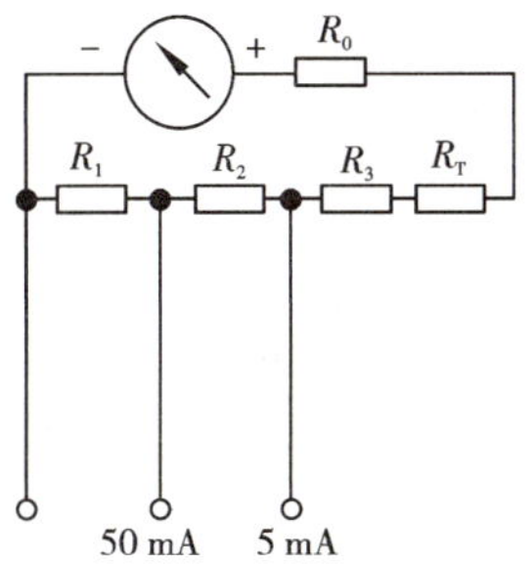

图 4－4－2　万用表的电流挡

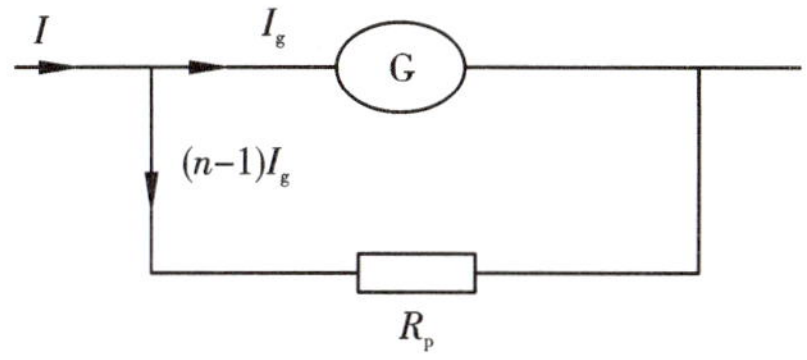

图 4－4－3　电流挡原理图

2. 直流电压挡的设计

万用电表的电压挡部分的电路如图 4－4－4 所示，其原理如图 4－4－5 所示。

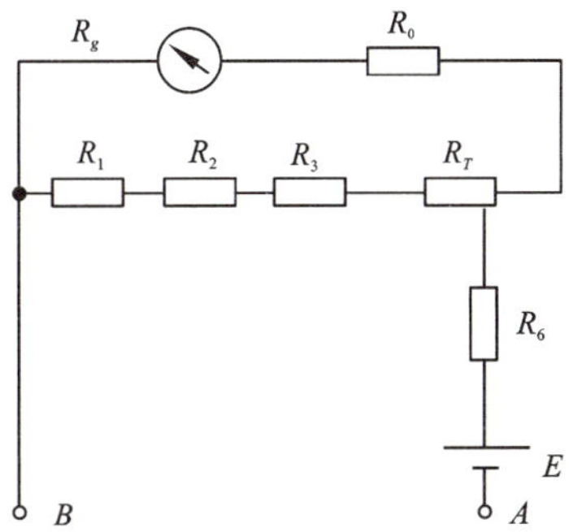

图 4－4－4　万用表的电压挡

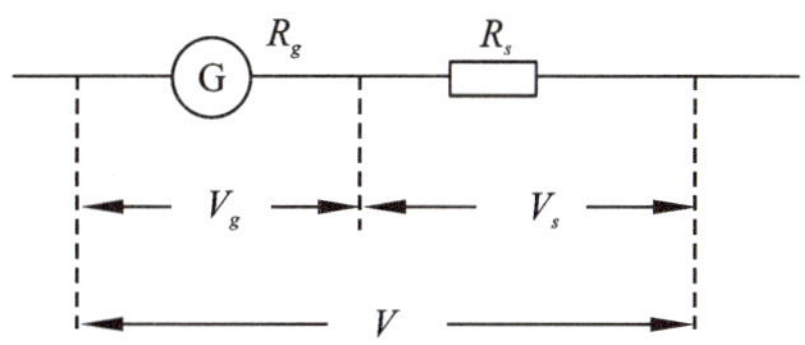

图 4－4－5　电压挡原理图

由表头的内阻 R_g 和量程 I_g 可知，$V_g=R_gI_g$，设扩程后的电压 V 为 V_g 的 n 倍，则根据串联分压 $R_s/R_g=(V-V_g)/V_g$ 可得：$R_s=(n-1)R_g$。不同的电压挡对应不同的 R_s 值。

3. 欧姆挡的设计

此设计稍许复杂，其电路部分如图 4－4－6 所示，其原理如图 4－4－7 所示。其中 R_t 为调零电阻，R_x 为待测电阻，由闭合回路的欧姆定律有

$$I=\frac{\xi}{R'+R_r+R_g+r+R_x}=\frac{\xi}{R_{中}+R_x}$$

由 I 和 R_x 不成正比，所以欧姆表的刻度是不均匀的，其中 $R_{中}=R'+R_t+R_g+r$，称为中心阻值(或欧姆中心)。

4. 电表的标准误差和校准

用改装后的电表和标准电表去测同一电流(或电压)，记下误差和电流(或电压)的关系，就得到其刻度的校准曲线。以电流为例，设标准表的电流为 I_s，改装表的电流为 I_x，其误差 $\delta I_x=I_s-I_x$，则 $I_x-\delta I_x$ 图即为刻度校准曲线图，如图 4－4－8 所示。

根据电表的刻度校准曲线图，可对其测量值进行校准，如图 4－4－8 所示，设某测量值为 I_{x1}，则其校准值为 $I_{x1}(s)=I_{x1}+\delta I_{x1}$，而其引用误差的计算公式为：

$$引用误差 = \frac{最大绝对误差}{量程} \times 100\%$$

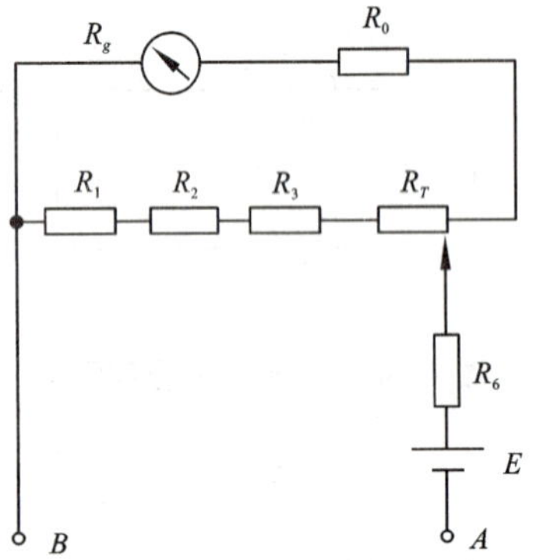

图 4-4-6　万用表的欧姆挡

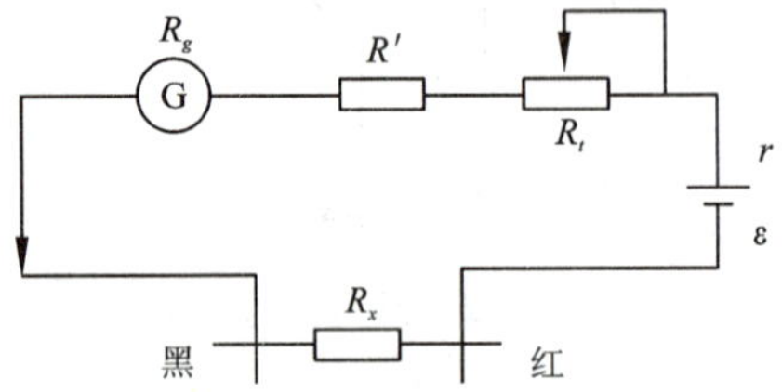

图 4-4-7　欧姆挡原理图

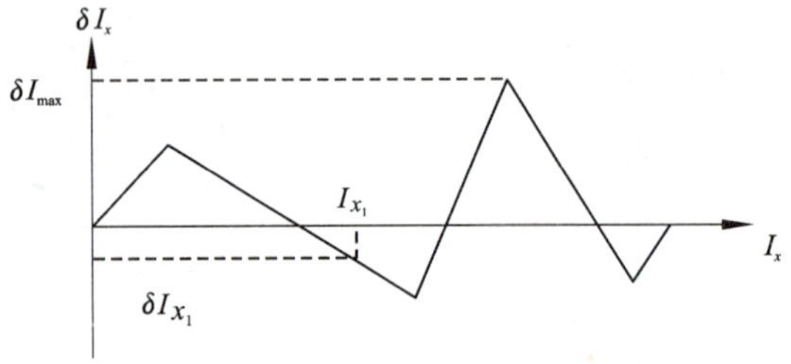

图 4-4-8　刻度校准曲线图

实验步骤

(1)掌握万用表各挡的设计原理，弄清每个元件的功能。

(2)将量程为 100 μA 的表头改装成 5 mA 挡的毫安表，并绘出其刻度校准曲线，计算其引用误差。

(3)将量程为 100 μA 的表头改装成 1.0 V 的伏特计，并绘出其刻度校准曲线，计算其引用误差。

思考题

(1)请画出实验装置图。

(2)如何测定表头的内阻。

(3)引用误差的物理意义是什么?

(4)能否用欧姆表测量电源内阻和灵敏电流计的内阻？为什么?

(5)能否用直流电压挡去测量电容充电后两极间的电压？为什么?

实验 4－5　电阻温度计与非平衡直流电桥

直流电桥是一种精密的电阻测量仪器，具有重要的应用价值。按电桥的测量方式可分为平衡电桥和非平衡电桥。平衡电桥是把待测电阻与标准电阻进行比较，通过调节电桥平衡，从而测得待测电阻值，如单臂电桥(惠斯登电桥)、双臂直流电电桥(开尔文电桥)。它们只能用于测量具有相对稳定状态的物理量，而在实际工程中和科学实验中，很多物理量是连续变化的，只能采用非平衡电桥才能测量。非平衡电桥的基本原理是通过桥式电路来测量电阻，根据电桥输出的不平衡电压，再进行运算处理，从而得到引起电阻变化的其他物理量，如温度、压力、形变等。

实验目的

(1)学习与掌握用非平衡直流电桥电压输出方法测量电阻的基本原理和操作方法；

(2)学习与初步掌握非平衡电桥的设计方法；学习与掌握根据不同待测电阻值选择桥式。

实验原理

非平衡电桥原理如图 4－5－1 所示：B，D 之间为一负载电阻 R_g，只要测量电桥输出 U_g、I_g，即可得到 R_x 值。

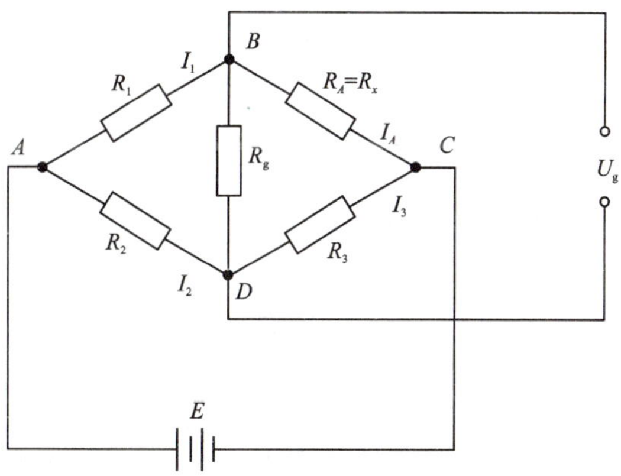

图 4－5－1　非平衡电桥原理图

1. 电桥分类

等臂电桥：$R_1=R_2=R_3=R_4$

输出对称电桥，也称卧式电桥：$R_1=R_4=R$，$R_2=R_3=R'$，且 $R\neq R'$

电源对称电桥，也称立式电桥：$R_1=R_2=R$，$R_3=R_4=R'$，且 $R\neq R'$

2. 输出电压

当负载电阻 $R_g\to\infty$，即电桥输出处于开路状态时，$I_g=0$，仅有电压输出，用 U_0 表示，若后面接数字电压表或高阻抗放大器时属此种情况。

根据分压原理，ABC 半桥的电压降为 U_S，通过 R_1，R_4 两臂电流为

$$I_1 = I_4 = \frac{U_S}{R_1 + R_4} \tag{4-5-1}$$

则 R_4 上的电压降为

$$U_{BC} = \frac{R_4}{R_1 + R_4} \cdot U_S \tag{4-5-2}$$

同理 R_3 上的电压降为

$$U_{DC} = \frac{R_3}{R_2 + R_3} \cdot U_S \tag{4-5-3}$$

输出电压 U_0 为 U_{BC} 与 U_{DC} 之差

$$U_0 = U_{BC} - U_{DC} = \frac{R_2R_4 - R_1R_3}{(R_1 + R_4)(R_2 + R_3)} \cdot U_S \tag{4-5-4}$$

满足条件

$$\frac{R_1}{R_2} = \frac{R_4}{R_3} \text{或者 } R_1R_3 = R_2R_4 \tag{4-5-5}$$

时，则电桥输出 $U_0 = 0$，即电桥处于平衡状态，式(4-5-5)就称为电桥平衡条件。为了保证测量的准确性，在测量的起始点，电桥必须调至平衡，称为预调平衡。这样可使输出只与某一臂的电阻变化有关。

若 R_1，R_2，R_3 固定，R_4 为温度之函数 $R_t = R(t) = R_x$，则当温度从 $t \to t + \Delta t$ 时，$R_4 \to R_4 + \Delta R$，因电桥不平衡而产生的电压输出为

$$U_0(t) = \frac{R_2R_4 + R_2\Delta R - R_1R_3}{(R_1 + R_4)(R_2 + R_3) + \Delta R(R_2 + R_3)} \cdot U_S \tag{4-5-6}$$

若阻值变化很小，即 $\Delta R \ll R_i (i = 1, 2, 3, 4)$，则式(4-5-6)分母中含有 ΔR 之项可以略去，室温 t_0 时预调平衡，则式(4-5-6)变为

$$U_0(t) = \frac{R_2\Delta R}{(R_1 + R_4)(R_2 + R_3)} \cdot U_S \tag{4-5-7}$$

由此可得 3 种电桥的输出为

等臂电桥

$$U_0(t) = \frac{U_S}{4} \cdot \frac{\Delta R}{R} \cdot \frac{1}{1 + \frac{1}{2} \cdot \frac{\Delta R}{R}} = \frac{U_S}{4} \cdot \frac{\Delta R}{R} \tag{4-5-8}$$

卧式电桥

$$U_0(t) = \frac{U_S}{4} \cdot \frac{\Delta R}{R} \cdot \frac{1}{1 + \frac{1}{2} \cdot \frac{\Delta R}{R}} = \frac{U_S}{4} \cdot \frac{\Delta R}{R} \tag{4-5-9}$$

立式电桥

$$U_0(t) = U_S \cdot \frac{RR'}{(R + R')^2} \cdot \frac{\Delta R}{R} \cdot \frac{1}{1 + \frac{1}{2} \cdot \frac{\Delta R}{R}} = U_S \cdot \frac{RR'}{(R + R')^2} \cdot \frac{\Delta R}{R} \tag{4-5-10}$$

显然，当 $\Delta R \ll R_i$ 时，3 种电桥的输出均与成线性比例关系。特别要强调的一点是式(4-5-7)~(4-5-10)中之 R 和 R'，均为预调不衡后的电阻值。测量到输出电压后，通过上述公式运算到 $\Delta R(x)/R$ 或 $\Delta R(t)$，从而求得 $R(t) = R + \Delta R(t)$。

由式(4－5－8)～式(4－5－10)可知，在 R，ΔR 相同的情况下，等臂电桥、卧式电桥输出电压比立式电桥的输出电压高，因此灵敏度也高，但立式电桥测量范围大，可以通过选择 R，R'来扩大测量范围，R，R'差距愈大，测量范围也愈大。

3. 铂电阻

导体的电阻值随温度变化而变化，通过测量其电阻值推算出被测环境的温度，利用此原理构成的传感器就是热电阻温度传感器。能够用于制作热电阻的金属材料必须具备以下特性：

(1)电阻温度系数要尽可能大和稳定，电阻值与温度之间应具有良好的线性关系；

(2)电阻率高，热容量小，反映速度快；

(3)材料的复现性和工艺性好，价格低；

(4)在测量范围内物理和化学性质稳定。目前，在工业应用最广的材料是铂铜。

铂电阻与温度之间的关系，在 0～630.74℃范围内用下式表示

$$R_T = R_0(1 + AT + BT^2) \tag{4-5-11}$$

在－200～0℃的温度范围内为

$$R_T = R_0[1 + AT + BT^2 + C(T - 100℃)T^3] \tag{4-5-12}$$

式中：R_0和 R_T分别为在0℃和温度 T 时铂电阻的电阻值，A、B、C 为温度系数，由实验确定，$A = 3.90802\times10^{-3}℃^{-1}$，$B = -5.80195\times10^{-7}℃^{-2}$，$C = -4.27350\times10^{-12}℃^{-4}$。由式(4－5－11)和式(4－5－12)可见，要确定电阻 R_T与温度 T 的关系，首先要确定 R_0的数值，R_0 值不同时，R_T 与 T 的关系不同。目前国内统一设计的一般工业用标准铂电阻 R_0 值有 100Ω 和 500Ω 两种，并将电阻值 R_T 与温度 T 的相应关系统一列成表格，称其为铂电阻的分度表，分度号分别用 Pt100 和 Pt500 表示。

铂电阻在常用的热电阻中准确度较高，国际温标 ITS—90 中还规定，将具有特殊构造的铂电阻作为 13.5033～961.78K 标准温度计使用，铂电阻广泛用于－200～850℃范围内的温度测量，工业中通常在 600℃以下。

4. 测温不平衡电桥

如图 4－5－2 所示，电桥电路为输出对称电桥，(卧式电桥)V_{BD}为电桥的输出端，用数字表可直接测量电桥的输出电压。

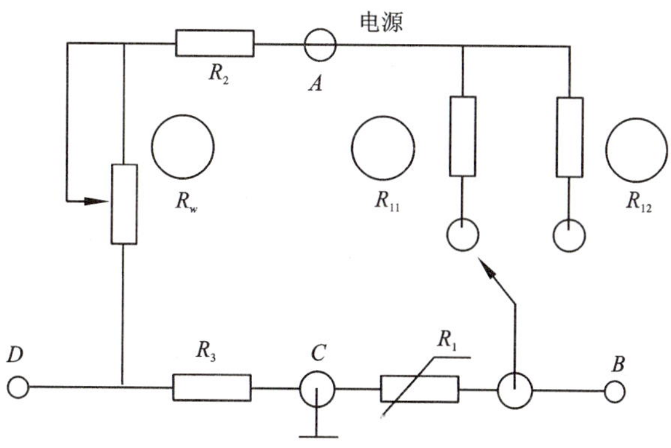

图 4－5－2　非平衡直流电桥及应用模板

实验步骤

(1)将 Pt100 温度传感器引线接入实验模板 Rt 之间，调节 R_{11}，使之为 100.0 Ω，然后用导线连接 R_t 与 R_{11}，并接入 5 V 的工作电压，用用数字万用表测量 V_{BD} 输出端电压，调节 R_w 使电桥平衡($V_{BD}=0$)。

(2)用电缆将恒温筒与实验台的“控稳电缆座”相连，将“设定、测量”开关置于“设定”，调节“温度粗选”和“温度细选”，选择设定所需温度点，打开“加热开关”，“设定、测量”开关置于“测量”，待温度稳定在所需温度(如 50.0℃)时将 Pt100 插入恒温腔中，测出此温度时电桥的输出电压。

(3)重复以上步骤，设定温度为 60.0℃，70.0℃，80.0℃，90.0℃，100.0℃，测出各温度时，电桥的输出电压。

(4)改变工作电压，重复以上步骤，比较电桥输出电压有何不同。

(5)根据上述实验数据，绘出 $V-t$ 曲线。

(6)根据 $V-t$ 曲线，用该电桥测量温度。

(7)将 Pt100 温度传感器换成 NTC 温度传感器，重新组成电桥并测量。

思考题

(1)铂电阻有何特性?

(2)简述非平衡电桥的设计原理。

实验 4 -6　空气折射率测量设计实验

实验目的

(1)复习迈克尔逊干涉光路;

(2)掌握测量气体折射率的原理及其方法;

(3)自组迈克尔逊干涉光路并测量空气的折射率。

实验仪器

He - Ne 激光器 L、扩束镜 L_1、分束镜 G、玻璃气室 R、气压表、吹气球、白屏 H、可变口径二维架、三维底座、二维调整架(4 个)、平面反射镜(2 个)、通用底座(3 个)、一维底座(3 个)。

实验原理

迈克尔逊干涉仪的典型光路由图 4 -6 -1 所示, 光源 S 射出的光经过分光板 P_1 被分成强度大致相等、沿不同方向传播的两束相干光束(1)和(2), 它们分别经固定反射镜 M_2 和移动反射镜 M_1 反射后, 返回分光板, 射向观察系统, 在一定的条件下, 观察系统(屏、望远镜、或人眼)中将呈现出特定的干涉图样, 由于分光板的玻璃基板有一定的厚度, 其折射率随波长而异, 因此需要在光路(2)中放入一块与分光板材料、厚度完全相同的平行玻璃补偿板 2, 这样就可以使(1)(2)两束光的光程差始终相等, 且与入射光波长完全无关。当入射光为单色光而不需要确定零光程位置时, 补偿板可以省略(本实验就是这种情况), 但对于需要确定两路光程相等时的位置(又称零光程差位置)的某些实验, 如观测白光干涉实验时, 补偿板是必不可少的。

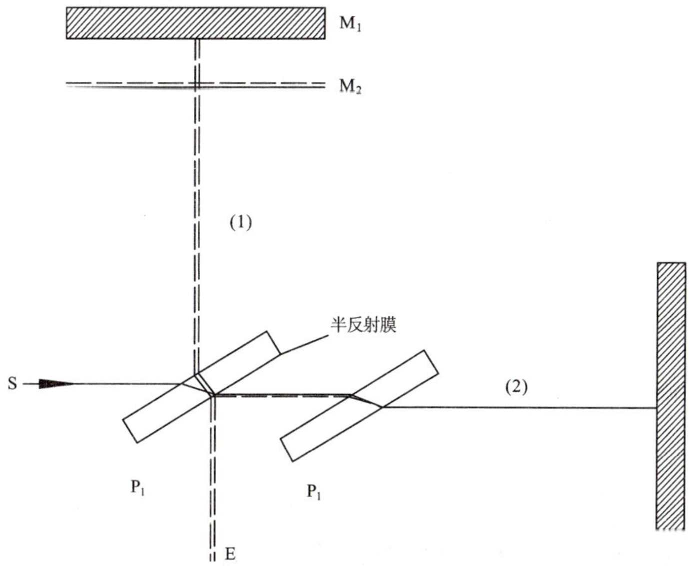

图 4 -6 -1　迈克尔逊干涉仪的典型光路

非定域干涉：若将短焦距的发散激光束入射至迈克尔逊干涉仪，经 M_1、M_2 反射后，相当于由两个相干性极好的虚光源 S_1 和 S_2 发出的球面波前形成的干涉由于在 M_2 与接收屏之间的空间中传播的光波处处相干，故干涉图像的形状与接收屏的位置和取向有关。当 M_1 平行于 M_2'，接收屏垂直于$\overline{S_1S_2'}$时，条纹为同心圆环；当接收屏不垂直$\overline{S_1S_2'}$时，条纹为椭圆簇或直线簇；此外，干涉环的吞吐、移动的规律与等倾干涉时相同。

在调出非定域圆条纹的基础上，将小气室插入到图 4－6－2 所示的位置中，把小气室加压，使气压变化 ΔP_1，从而使气体的折射率改变 Δn。当气室内压逐渐升高时，气室所在范围内光程差变化 $2D\Delta n$，在白屏上可观察到干涉条纹也在不断变化，记下干涉条纹变化的总数 N 条，则有 $2D|\Delta n| = N\lambda$，得

$$\Delta n = \frac{N\lambda}{2D} \tag{4-6-1}$$

式中：D 为小气室的厚度。

理论可以证明，当温度一定时，气压不太高时，气体折射率的变化量 Δn 与气压的变化量 P 成正比：

$$\frac{n-1}{p} = \frac{\Delta n}{\Delta p} = 常数$$

故

$$n = 1 + \left|\frac{\Delta n}{\Delta P}\right| P$$

将式(4－6－1)代入上式可得：

$$n = 1 + \frac{N\lambda}{2D}\frac{p}{\Delta p} \tag{4-6-2}$$

式(4－6－2)给出了气压为 p 时的空气折射率 n，例如令 $p = 760$ mmHg(即一个大气压)代入式(4－6－2)，就可求出一个大气压下的空气折射率 n_1。

因为在不太高气压条件下空气折射率与气压成线性关系，则：气室内气压变化一个大气压时干涉圆环变化的数应为：

$$N = 760 \times \frac{N_a}{a}$$

其中：$\frac{N_a}{a}$为条纹随压强的变化率($\frac{\Delta N}{\Delta p}$)。

则一个大气压下的空气折射率为：

$$n = 1.00000 + \frac{N\lambda}{2L}$$

其中：①L 是空气室的长度(200.00 mm)。

②λ 是激光波长(6328 nm)。

实验步骤

(1)把全部器件按图 4－6－2 的顺序摆放好，靠拢，目测调制共轴。

(2)调激光器 L 的倾角，使其发出的光束平行于平台面，再按图 4－6－2 所示放置各元件(扩束镜 L 暂不放)。

(3)将分光镜 G 大致调成 45°，并调其倾角，使光束 2 平行于平台面。

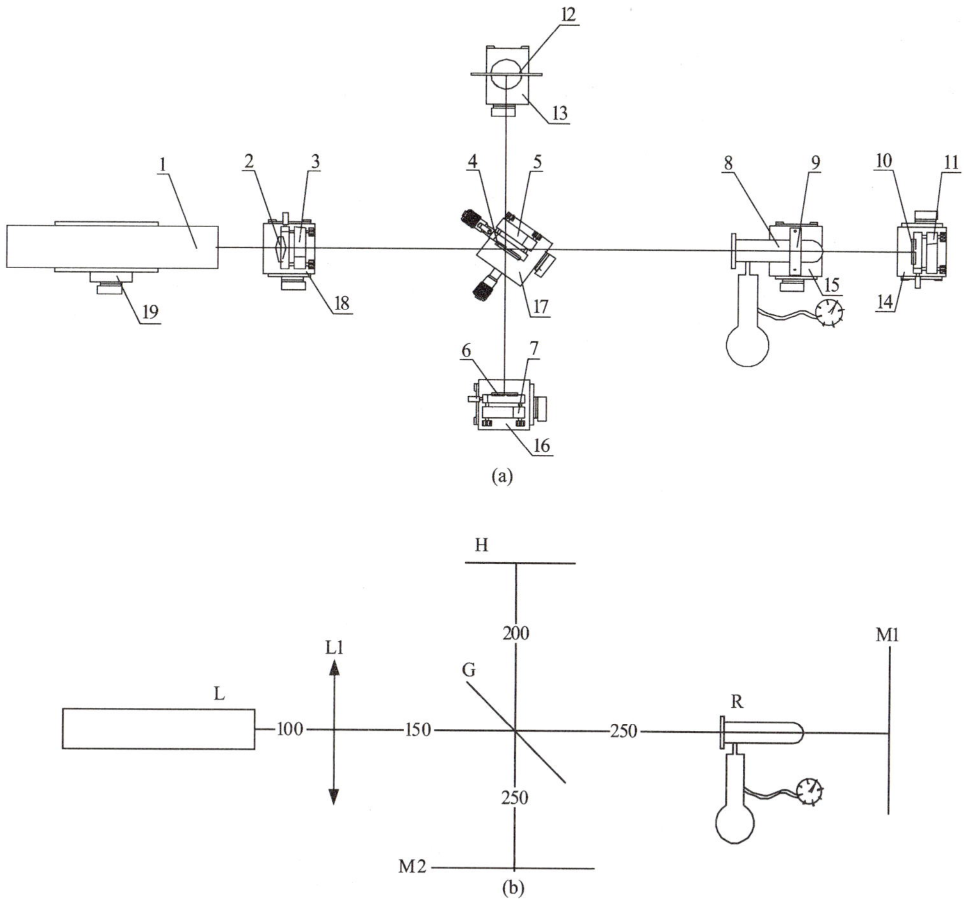

图 4－6－2　仪器实物图及原理图

1—He－Ne 激光器；2—扩束镜；3、5、7、11—二维调整架；4—分束镜；6、10—平面反射镜；8—玻璃气室、气压表及吹气球；9—可变口径二维架；12—白屏；13、15、19—通用底座；14、16、18—一维底座；17—三维底座

(4)调 M_1 使(1)光沿原路返回，调 M_2 使(2)光沿原路返回，并使(1)、(2)两束光在屏 H 上交于一点。

(5)加扩束镜 L，调至使在屏 H 上出现干涉圆环。用打气球向空气室充气，直到血压表走满刻度(300 mmHg)，用手折捏打气皮管，待读数稳定时，记下气压值 a。

(6)慢慢放气，数出冒出或缩进的条纹数 N。

(7)重复测量 3 ~6 次，记录下条纹变化的次数 N。

(8)整理仪器并进行数据处理。

数据记录及处理

按公式计算空气的折射率 n。

思考题

(1)画出调试完成后的光路图并标出各尺寸。

(2)光路设计时要注意什么?

(3)试分析该实验的误差来源。

实验 4－7　自组光学系统实验

1　自组显微镜实验

实验目的

了解显微镜的基本原理和结构，并掌握其调节、使用和测量它的放大率的一种方法。

实验仪器

白炽灯光源 S、1/10 mm 分划板 F、物镜 Lo、测微目镜 Le、读数显微镜架、通用底座、三维底座、一维底座(2 个)、二维调整架(2 个)。

实验原理

物镜 Lo 的焦距 f_o 很短，将 F_1 放在它前面距离略大于 f_o 的位置，F_1 经 Lo 后成一放大实像 F_1'，然后再用目镜 Le 作为放大镜观察这个中间像 F_1'，F_1'应成像在 Le 的第一焦点 F_e 之内，经过目镜后在明视距离处成一放大的虚像 F_1''。

仪器实物图及原理图如图 4－7－1 所示。

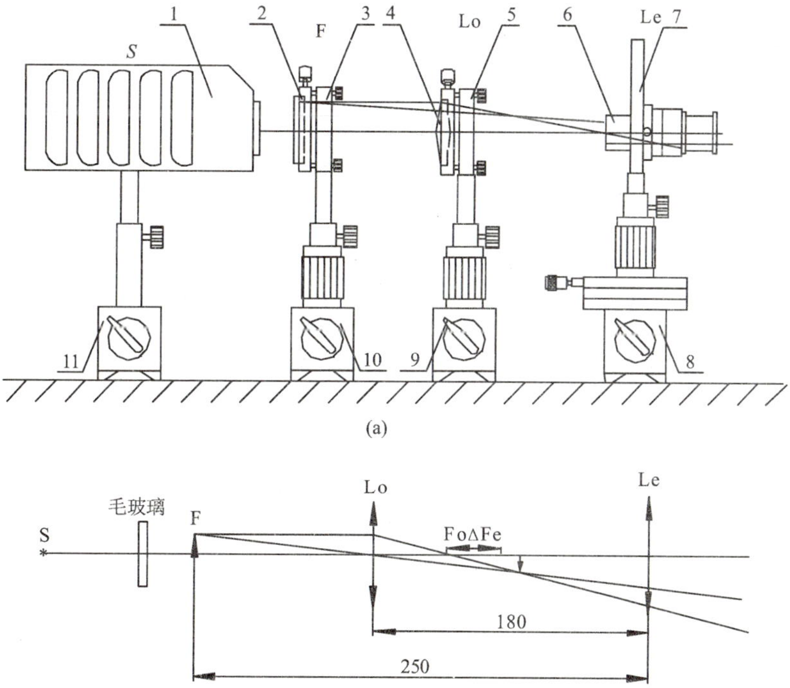

图 4－7－1(1)　仪器实物图及原理图

1—白炽灯光源 S；2—1/10 mm 分划板 F；3、5—二维调整架；4—物镜 Lo：$f_o=25$ mm；6—测微目镜 Le；7—读数显微镜架；8—三维底座；9、10——维底座；11—通用底座

实验步骤

(1)把全部器件按图 4 -7 -1 的顺序摆放在平台上，靠拢后目测调至共轴。

(2)把透镜 Lo，Le 的间距固定为 180 mm。

(3)沿标尺导轨前后移动 F_1(F_1 紧挨毛玻璃装置，使 F_1 置于略大于 f_o 的位置)，直至在显微镜系统中看清分划板 F_1 的刻线，记录数据。

(4)反复多次测量。

(5)整理仪器，计算放大率。

数据记录及处理

显微镜的计算放大率：$M = |(250 \times \Delta)|/(f_o \times f_e)$

其中：$\Delta = F_o - F_e$。

本实验中的 $f_e = 250/20$(计算方法可参考光学书籍)。

2　自组望远镜实验

实验目的

了解望远镜的基本原理和结构，并掌握其调节、使用和测量它的放大率的两种方法。

实验仪器

白炽灯光源 S、毫米尺 F、物镜 Lo、测微目镜 Le、读数显微镜架、二维调整架(2 个)、通用底座(3 个)。

实验原理

最简单的望远镜是由一片长焦距的凸透镜作为物镜，用一短焦距的凸透镜作为目镜组合而成。远处的物经过物镜在其后焦面附近成一缩小的倒立实像，物镜的像方焦平面与目镜的物方焦平面重合。而目镜起一放大镜的作用，把这个倒立的实像再放大成一个正立的像，如图 4 -7 -2 所示。

实验步骤

(1)把全部器件按图 4 -7 -2 的顺序摆放在平台上，靠拢后目测调至共轴。

(2)把 F 和 Le 的间距调至最大，沿导轨前后移动 Lo，使一只眼睛通过 Le 看到清晰的分划板 F 上的刻线。

(3)再用另一只眼睛直接看毫米尺 F 上的刻线，读出直接看到的 F 上的满量程 28 条线对应于通过望远镜所看到 F 上的刻线格数 e。

(4)分别读出 F，Lo，Le 的位置 a，b，d。

(5)去 Le，用屏 H 找到 F 通过 Lo 所成的像，读出 H 的位置 c。

(6)反复多次测量。

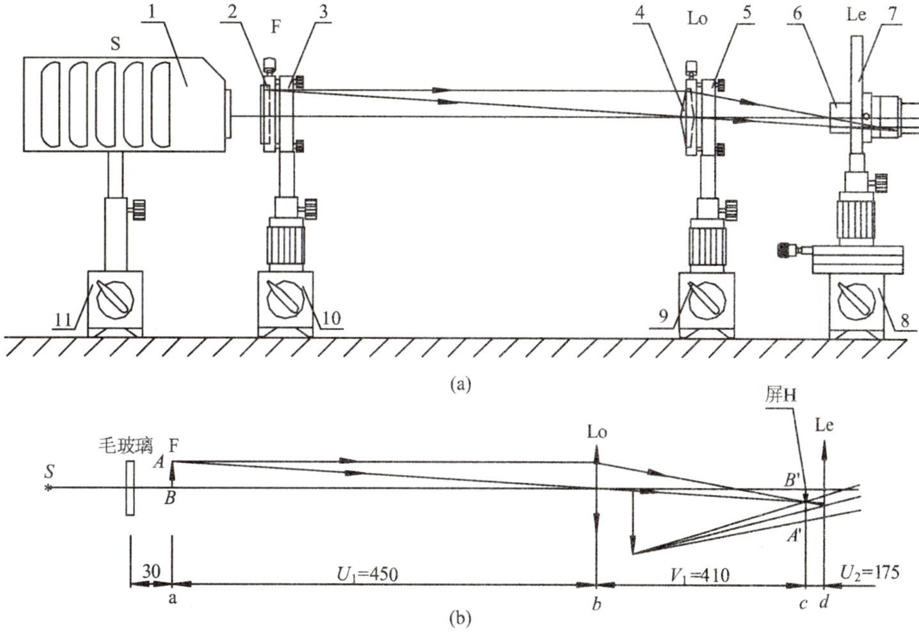

图 4-7-2　仪器实物图及原理图

1—白炽灯光源 S；2—毫米尺 F；3、5—二维调整架；4—物镜 Lo：$f_o=225$mm；

6—测微目镜 Le；7—读数显微镜架；8、9、10—通用底座

(7)整理仪器，计算放大率。

数据记录及处理

因为 $M=\dfrac{\omega'}{\omega}$

$$\frac{\omega'}{\omega}=\frac{A'B'/U_2}{AB/(U_1+V_1+U_2)}=\frac{A'B'}{AB}\frac{U_1+V_1+U_2}{U_2}$$

又因为 $\dfrac{A'B'}{AB}=\dfrac{V_1}{U_1}$

所以 $M=V_1(U_1+V_1+U_2)/(U_1\times U_2)$

望远镜的测量放大率：$M=140/e$

望远镜的计算放大率：$M=V_1(U_1+V_1+U_2)/(U_1\times U_2)$

其中：$U_1=b-a$，$V_1=c-b$，$U_2=d-c$。

3　自组透射式幻灯机实验

实验目的

了解幻灯机的原理和聚光镜的作用，掌握对透射式投影光路系统的调节。

实验仪器

白炽灯光源 S、聚光镜 L_1：$f_1=50$ mm、幻灯底片 P、干板架、放映物镜 L_2：$f_2=190$ mm、白屏 H、通用底座、二维底座、三维底座、二维调整架（2 个）、一维底座（2 个）。

实验原理

幻灯机能将图片的像放映在远处的屏幕上，但由于图片本身并不发光，所以要用强光照亮图片，因此幻灯机的构造总是包括聚光和成像两个主要部分，在透射式的幻灯机中，图片是透明的。成像部分主要包括物镜 L、幻灯片 P 和远处的屏幕。为了使这个物镜能在屏上产生高倍放大的实像，P 必须放在物镜 L 的物方焦平面外很近的地方，使物距稍大于 L 的物方焦距。

聚光部分主要包括很强的光源（通常采用溴钨灯）和透镜 L_1L_2 构成的聚光镜。聚光镜的作用是一方面，要在未插入幻灯片时，能使屏幕上有强烈而均匀的照度，并且不出现光源本身结构（如灯丝等）的像；一经插入幻灯片后，能够在屏幕上单独出现幻灯图片的清晰的像。另一方面，聚光镜要有助于增强屏幕上的照度。因此，应使从光源发出并通过聚光镜的光束能够全部到达像面。为了这一目的，必须使这束光全部通过物镜 L，这可用所谓"中间像"的方法来实现。即聚光器使光源成实像，成实像后的那些光束继续前进时，不超过透镜 L 边缘范围。光源的大小以能够使光束完全充满 L 的整个面积为限。聚光镜焦距的长短是无关紧要的。通常将幻灯片放在聚光器前面靠近 L_2 的地方，而光源则置于聚光器后 2 倍于聚光器焦距之处。聚光器焦距等于物镜焦距的一半，这样从光源发出的光束在通过聚光器前后是对称的，而在物镜平面上光源的像和光源本身的大小相等。

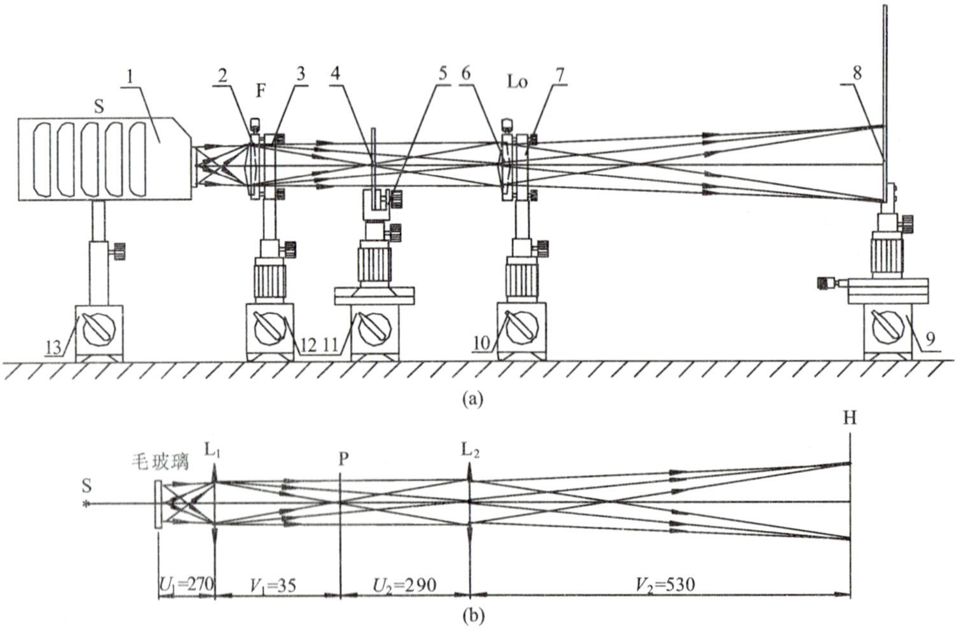

图 4-7-3　仪器实物图及原理图

1—白炽灯光源 S；2—聚光镜 L_1；3、7—二维调整架；4—幻灯底片；5—干板架；6—放映物镜；8—白屏；9—三维底座；10、12—一维底座；11—二维底座；13—通用底座

实验步骤

(1)把全部仪器按图 4 -7 -3 的顺序摆放在平台上，靠拢后目测调至共轴。

(2)将 L_2 与 H 的间隔固定在间隔所能达到的最大位置，前后移动 P，使其经 L_2 在屏 H 上成一最清晰的像。

(3)将聚光镜 L_1 紧挨幻灯片 P 的位置固定，拿去幻灯片 P，沿导轨前后移动光源 S，使其经聚光镜 L_1 刚好成像于白屏 H 上。

(4)再把底片 P 放在原位上，观察像面上的亮度和照度的均匀性。并记录下所有仪器的位置，并计算 U_1，U_2，V_1，V_2 的大小。

(5)把聚光镜 L_1 拿去，在观察像面上的亮度和照度的均匀性。

(6)注意：演示其现象时的参考数据为 $U_1=35$，$V_1=35$，$U_2=300$，$V_2=520$。和计算焦距时的数据并不相同。

数据记录及处理

放映物镜的焦距：$f_2=M/(M+1)^2\times D_2$

聚光镜的焦距：$f_1=D_1/(M+1)-D_1/(M+1)^2$

其中：$D_2=U_2+V_2$、$D_1=U_1+V_1$、$M_i=\dfrac{V_i}{U_i}(i=1,2)$为像的放大率

$$f_i=\frac{U_iV_i}{U_i+V_i}(i=1,2)$$

思考题

(1)组合光路时要注意什么?

(2)如何快速有效地组合光路?

(3)分析实验的误差来源。

第五章　研究性实验

研究性实验注重培养学生研究创新能力。研究创新能力的开发和培养可以通过培养研究创新意识、提高研究创新能力、加强研究创新实践训练等方面的活动进行，想出新方法，建立新理论，做出新成就。对同学们而言，本章的内容有的可能还不太清楚，然而在学习体会中，能一点一滴学到很多新的知识，培养兴趣。

实验5－1　磁阻尼效应的研究

实验目的

(1)研究运动磁体在与非磁性导体作相对运动时的磁阻尼效应。

(2)研究滑块运动速度 v 与时间 t 的关系。

(3)研究运动滑块所受阻尼力 F 随时间 t 变化的关系。

实验原理

利用气垫导轨无摩擦力的特点，在气垫导轨滑块的两个侧面上加装永磁体，磁体的磁场垂直于导轨表面。当滑块在铝合金导轨上方滑行时，由于电磁感应效应，会在导轨中感应出电动势(这种由于磁体与导体相对运动产生电动势的现象又称为动电效应)。由于导轨的电阻很小，在该电势的作用下会在导轨内垂直于滑块的运动方向产生很大的感应电流。该电流与原永磁体磁场相互作用，会给运动的磁体一个与其运动方向相反的阻尼力。

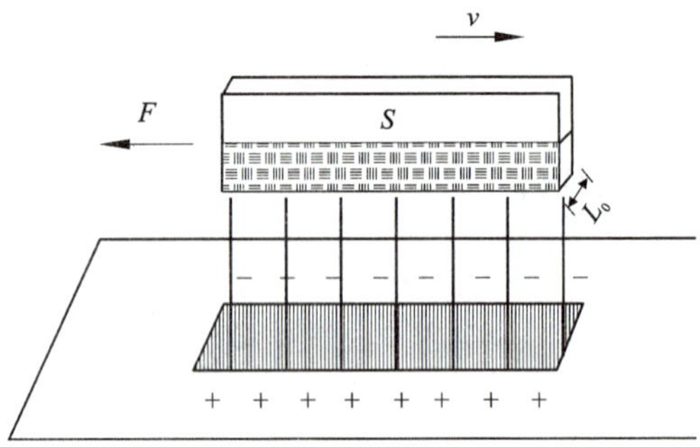

图5－1－1　与滑块一起以速度 v 在气垫导轨上水平运动的永磁体在导轨内产生的感应电势示意图

L_0 是磁体宽度，磁体的长度 W_0 未标出

如图5－1－1所示，当永磁体在导体表面上方以速度 v 运动时(磁体在导体上的投影面积小于导体的面积)，会在导体中水平虚线所在位置上感应出电势。该感应电势的感应电流与磁场相互作用，会对磁体产生一个与磁体运动方向相反的磁阻尼力。为了简化物理量间解析关系的推导，设磁体的表面与气垫导轨表面平行，磁体下方(垂直投影)气轨面积 $S_\Delta = L_0 \cdot W_0$(标量积)内铝合金气垫导轨内磁场强度为 $\vec{B}_0$(垂直于导轨平面向下)，在 S_Δ 外，磁场强度为零。当磁体随滑块在气垫导轨上运动时，导轨在磁体下方投影平面范围内上下面(沿 y 轴)产生的感应电势为 ε，若将感应电势 ε 等效为1个电池的电动势，将 S_Δ 面积的导轨的体电阻看成该电池内阻 r，S_Δ 外部的导轨体电阻视为外电阻 R，则由全电路欧姆定律得到在导轨中由感应电势产生的感应

电流为

$$I=\frac{\varepsilon}{(R+r)} \qquad (5-1-1)$$

对于宽度为 L_0、速度为 v 的运动磁体，由于 $\vec{B}\perp\vec{v}$，式(5－1－1)中 $\varepsilon=L_0B_0v$，在轨道平面内(垂直于 $\vec{B}$)，感应电流 I 与磁场 $\vec{B}_0$ 的阻尼力的绝对值为

$$|\vec{F}|=L_0|\vec{I}\times\vec{B}_0|=L_0^2B_0^2v/(R+r)=Kv \qquad (5-1-2)$$

式中：$K=\frac{L_0^2B_0^2}{(R+r)}$，考虑到磁体受到的阻尼力方向与磁体运动方向相反，由此质量为 m 的装有永磁体的滑块的运动方程为

$$-Kv=m\frac{\mathrm{d}V}{\mathrm{d}t} \qquad (5-1-2')$$

对上式积分可得

$$v=v_0\mathrm{e}^{-Kt/m} \qquad (5-1-3)$$

两边取对数得

$$\ln v=\ln v_0-\frac{K}{m}t \qquad (5-1-3')$$

由 $v=\mathrm{d}S(t)/\mathrm{d}t$，则将式(5－1－3)再积分得

$$S(t)=\frac{mv_0}{K}(1-\mathrm{e}^{\frac{K}{m}t}) \qquad (5-1-4)$$

将式(5－1－3)代入式(5－1－2′)可求出任意时刻运动磁体受到的阻尼力的表达式：

$$F=-Kv=-Kv_0\mathrm{e}^{\frac{K}{m}t} \qquad (5-1-5)$$

由式(5－1－5)知，只要测出滑块到达各光电门的时间和速度，就可求出磁阻尼力。

实验仪器

气垫导轨、光电传感器、气垫导轨综合实验仪、贴有永磁体的滑块、多路微音清洁气泵、物理天平、游标卡尺。

仪器介绍

(1)气垫导轨是一种先进的实验设备，导轨的两个工作面上以一定规律分布若干小孔，用气源不断向导轨空腔内输送压缩空气，压缩空气从小孔中喷出，在导轨表面和滑块下表面间形成薄“气垫”将滑块浮起，使滑块能在导轨上做近似无摩擦运动，从而克服了摩擦力给力学实验带来的种种困难，使实验结果接近理论值，实验现象也更为直观。利用气垫导轨与其他仪器组合，可以完成多组力学实验。

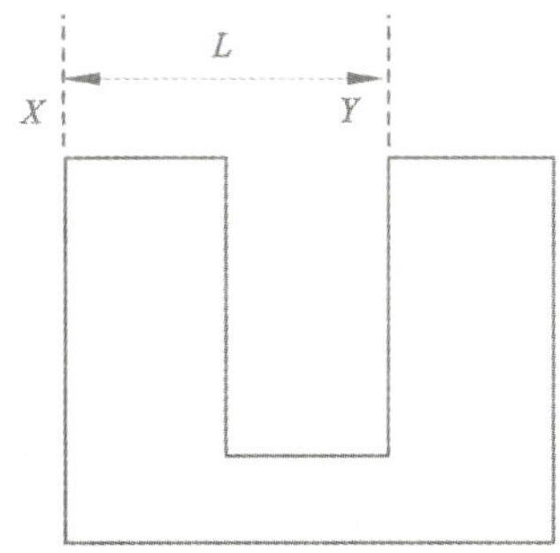

图 5－1－2　挡光板

(2)在导轨上相隔一定距离装有光电传感器(又称“光电门”)，各有电源和信号线与气垫导轨综合实验仪相连接。光电传感器的一侧是一发光二极管，红外线射向另一侧的光敏二极管。滑块上用螺钉固定一个挡光板，形状如图 5－1－2

所示。当滑块通过光电传感器时，“X”处首先挡住红外线使气垫导轨综合实验仪开始计时；当“Y”处再一次挡住发光二极管发出的红光时，气垫导轨综合实验仪停止计时。仪器显示的时间 t 就是挡光板上距离 L 通过光电传感器所用的时间，所以，滑块通过光电传感器的瞬时速度为 $V=L/t$。

(3)实验采用“气垫导轨综合实验仪”(以下简称“实验仪”)，面板图如图 5-1-3 所示。通过面板的功能键和数字键，可以设定它用来测量滑块到达各个光电门的时刻、滑块通过各个光电门的时间计时，输入滑块质量、挡光片宽度等参数以及计算速度、加速度、阻尼力等物理量。具体操作方法见“实验步骤”。

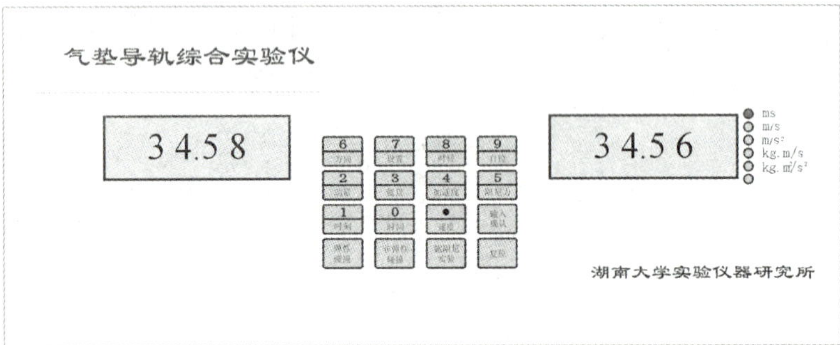

图 5-1-3　仪器面板

实验步骤

1. 调整仪器

(1)滑块上安装如图 5-1-2 所示形状的挡光板，安上弹性碰簧和尼龙搭扣(或橡皮泥)。用物理天平测两滑块质量 M_A，M_B。用游标卡尺测两滑块上挡光板的中间缺口和两边挡板的宽度，计算出挡光板的计时距离 L_A，L_B(两边挡板的宽度略有差异，计时距离随滑块运动方向不同而不同，该差异可忽略不计，任取一边挡板宽度加上中间缺口宽度作为计时距离 L 即可)。

(2)开启气源给导轨送气。(导轨表面和滑块内表面经过精密加工、配合严密，导轨未通气时不能将滑块在导轨上移动，切勿让滑块跌落，切勿敲击、刻划导轨表面。不需要供气时及时关闭气源，尽量减少气源开启时间，以避免电机过热烧毁和碳刷过多磨损。)

(3)在导轨上等距离布置好 8 个光电门。将实验仪光电门连接好。接上电源并开启，整机进入待命状态，数码显示“P…”。

(4)导轨调平：将一滑块骑在导轨中央，使其静止不动再放开让其“自动”运动，如滑块始终滑向导轨一端，则调导轨下的调平螺钉(Z_2，Z_3)，直到滑块基本不动或很缓慢移动但无一定方向时为止。为保证导轨水平，再将滑块置于导轨一端，先按仪器面板上的“磁阻尼”键，再轻推一下使其滑动通过各个光电门，实验仪数码依次显示滑块通过 8 个光电门的时间(单位：ms)，在挡光板计时距离 $L=3$(cm)，过光电门时间 $t=60\sim100$(ms)时，各时间相差要求不超过 2(ms)。

2. 气垫导轨上的磁阻尼实验

（1）将带磁铁的滑块置于气垫导轨的左端；

（2）在数码显示“$P\cdots$”的使用待命状态下，按面板上的“磁阻尼实验”键，仪器进入磁阻尼实验程序，数码显示“——————————”。

（3）推动带磁铁的滑块，使滑块运动通过 8 个光电门。数码显示器依次显示滑块的挡光片通过 1#～8#光电门的时间。

（4）按“时刻”键，再按“1”～“8”数字键，可以分别查询滑块到达 1#～8#光电门的时刻；按“确认”键返回查询状态。在数据表格中记录下各时刻值。

（5）按“时间”键，再按“1”～“8”数字键，可以分别查询滑块通过 1#～8#光电门的时间；按“确认”键返回查询状态。在数据表格中记录下各时间值。

（6）按“速度”键，则首先提示输入挡光片的宽度，输入数据的有效数位应该为四位，再按“1”～“8”数字键，可以分别查询滑块通过 1#～8#光电门时的速度；在数据表格中记录下各速度值。单位为：“m/s^2”按“确认”键返回查询状态。记录数据的时候注意左边读数框显示的为数值，右边读数框显示的为数量级。

（7）按“加速度”键，会依次提示输入滑块上挡光片的宽度 L(cm)及滑块的质量 M(g)，每个参数输入完毕必须按“确认”键保存，有效数字不对时，数码显示“EAA - - - -”，提示重新输入。再按“1”～“8”数字键，可以分别查询滑块通过 1#～8#光电门时的加速度。在数据表格中记录下各加速度值。单位为：“m/s^2”。

（8）按“阻尼力”键，按提示先输入滑块上挡光片的宽度 L(cm)，“确认”后再输入滑块的质量 M(g)，再按“1”～“8”数字键，可以分别查询滑块通过 1#～8#光电门时受到的阻力。在数据表格中记录下各阻尼力的值，读数方法与速度读数方法相同，单位为：“N”，按“确认”键返回查询状态。

（9）对测得的速度取对数值，用坐标纸作相应的 $\ln v_i/v_0 - t_i$ 图，由图可求出阻尼系数 K，代入式(5－1－5)即可求得阻尼力 F 随速度的变化。

数据记录及处理

（1）完全非弹性碰撞(表格自拟)。

（2）运动磁体与非磁性导体的阻尼效应

$m =$ 　　(g)。

表 5－1－1　数据记录表

<table>
<tr><td>t_i/ms</td><td></td><td></td><td></td><td></td><td></td><td></td><td></td><td></td><td rowspan="3">$k =$</td></tr>
<tr><td>v_i/m/s</td><td></td><td></td><td></td><td></td><td></td><td></td><td></td><td></td></tr>
<tr><td>$\ln/v_i/v_0$</td><td></td><td></td><td></td><td></td><td></td><td></td><td></td><td></td></tr>
<tr><td>阻尼力/N</td><td></td><td></td><td></td><td></td><td></td><td></td><td></td><td></td><td>N</td></tr>
</table>

思考题

(1) 实验中为什么要求导轨处于水平状态？导轨不水平对实验结果有何影响？
(2) 考虑到微小空气阻力的影响，两光电门之间的距离是长好还是短好？
(3) 磁阻尼实验中滑块由运动到静止，其初始的动能哪去了？
(4) 磁体极性改变会不会对滑块的受力产生影响？为什么？

实验 5－2 多普勒效应综合实验

当波源和接收器之间有相对运动时，接收器接收到的波的频率与波源发出的频率不同的现象称为多普勒效应。多普勒效应在科学研究、工程技术、交通管理、医疗诊断等各方面都有十分广泛的应用。例如：原子，分子和离子由于热运动使其发射和吸收的光谱线变宽，称为多普勒增宽，在天体物理和受控热核聚变实验装置中，光谱线的多普勒增宽已成为一种分析恒星大气及等离子体物理状态的重要测量和诊断手段。基于多普勒效应原理的雷达系统已广泛应用于导弹、卫星，车辆等运动目标速度的监测。在医学上利用超声波的多普勒效应来检查人体内脏的活动情况、血液的流速等。电磁波（光波）与声波（超声波）的多普勒效应原理是一致的。本实验既可研究超声波的多普勒效应，又可利用多普勒效应超声探头作为运动传感器，研究物体的运动状态。

实验目的

（1）测量超声接收器运动速度与接收频率之间的关系，验证多普勒效应，并由 $f-v$ 关系直线的斜率求声速；

（2）利用多普勒效应测量物体运动过程中多个时间点的速度，由显示屏显示 $v-t$ 关系图，或调阅有关测量数据，即可得出物体在运动过程中的速度变化情况，可研究：

①匀加速直线运动，测量力、质量与加速度之间的关系，验证牛顿第二定律；

②自由落体运动，并由 $v-t$ 关系直线的斜率求重力加速度；

③简谐振动，可测量简谐振动的周期等参数，并与理论值比较；

④其他变速直线运动。

实验仪器

多普勒效应综合实验仪。

实验原理

1. 实验装置

整套仪器由实验仪、超声发射/接收器、导轨、运动小车、支架、光电门、电磁铁、弹簧、滑轮、砝码等组成。实验仪内置微处理器，带有液晶显示屏，图 5－2－1 为实验仪的面板图。

实验仪采用菜单式操作，显示屏显示菜单及操作提示，由▲▼◀ ▶键选择菜单或修改参数，按确认键后仪器执行。

验证多普勒效应时，仪器的安装如图 5－2－2 所示。导轨长 1.2 m，两侧有安装槽，所有需固定的附件均安装在导轨上。

测量时先设置测量次数（选择范围 5～10），然后使运动小车以不同速度通过光电门（既可用砝码牵引，也可用手推动），仪器自动记录小车通过光电门时的平均运动速度及与之对应的平均接收频率，完成测量次数后，仪器自动存储数据，根据测量数据作 $f-v$ 图，并显示测量数据。

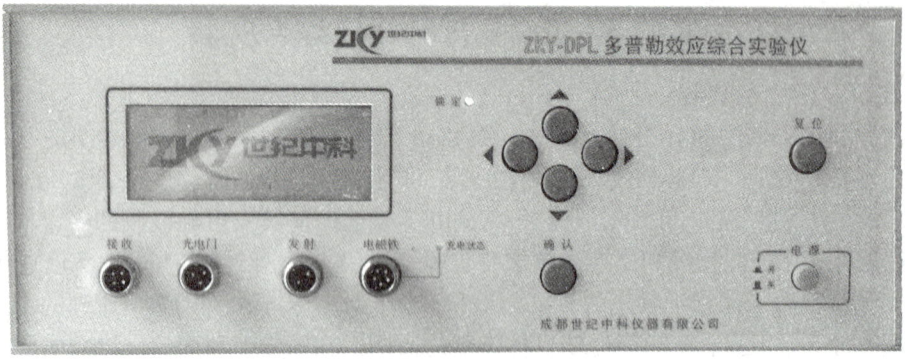

图 5-2-1　实验仪面板图

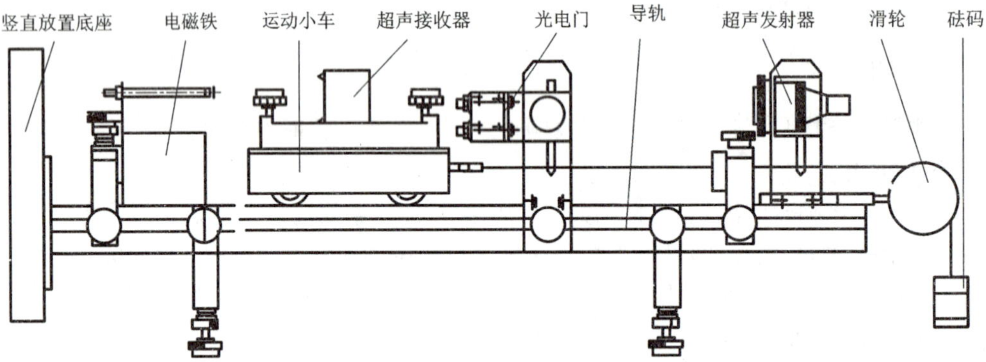

图 5-2-2　多普勒效应验证实验及测量小车水平运动安装示意图

作小车水平方向的变速运动测量时，仪器的安装类似图 5-2-2，只是此时光电门不起作用。

测量前设置采样次数(选择范围 8 ~ 150)及采样间隔(选择范围 50 ~ 100 ms)，经确认后仪器按设置自动测量，并将测量到的频率转换为速度。完成测量后仪器根据测量数据自动作 $v-t$ 图，也可显示 $f-t$ 图，测量数据，或存储实验数据与曲线供后续研究。图 5-2-3 表示了采样数 60，采样间隔 80 ms 时，对用两根弹簧拉着的小车(小车及支架上留有弹簧挂钩孔)所做水平阻尼振动的测量及显示实例。

为避免摩擦力对测量结果的影响，也可将导轨竖直放置，让垂直运动部件上下运动。在底座上装有超声发射器，在垂直运动部件上装有超声接收器作垂直运动测量，实验时随测量目的不同而需改变少量部件的安装位置，具体可见下节的描述及图 5-2-4、图 5-2-5。

2. 实验原理

根据声波的多普勒效应公式，当声源与接收器之间有相对运动时，接收器接收到的频率 f 为：

$$f=f_0(u+v_1\cos\alpha_1)/(u-v_2\cos\alpha_2) \tag{5-2-1}$$

式中：f_0 为声源发射频率；u 为声速；v_1 为接收器运动速率；α_1 为声源与接收器连线与接收器

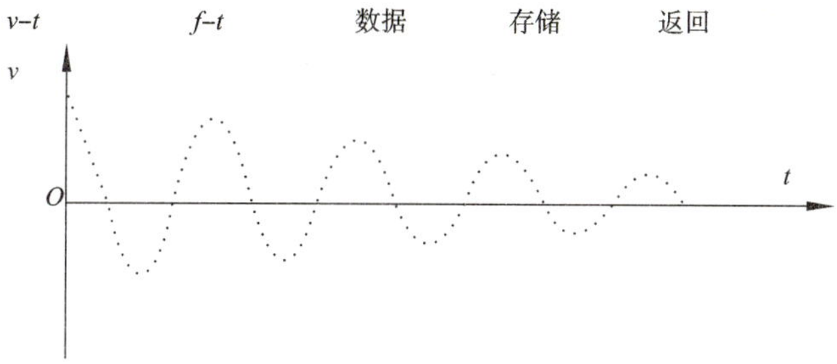

图 5－2－3　测量阻尼振动

运动方向之间的夹角；v_2 为声源运动速率；α_2 为声源与接收器连线与声源运动方向之间的夹角。

若声源保持不动，运动物体上的接收器沿声源与接收器连线方向以速度 v 运动，则从式(5－2－1)可得，接收器接收到的频率应为：

$$f=f_0(1+v/u) \tag{5-2-2}$$

当接收器向着声源运动时，v 取正，反之取负。

若 f_0 保持不变，以光电门测量物体的运动速度，并由仪器对接收器接收到的频率自动计数，根据式(5－2－2)，作 $f-v$ 关系图可直观验证多普勒效应，且由实验点作直线，其斜率应为 $k=f_0/u$，由此可计算出声速 $u=f_0/k$。

由式(5－2－2)可解出：

$$v=u(f/f_0-1) \tag{5-2-3}$$

若已知声速 u 及声源频率 f_0，通过设置使仪器以某种时间间隔对接收器接收到的频率 f 采样计数，由微处理器按式(5－2－3)计算出接收器运动速度，由显示屏显示 $f-t$ 关系图，或调阅有关测量数据，即可得出物体在运动过程中的速度变化情况，进而对物体运动状况及规律进行研究。

实验步骤

1. 实验仪器的预调节

实验仪器开机后，首先要求输入室温，这是因为计算物体运动速度时要代入声速，而声速是温度的函数。

第 2 个界面要求对超声发生器的驱动频率进行调谐。调谐时将所用的发射器与接收器接入实验仪，二者相向放置，用“▶”键调节发生器驱动频率，并以接收器谐振电流达到最大作为谐振的数据。在超声应用中，需要将发生器与接收器的频率匹配，并将驱动频率调到谐振频率，才能有效地发射与接收超声波。

2. 验证多普勒效应并由测量数据计算声速

将水平运动超声发射/接收器及光电门、电磁铁按实验仪上的标示接入实验仪。调谐后，在实验仪的工作模式选择界面中选择“多普勒效应验证实验”，按确认键后进入测量界面。用“▶”键输入测量次数 6，用“▼”键选择“开始测试”，再次按确认键使电磁铁释放，光电门与接收器处于工作准备状态。

将仪器按图 5－2－2 安置好，当光电门处于工作准备状态而小车以不同速度通过光电门后，显示屏会显示小车通过光电门时的平均速度与此时接收器接收到的平均频率，并可用“▼”键选择是否记录此次数据，按确认键后即可进入下一次测试。

完成测量次数后，显示屏会显示$f-v$关系与1组测量数据，若测量点成直线，符合式(5－2－2)描述的规律，即直观验证了多普勒效应。用“▼”键翻阅数据并记入表5－2－1中，用作图法或线性回归法计算$f-v$关系直线的斜率k，由k计算声速u并与声速的理论值比较，声速理论值由$u_0=331(1+t/273)^{1/2}$(m/s)计算，t表示室温。

表5－2－1　多普勒效应的验证与声速的测量　　　　$f_0=$

测量数据							直线斜率 k(1/m)	声速测量值 $u=f_0/k$($\mathrm{m\cdot s^{-1}}$)	声速理论值 u_0($\mathrm{m\cdot s^{-1}}$)	百分误差 $(u-u_0)/u_0$
次数	1	2	3	4	5	6				
v_n/($\mathrm{m\cdot s^{-1}}$)										
f_n/Hz										

3. 研究匀变速直线运动，验证牛顿第二运动定律

实验时仪器的安装如图5－2－4所示，质量为M的垂直运动部件与质量为m的砝码托及砝码悬挂于滑轮的两端，测量前砝码托吸在电磁铁上，测量时电磁铁释放砝码，系统在外力作用下加速运动。运动系统的总质量为$M+m$，所受合外力为$(M-m)g$(滑轮转动惯量与摩擦力忽略不计)。

根据牛顿第二定律，系统的加速度应为：

$$a=(M-m)g/(M+m) \tag{5-2-4}$$

用天平称量垂直运动部件，砝码托及砝码质量，每次取不同质量的砝码放于砝码托上，记录每次实验对应的m。

将垂直运动发射/接收器接入实验仪，在实验仪的工作模式选择界面中选择“频率调谐”调谐垂直运动发射/接收器的谐振频率，完成后回到工作模式选择界面，选择“变速运动测量实验”，确认后进入测量设置界面。设置采样点总数8，采样步距50 ms，用“▼”键选择“开始测试”，按确认键使电磁铁释放砝码托，同时实验仪按设置的参数自动采样。

采样结束后会以类似图5－2－3的界面显示$v-t$直线，用“▶”键选择“数据”，将显示的采样次数及相应速度记入表5－2－2中(为避免电磁铁剩磁的影响，第1组数据不记。t_n为采样次数与采样步距的乘积)。由记录的t，v数据求得$v-t$直线的斜率即为此次实验的加速度a。

在结果显示界面中用“▶”键选择返回，确认后重新回到测量设置界面。改变砝码质量，按以上程序进行新的测量。

将表5－2－2得出的加速度a作纵轴，$(M-m)g/(M+m)$作横轴作图，若为线性关系，符合式(5－2－4)描述的规律，即验证了牛顿第二定律，且直线的斜率应为重力加速度。

表 5 -2 -2　匀变速直线运动的测量　　　　$M=$ 　　(kg)

n	2	3	4	5	6	7	8	加速度 $a/(m\cdot s^{-22})$	m /kg	$\frac{M-m}{M+m}$
$t_n=0.05(n-1)$(s)										
v_n										
$t_n=0.05(n-1)$(s)										
v_n										
$t_n=0.05(n-1)$(s)										
v_n										
$t_n=0.05(n-1)$(s)										
v_n										

4. 研究自由落体运动，求自由落体加速度

实验时仪器的安装如图 5 -2 -5 所示，将电磁铁移到导轨的上方，测量前垂直运动部件吸在电磁铁上，测量时垂直运动部件自由下落一段距离后被细线拉住。

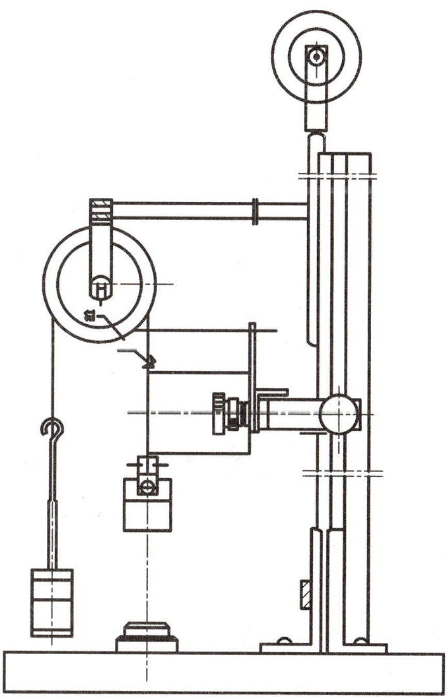

图 5 -2 -4　匀变速直线运动安装示意图

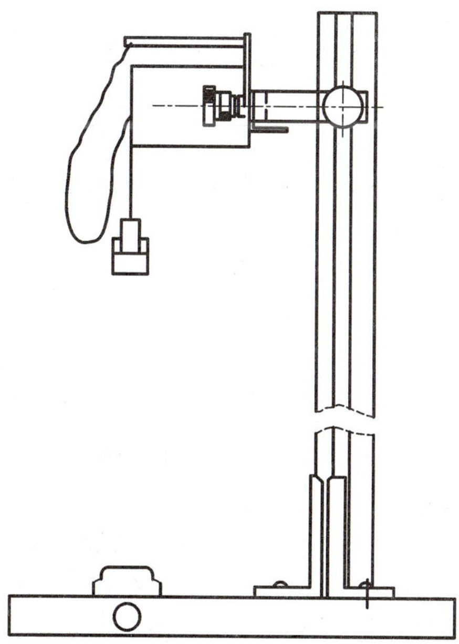

图 5 -2 -5　重力加速度测量安装示意图

在实验仪的工作模式选择界面中选择“变速运动测量实验”，设置采样点总数 8，采样步距 50 ms。选择“开始测试”，按确认键后电磁铁释放，接收器自由下落，实验仪按设置的参

数自动采样。将测量数据记入表 5－2－3 中，由测量数据求得 $v-t$ 直线的斜率即为重力加速度 g。

为减小偶然误差，可作多次测量，将测量的平均值作为测量值，并将测量值与理论值比较，求百分误差。

表 5－2－3　自由落体运动的测量

n	2	3	4	5	6	7	8	g /m·s^{-2}	平均值 g	理论值 g_0	百分误差 $(g-g_0)/g_0$
$t_n=0.05(n-1)$(s)											
v_n											
$t_n=0.05(n-1)$(s)											
v_n											
$t_n=0.05(n-1)$(s)											
v_n											
$t_n=0.05(n-1)$(s)											
v_n											

5. 研究简谐振动

当质量为 m 的物体受到大小与位移成正比，而方向指向平衡位置的力的作用时，若以物体的运动方向为 x 轴，其运动方程为：

$$m\frac{d^2x}{dt^2}=-kx \tag{5-2-5}$$

由式(5－2－5)描述的运动称为简谐振动，当初始条件为 $t=0$ 时，$x=-A_0$，$v=dx/dt=0$，则式(5－2－5)的解为：

$$x=-A_0\cos\omega_0 t \tag{5-2-6}$$

将式(5－2－6)对时间求导，可得速度方程：

$$v=\omega_0 A_0\sin\omega_0 t \tag{5-2-7}$$

由式(5－2－6)、式(5－2－7)可见物体作简谐振动时，位移和速度都随时间周期变化，式中 $\omega_0=(k/m)^{1/2}$，为振动的角频率。

测量时仪器的安装类似于图 5－2－5，将弹簧通过一段细线悬挂于电磁铁上方的挂钩孔中，垂直运动超声接收器的尾翼悬挂在弹簧上，若忽略空气阻力，根据胡克定律，作用力与位移成正比，悬挂在弹簧上的物体应作简谐振动，而式(5－2－5)中的 k 为弹簧的倔强系数。

实验时先称量垂直运动超声接收器的质量 M，测量接收器悬挂上之后弹簧的伸长量 Δx，记入表 5－2－4 中，就可计算 k 及 ω_0。

测量简谐振动时设置采样点总数 150，采样步距 100 ms。

选择“开始测试”，将接收器从平衡位置下拉约 20 cm，松手让接收器自由振荡，同时按确认键，让实验仪按设置的参数自动采样，采样结束后会显示如式(5－2－7)描述的速度随时间变化关系。查阅数据，记录第 1 次速度达到最大时的采样次数 $N_{1\max}$ 和第 11 次速度达到

最大时的采样次数 N_{11max}，就可计算实际测量的运动周期 T 及角频率 ω，并可计算 ω_0 与 ω 的百分误差。

表 5－2－4 简谐振动的测量

M(kg)	Δx (m)	$k=mg/\Delta x$ (kg/s^2)	$\omega_0=(k/m)^{1/2}$ (1/s)	N_{1max}	N_{11max}	$T=0.01(N_{11max}-N_{1max})$ (s)	$\omega=2\pi/T$ (1/s)	百分误差 $(\omega-\omega_0)/\omega_0$

6. 其他变速运动的测量

以上介绍了部分实验内容的测量方法和步骤，这些内容的测量结果可与理论比较，便于得出明确的结论，适合学生基础实验，也便于使用者对仪器的使用及性能有所了解。若让学生根据原理自行设计实验方案，也可用作综合实验。

实验5－3　压力传感器特性的研究及液体表面张力系数的测量

实验目的

(1)学习压力传感器的原理及定标方法;

(2)观察用拉脱法测液体表面张力的物理过程和物理现象;

(3)测量纯水(或其他液体)的表面张力系数。

实验仪器

数字智能化热学综合实验平台、千分尺、游标卡尺、数字万用表、压力传感器测量模板、压力传感器实验仪、玻璃皿及水、配件盒(内含:标准片码500 mg×8、金属框、镊子、砝码盘、钩子)。

实验装置如图5－3－1所示。

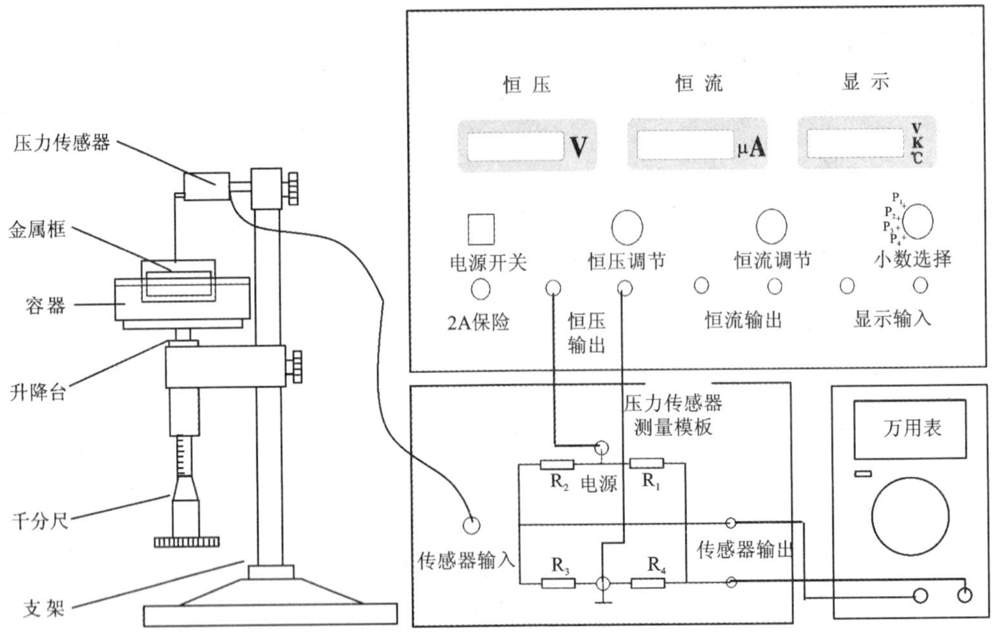

图5－3－1　实验装置图

实验原理

1. 表面张力系数

它是指液体表面相邻两部分之间单位长度上的相互牵引力的大小。单位为mN/m,主要影响因素有液体的种类、液体的温度、液体相邻物质的化学性质以及液体的杂质含量等。

2. 压力传感器

金属导体的电阻随其所受机械形变(伸长或缩短)的大小而发生变化，其原因是导体的电阻与材料的电阻率以及它的几何尺寸(长度和截面)有关。由于导体在承受机械形变过程中，其电阻率、长度和截面积都要发生变化，从而导致其电阻发生变化，因此电阻应变片能将机械构件上应力的变化转换为电阻的变化。

压力传感器是将 4 片相同的电阻应变片分别粘贴在弹性平行梁的上下两表面适当的位置，梁的一端固定，另一端自由用于加载荷外力 F，如图 5－3－2 所示。弹性梁受载荷作用而弯曲，梁的上表面受拉，电阻片 R_1 和 R_3 亦受拉伸作用电阻增大；梁的下表面受压，R_2 和 R_4 电阻减小。这样，外力的作用通过梁的形变而使 4 个电阻值发生变化，这就是压力传感器。

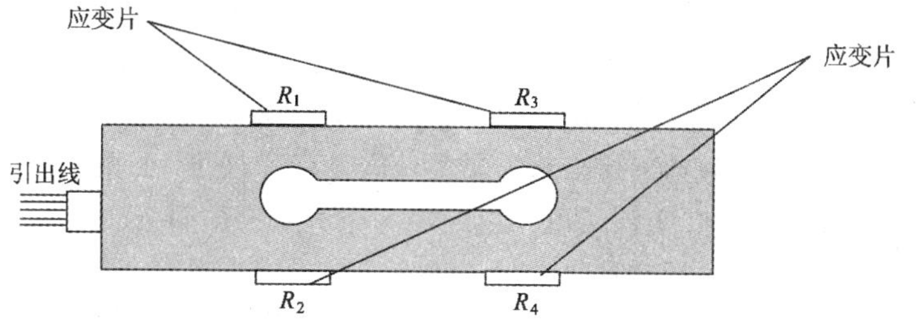

图 5－3－2　压力传感器

应变片 $R_1 = R_2 = R_3 = R_4$。由应变片组成的全桥测量电路，当应变片受到压力作用时，引起弹性体的形变，使得粘贴在弹性体上的电阻应受片 $R_1 - R_4$ 的阻值发生变化。

3. 压力传感器的压力特性

电阻应变片可把应力的变化转换为电阻的变化，压力传感器则利用电桥电路将电阻的变化转换为电压的变化，电阻变化时电桥将产生电压输出，其输出电压正比于所受到的压力。

4. 压力传感器的定标

轻轻地挂上砝码盘，按顺序增加砝码的数量(每次增加 500 mg)，依次测出压力传感器输出的电压值 U_i，用逐差法求出传感器的灵敏度

$$K = \Delta U / \Delta m \qquad (\text{mV/g}) \tag{5-3-1}$$

5. 液体表面张力系数的测量

将一表面洁净金属框竖直地浸入液体中，令其底面保持水平，然后轻轻提起。由于表面张力的作用，金属框四周将带起一部分液膜，液面呈弯曲形状。这时，金属片框在竖直方向受力为：①向上的拉力 F_1；②金属框所受的表面张力 $2\alpha(d+l)$；③金属框自身的重力 mg；④金属框所沾附液膜的重量为 $ldh\rho g$，其中 l 为金属框内空的长度，h 为液膜拉脱前的高度，d 为金属片的厚度，随着金属框的上移，液膜高度 h 的不断增大，表面张力和液膜重量也不断变大，对应于 F 的 U 值也不断升高而达到一个最大的值 U_1，最后由于液膜的破裂导致液膜表面张力和液膜重力的瞬间消失，此时对应于 F 的 U 值将降低到一个稳定的值 U_2，这两个瞬间消失的力的大小即为 $\Delta F = \dfrac{U_1 - U_2}{K}\text{g}$。

$$\Delta F=2\alpha(l+d)+ldh\rho g \tag{5-3-2}$$

又

$$\Delta F=\frac{U_1-U_2}{K}g \tag{5-3-3}$$

$$\alpha=\frac{\Delta F-ldh\rho g}{2(l+d)}\quad (\mathrm{mN/m}) \tag{5-3-4}$$

实验步骤

(1)连接好仪器，实验模块上加 6 V 直流恒压电源，开机预热 15 min。

(2)清洗器皿和金属框，并向器皿内倒入容积 2/3 的纯净水。

(3)压力传感器定标：数字万用表置 200 mV 档，表笔插模块的输出端，在待整机已预热 15 min 后，将砝码盘挂在压力传感器的钩上，轻轻地用镊子把砝码放到砝码盘里，每加一个砝码记录一次数字万用表稳定后的读数 U，直到砝码全部放完，注意安放砝码时应尽量轻。

(4)拉膜操作：轻轻取下砝码盘，挂上金属框并调平，在测定液体表面张力系数过程中，可观察到液体产生的浮力与张力的情况与现象，以顺时针转动千分尺时，液体液面上升，当金属框均浸入液体中时，改为逆时针转动千分尺，这时液面往下降，使金属线框内空的上边刚好与液面重合(为便于观察，实验时可用白纸作背景，从下往斜上观察)，记下此时升降装置千分尺的读数 h_1，继续逆时针转动千分尺，使液面往下降，观察金属框从液体中拉起时的物理过程和现象；特别应注意记录金属框拉起液膜过程中的数字电压表的最大值为 U_1，液膜拉破时立即停止转动千分尺，记录液膜拉破后数字电压表读数 U_2，同时记下此时千分尺的读数 h_2，重复操作 3 ~ 5 次。

(5)测量金属框的厚度 d 和内空长度 l。

(6)关掉电源，整理实验台面，进行数据处理。

数据记录及处理

表 5-3-1 压力传感器的定标

物体质量 m/g	0	0.500	1.000	1.500	2.000	2.500	3.000	3.500
输出电压 U/mV								

表 5-3-2 纯水的表面张力系数测量(水的温度 $t=$ ℃)

测量次数	h_1/mm	h_2/mm	U_1/mV	U_2/mV
1				
2				
3				
4				
5				

表 5-3-3　测量金属框厚度 d 和内空长 l

测量次数	1	2	平均值
d/mm			
l/mm			

经查表，$t=15$℃时纯水的表面张力系数为 73.22 mN/m，20℃时为 72.75 mN/m，25℃时为 71.96 mN/m，30℃时为 71.18 mN/m。

注意事项

(1)金属框须严格处理干净。可用 NaOH 溶液洗净油污或杂质后，用清洁水冲洗干净，并晾干。

(2)金属框须调节平衡。

(3)仪器开机需预热 15 min。

(4)在旋转千分尺时，尽量使液体的波动要小。

(5)工作室须避风。

(6)在测量过程中应防止灰尘和油污及其他杂质污染。特别注意不能用手直接接触金属框及被测液体。

(7)压力传感器使用时用力不应大于 0.098 N。过大的拉力容易损坏压力传感器。

(8)实验结束须将金属框用清洁纸擦干，用清洁纸包好待用。

思考题

(1)液体的表面张力主要与哪些因素有关？

(2)实验中应注意哪些事项？

(3)试分析该实验的误差来源有哪些？如何减小实验误差？

实验5－4　集成温度传感器特性的研究

实验目的

(1)了解常用的集成温度传感器的基本原理和温度特性的测量方法；

(2)掌握数字温度计的设计和调试技巧；

(3)测量并绘出AD590样品的 $I-T$ 关系图，求直线斜率。

实验仪器

YJ－RZT－1数字智能化热学综合实验平台、AD590温度传感器、数字温度计实验模板、恒温加热器、数字万用表、连接线、瓷管。

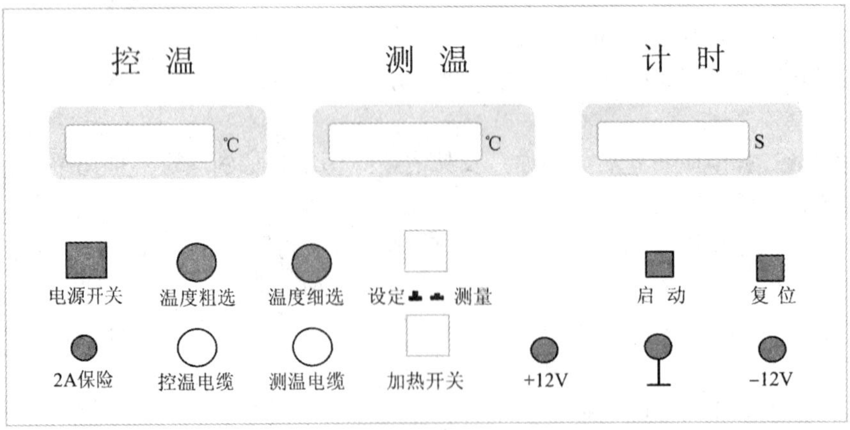

图5－4－1　YJ－RZT－1数字智能化热学综合实验平台

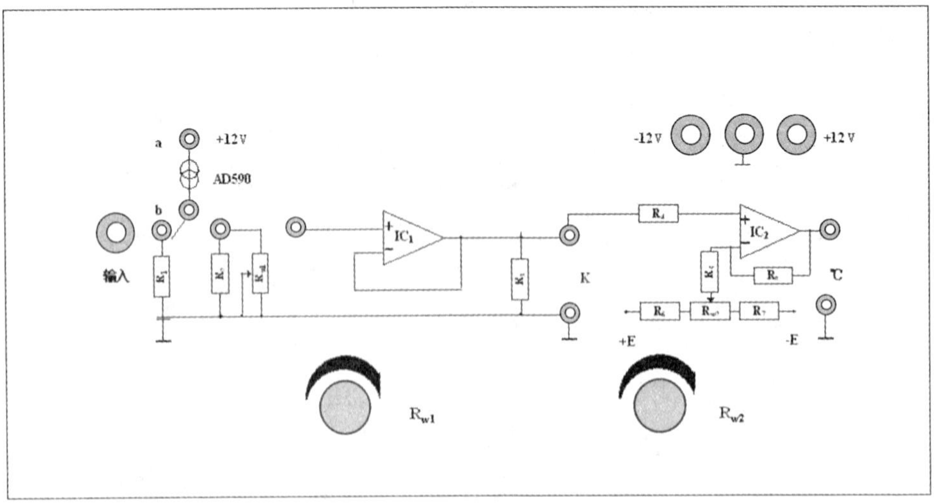

图5－4－2　数字温度计实验模板

实验原理

1. 集成温度传感器 AD590 的特性

集成温度传感器将温敏晶体管与相应的辅助电路集成在同一芯片上的集成化温度传感器上。与分立温度传感器相比，它具有以下特点：①由温度变化而引起输出量的变化呈良好的线性关系；②不需要参考点；③抗干扰能力强；④互换性好，使用简单方便。因此，这类传感器已在科研、工业和家用电器方面广泛用于温度的精确测量和控制。

它能直接给出正比于绝对温度的理想线性输出，一般用于 －50℃ － ＋150℃之间温度测量，温敏晶体管是利用管子的集电极电流恒定时，晶体管的基极 － 发射极电压与温度成线性关系。为克服温敏晶体管生产时 V_b 的离散性，均采用了特殊的差分电路。集成温度传感器有电压型和电流型两种，电流输出型集成温度传感器在一定温度下相当于一个恒流源。因此它具有不易受接触电阻、引线电阻、电压噪声的干扰，具有很好的线性特性。在终端使用一只取样电阻(一般为 10 K)，即可实电流到电压的转换。测量精度比电压型的高，其灵敏度为 1 μA/K。

集成温度传感器按输出量不同可分为电压型和电流型两大类。电压型传感器的特点是直接输入电压，且输出阻抗低易于和控制电路接口，可用于温度检测等。而电流型传感器准确度更高，其中的典型代表是 AD590，其灵敏度为 1μA/K。它是一种两端器件，使用非常方便，且抗干扰能力很强。

AD590 的主要特性如下：

工作电压：4 ~ 30 V；　　　　工作温度：－55 ~ ＋150℃；

保存温度：－65 ~ ＋175℃；　　正向电压：＋44 V；

反向电压：－20 V；　　　　焊接温度(10 s)：300℃；

灵敏度：1μA/K。

AD590 集成温度传感器工作电压范围宽(5 ~ 30 V)、使用温度范围大(－55 ~ 150℃)、电流输出线性极好(在使用温度范围内非线性误差可小于 ±0. 5℃)，且用激光微调技术可使定标精度高达 ±0. 5℃。

SL590 是仿 AD590 的产品，除了上述优点外，还具有适应电源波动的特性，即电源电压可以从 5 V 变化到 150 V，输出电流的变化小于 1 μA，所以它广泛用于高精度温度计和温度计量等方面。

电流与电压的转换：实验模板中与 AD590 串联的取样电阻 R_1 = 10 kΩ，那么取样灵敏度为 10 mV/K。

2. 集成温度传感器 AD590 的工作原理

在被测温度一定时，AD590 相当于一个恒流源，把它和 5 ~ 30 V 的直流电源相连，并在输出端串接一个 1 kΩ 的恒值电阻，那么，此电阻上流过的电流将和被测温度成正比，此时电阻两端将会有 1 mV/K 的电压信号。其基本电路如图 5 －4 －3 所示。

图 5 －4 －3 是利用 ΔU_{BE}特性的集成 PN 结传感器的感温部分核心电路。其中 T_1、T_2 起恒流作用，可用于使左右两支路的集电极电流 I_1 和 I_2 相等；T_3、T_4 是感温用的晶体管，两个管的材质和工艺完全相同，但 T_3 实质上是由 n 个晶体管并联而成，因而其结面积是 T_4 的 n 倍。T_3 和 T_4 的发射结电压 U_{BE3} 和 U_{BE4} 经反极性串联后加在电阻 R 上，所以 R 上端电压为

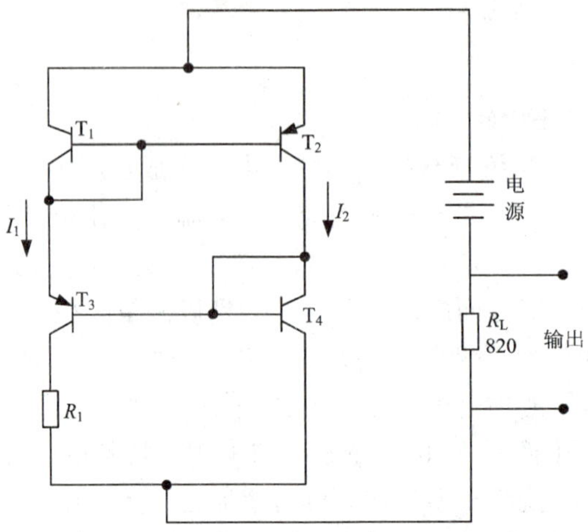

图 5-4-3　感温部分的核心电路

ΔU_{BE}。因此，电流 I_1 为：

$$I_1=\Delta U_{BE}/R=(KT/q)(\ln n)/R$$

对于 AD590，$n=8$，这样，电路的总电流将与热力学温度 T 成正比，将此电流引至负载电阻 R_L 上便可得到与 T 成正比的输出电压。由于利用了恒流特性，所以输出信号不受电源电压和导线电阻的影响。图 5-4-3 中的电阻 R 是在硅板上形成的薄膜电阻，该电阻已用激光修正了其电阻值，因而在基准温度下可得到 1 μA/K 的 I 值。

图 5-4-4 所示是 AD590 的内部电路，图中的 $T_1\sim T_4$ 相当于图 5-4-3 中的 T_1、T_2，而 T_9，T_{11} 相当于图 5-4-3 中的 T_3、T_4。R_5、R_6 是薄膜工艺制成的低温度系数电阻，供出厂前调整之用。T_7、T_8，T_{10} 为对称的 Wilson 电路，用来提高阻抗。T_5、T_{12} 和 T_{10} 为启动电路，其中 T_5 为恒定偏置二极管。

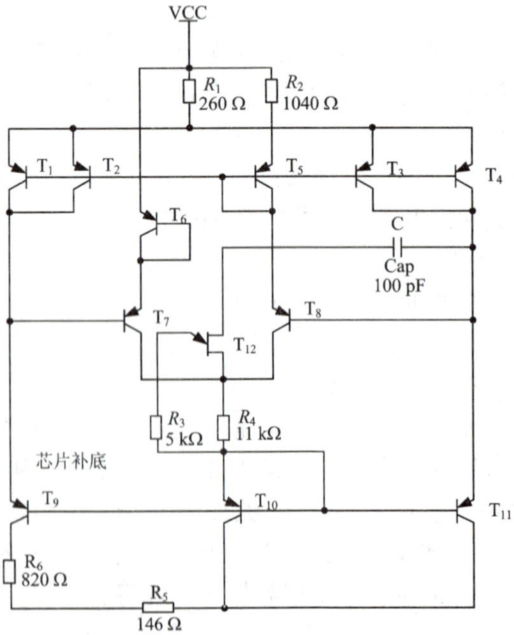

图 5-4-4　AD590 的内部电路

T_6 可用来防止电源反接时损坏电路，同时也可使左右两支路对称。R_1，R_2 为发射极反馈电阻，可用于进一步提高阻抗。$T_1 \sim T_4$ 是为热效应而设计的连接方式。而 C_1 和 R_4 则可用来防止寄生振荡。该电路的设计使得 T_9，T_{10}，T_{11} 三者的发射极电流相等，并同为整个电路总电流 I 的 1/3。T_9 和 T_{11} 的发射结面积比为 8∶1，T_{10} 和 T_{11} 的发射结面积相等。

T_9 和 T_{11} 的发射结电压互相反极性串联后加在电阻 R_5 和 R_6 上，因此可以写出：

$$\Delta U_{BE} = (R_6 - 2R_5)I/3$$

R_6 上只有 T_9 的发射极电流，而 R_5 上除了来自 T_{10} 的发射极电流外，还有来自 T_{11} 的发射极电流，所以 R_5 上的压降是 R_5 的 2/3。

根据上式不难看出，要想改变 ΔU_{BE}，可以在调整 R_5 后再调整 R_6，而增大 R_5 的效果和减小 R_6 是一样的，其结果都会使 ΔU_{BE} 减小，不过，改变 R_5 对 ΔU_{BE} 的影响更为显著，因为它前面的系数较大。实际上就是利用激光修正 R_5 以进行粗调，修正 R_6 以实现细调，最终使其在 250℃之下使总电流 I 达到 1μA/K。

实验步骤

（1）将瓷管置于加热恒温箱中，调节“温度粗选”和“温度细选”，选择设定所需温度点，打开“加热开关”，将 AD590 传感器插入恒温腔中，传感器电缆接入实验模板的输入端口，短接 b 和 R_1，待温度稳定在所需温度（如 50.0℃）时用数字多用表 20V 挡测出此温度时 R_1 两端的电压 V_1。

（2）重复以上步骤，设定温度为 55℃，60.0℃，65.0℃，70.0℃，75.0℃，80.0℃，85.0℃，90.0℃，95.0℃，100.0℃，测出 AD590 传感器在上述稳定温度点时取样电阻 R_1 两端的电压 $V_2 \sim V_{12}$。

（3）停止加热，关掉电源，整理实验台。

（4）根据上述实验数据，绘出 $V-t$、$I-t$ 关系图，求直线的斜率 K。

注意事项

（1）供电电源插座必须良好接地；

（2）在整个电路连接好之后才能打开电源开关；

（3）严禁带电插拔电缆插头。

思考题

（1）AD590 有何特性？它的测温的基本原理是什么？

（2）如果 AD590 集成温度传感器的灵敏度不是严格的 1.000 μA/K，而是略有差异，请考虑如何改变取样电阻的阻值，使它的测量误差减小。

（3）如何实现绝对温标跟摄氏温标的转换？

实验5－5　音频信号光纤传输实验

实验目的

(1)了解音频信号光纤传输的方法、结构及选配各主要部件的原则;
(2)熟悉半导体电光/光电器件的基本性能及其主要特性的测试方法;
(3)学习分析音频信号集成运放电路的基本方法;
(4)训练音频信号光纤传输系统的调试技术。

实验仪器

YOF－A音频信号光纤传输技术实验仪。

实验原理

1. 系统的组成

图5－5－1示出了一音频信号光纤传输系统的结构原理图，它由半导体发光二极管LED及其调制、驱动电路组成的光信号发送部分、传输光纤部分和由硅光电池、前置电路和功放电路组成的光信号接收三个部分组成。

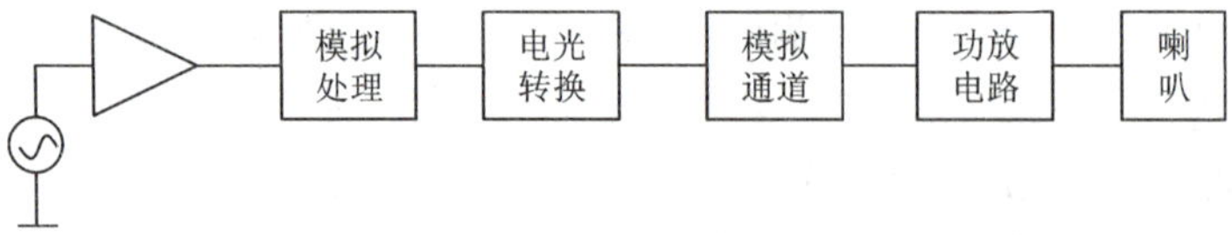

图5－5－1　光纤传输系统原理图

塑料光纤很柔软，而且可以弯曲，加工很方便。在光信息处理技术、光学计量、短距离数据传输等方面已获得较好的应用。本系统中，我们采用的传输光纤是进口低损耗多模塑料光纤，它的纤维直径是1 mm，芯径为990 μm，包层厚度为5 μm。半导体发光二极管是采用发光亮度很高的可见红色光发光二极管作为光源，光电转换采用高灵敏的硅光电池作为转换元件，整个传输过程一目了然。

为了避免或减少谐波失真，要求整个传输系统的频带宽度要能覆盖被传信号的频谱范围，对于语音信号，其频谱在300～3400 Hz的范围内。由于光导纤维对光信号具有很宽的频带，故在音频范围内，整个系统的频带宽度主要决定于发送端调制放大电路和接收端功放电路的幅频特性。

2. 半导体发光二极管(LED)的结构及工作原理

光纤通信系统中对光源器件在发光波长、电光功率、工作寿命、光谱宽度和调制性能等许多方面均有特殊要求。所以不是随便哪种光源器件都能胜任光纤通信任务，目前在以上各个方面都能较好满足要求的光源器件主要有半导体发光二极管(LED)和半导体激光器(LD)。光纤传输系统中常用的半导体发光二极管是一个如图5－5－2所示的N－P－P三层结构的半导体器件，中间层通常是由直接带隙的 GaAs(砷化镓)P 型半导体材料组成，称有源层，其带隙宽度较窄，两侧分别由 AlGaAs 的 N 型和 P 型半导体材料组成，与有源层相比，它们都具有较宽的带隙。具有不同带隙宽度的两种半导体单晶之间的结构称为异质结，在图 5－5－2 中，有源层与左侧的 N 层之间形成的是 P－N 异质结，而与右侧 P 层之间形成的是 P－P 异质结，故这种结构又称 N－P－P 双异质结构，简称 DH 结构。当给这种结构加上正向偏压时，就能使 N 层向有源层注入导电电子，这些导电电子一旦进入有源层后，因受到右边 P－P 异质结的阻挡作用不能再进入右侧的 P 层，它们只能被限制在有源层内与空穴复合，导电电子在有源层与空穴复合的过程中，其中有不少电子要释放出能量满足以下关系的光子：

$$h\nu = E_1 - E_2 = E_g \tag{5-5-1}$$

式中：h 是普朗克常数，ν 是光波的频率，E_1 是有源层内导电电子的能量，E_2 是导电电子与空穴复合后处于价键束缚状态时的能量。两者的差值 E_g 与 DH 结构中各层材料及其组分的选取等多种因素有关，制作 LED 时只要这些材料的选取和组分的控制适当，就可使得 LED 的发光中心波长与传输光纤的低损耗波长一致。所以为了减少损耗，LED 发光波长应与传输光纤的低损耗波长一致，在实际通信系统中，LED 发出的光介于可见光的边远区域。

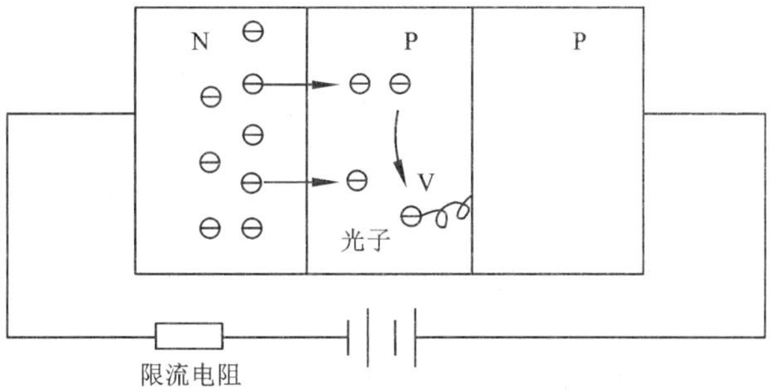

图 5－5－2 半导体发光二极管的结构及工作原理

光纤通信系统中使用的半导体发光二极管的光功率为光导纤维的尾纤输出功率，出纤光功率与 LED 驱动电流的关系称 LED 的电光特性，为了避免和减少非线性失真，使用时应先给 LED 一个适当的偏置电流 I，其修正等于这一特性曲线线性部分中点对应的电流值，而调制信号的峰－峰值应位于电光特性的直线范围内。对于非线性失真要求不高的情况，也可把偏置电流选为 LED 最大允许工作电流的一半，这样可使 LED 获得无截止畸变幅度最大的调制，这有利于信号的远距离传输。

3. 光导纤维的结构及传光原理

衡量光导纤维性能好坏有两条重要指标：一是看它的传输信息的距离有多远；二是看它携带的信息量有多大，前者决定于光纤的损耗特性，后者决定于光纤的脉冲响应或基带频率特性。

经过人们对光纤材料的提纯，目前已使光纤的损耗容易做到 20 dB/km 以下。光纤的损耗与工作波长有关，所以在工作波长的选用上，应尽量选用低损耗的工作波长，光纤通信最早是用短波长 0.85 μm，近来发展至用 1.3～1.55 μm 范围的波长，因为在这一波长范围内光纤不仅损耗低，而且“色散”也小。

光纤的脉冲响应或它的基带频率特性又主要决定于光纤的模式性质。光纤按其模式性质通常可以分成两大类：①单模光纤；②多模光纤。无论单模还是多模光纤，其结构均由纤芯和包层两部分组成。纤芯的折射率较包层折射率大，对于单模光纤，纤芯直径只有 5～10 μm，包层直径为 125 μm。在一定条件下，只允许一种电磁场形态的光波在纤芯内传播，多模光纤的纤芯直径为 20～2000 μm，包层厚度为 3～5 μm，允许多种电磁场形态的光波传播。

按其折射率沿光纤截面的径向分布状况又分成阶跃型和渐变型两种光纤，对于阶跃型光纤，在纤芯和包层中折射率均为常数，但纤芯折射率 n，略大于包层折射率 n。所以对于阶跃型多模光纤，可用几何光学的全反射理论解释它的导光原理。在渐变型光纤中，纤芯折射率随离开光纤轴线距离的增加而逐渐减小，直到在纤芯—包层界面处减到某一值后，在包层的范围内折射率保持这一值不变，根据光射线在非均匀介质中的传播理论分析可知：经光源耦合到渐变型光纤中的某些射线，在纤芯内是沿周期性地弯向光纤轴线的曲线传播。

本实验采用阶跃型多模塑料光纤作为信道，它具有芯折射率高、皮折射率低、芯和皮的交界面很清楚的特点。下面应用几何光学理论进一步说明这种光纤的传光原理。阶跃型多模光纤的结构如图 5－5－3 所示，它由纤芯和包层两部分组成，芯子的半径为 a，折射率为 n_1，包层的外径为 B，折射率为 n_2，且 $n_1 > n_2$。

当一光束投射到光纤端时，进入光纤内部的光射线若在光纤入射端面处的入射面包含光纤轴线的，称为子午射线。这类射线在光纤内部的行径，是一条与光纤轴线相交、呈“Z”字形前进的平面折线。若耦合到光纤内部的光射线在光纤入射端面处的入射面不包含光纤轴线，称为偏射线。偏射线在光纤内部不与光纤轴线相交，其行径是一条空间折线。以下我们只对子午射线的传播性进行分析。

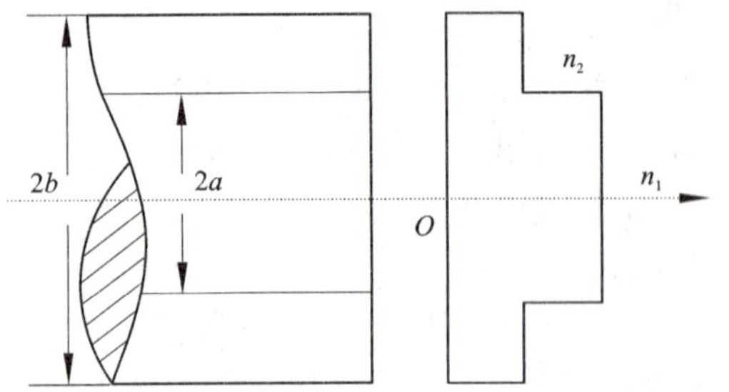

图 5－5－3　阶跃型多模光纤的结构示意图

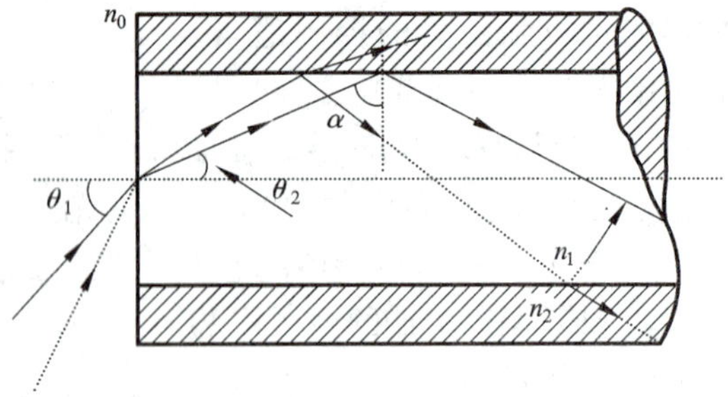

图 5－5－4　子午传导射线和漏射线

参看图 5－5－4，假设光纤端面与其轴线垂直。如前所述，当一光线射到光纤入射端面时的入射面包含了光纤的轴线，则这条射线在光纤内就会按子午射线的方式传播。根据 Snell 定律及图 5－5－4 所示的几何关系有：

$$n_0\sin\theta_1 = n_1\sin\theta_2 \qquad \theta_2 = \frac{\pi}{2} - \alpha \tag{5－5－1}$$

$$n_0\sin\theta_1 = n_1\cos\alpha \tag{5－5－2}$$

式中：n_0是光纤入射端面左侧介质的折射率。通常，光纤端面处于空气介质中，故 $n_2 = 1$。

由式(5－5－2)可知：如果所论光线在光纤端面处的入射角较小，则它折射到光纤内部后投射到芯子－包层界面处的入射角 α 有可能大于由芯子和包层材料的折射率 n_1 和 n_2 按下式决定的临界角 α_c：

$$\alpha_c = \arcsin(n_2/n_1) \tag{5－5－3}$$

在此情形下光射线在芯子－包层界面处发生全内反射。该射线所携带的光能就被局限在纤芯内部而不外溢，满足这一条件的射线称为传导射线。

随着图 5－5－4 中入射角 θ_1 的增加，α 角就会逐渐减小，直到 $\alpha = \alpha_c$ 时，子午射线携带的光能均可被局限在纤芯内。在此之后，若继续增加 θ_1，则 α 角就会变得小于 α_c。这时子午射线在芯子－包层界面的每次反射均有部分能量溢出纤芯外，于是光导纤维再也不能把光能有效地约束在纤芯内部，这类射线称为漏射线。

设与 $\alpha=\alpha_c$ 对应的 θ_1 为 $\theta_{1\max}$，由上所述，凡是以 $\theta_{1\max}$ 为张角的锥体内入射的子午射线，投射到光纤端面上时，均能被光纤有效地接收而且约束在纤芯内。

根据式(5－5－2)有：

$$n_0\sin\theta_{1\max}=n_1\cos\alpha_c$$

因式中 n_0 表示光纤入端面空气一侧的折射率的值为 1，故：

$$\sin\theta_{1\max}=n_1\sqrt{1-\sin^2\alpha}=\sqrt{n_1^2-n_2^2}$$

通常把上式定义为光纤的理论数值孔径(numerical apeture)，用英文字符 NA 表示。

$$NA=\sin\theta_{1\max}=\sqrt{n_1^2-n_2^2}=n_1\sqrt{2\Delta} \tag{5-5-4}$$

它是一个表征光纤对子午线捕获的参数，其值只与纤芯和包层的折射率 n_1 和 n_2 有关，与光纤的半径 r 无关。在式(5－5－4)中

$$\Delta=\frac{n_1^2-n_2^2}{2n_1^2}\cong\frac{n_1-n_2}{n_1} \tag{5-5-5}$$

称为纤芯－包层之间的相对折射率差，Δ 愈大，光纤的理论数值孔径 NA 愈大，表明光纤对于午射线捕获的能力愈强，亦即由光源发出的光功率更易于耦合到光纤的纤芯内，这对于作传光用的光纤来说是有利的，但对于通信用的光纤，数值孔径愈大，模式色散也增加，这不利于传输容量的提高。

4. LED 的驱动及调制电路

音频信号光纤传输系统发送端 LED 的驱动和调制电路如图 5－5－5 所示，以 BG_1 为主组成的电路是 LED 的驱动电路，调节这一电路中的 W_2 可使 LED 的偏置电流在 0 ~ 60 mA 的范围内变化。被传音频信号经由数字解调电路或 IC_1 组成的音频放大电路放大后再经电容器 C 耦合到 BG_1 的基极，对 LED 的工作电流进行调制，从而使 LED 发送出光强随音频信号变化的光信号，并经光导纤维把这一信号传至接收端。

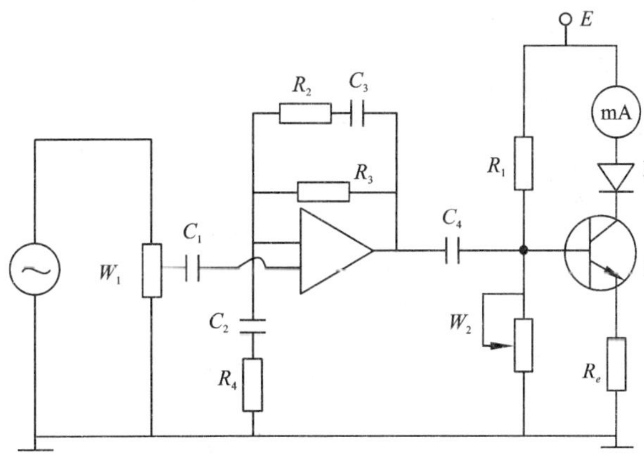

图 5－5－5　LED 的驱动和调制电路

根据运放电路理论图图 5－5－5，音频放大电路的闭环增益为：

$$G(j\omega)=1+Z_2/Z_1 \tag{5-5-6}$$

其中 Z_2、Z_1 分别为放大器反馈阻抗和反相输入端的接地阻抗，只要 C_3 选得足够小，C_2 选得足够大，则在要求带宽的中频范围内，C_3 的阻抗很大，它所在支路可视为开路，而 C_2 的阻抗很小，它可视为短路，在此情况下，放大电路的闭环增益 $G(j\omega)=1+R_3/R_1$。C_3 的大小决

定着高频端的截止频率f_2，而C_2的值决定着低频端的截止频率f_1。故该电路中的R_2、R_3，R_4和C_2，C_3是决定音频放大电路增益和带宽的几个重要参数。

5. 光信号接收器

在光信号接收器的电路原理图中SPD是峰值响应波长与发送端LED光源发光中心波长很接近的硅光电池，SPD的任务是把经传输光纤出射端输出的光信号的光功率转变为与之成正比的光电流I。然后经ICl组成的$I-V$转换电路，再把光电流转换成电压V_o输出，V_0与I_0之间具有以下比例关系：

$$V_0 = R_f I_0 \tag{5-5-7}$$

以IC_2(LA4112)为主构成的是一个音频功放电路，该电路的电阻元件(包括反馈电阻在内)均集成在芯片内部，只要调节外接的电位器W_2，可改变功放电路的电压增益，从而可以改变功放电路的输出功率，功放电路中电容C_{Nf}的大小决定着该电路的下限截止频率。

实验步骤

1. 光信号的调制与发送实验

(1)LED传输光纤组件电光特性的测定。

半导体发光二极管是一种电光转换器件，它的电气特性与普通的半导体二极管一样，具有单向导电性。在电光转换驱动电路中处于正向工作状态即它的正极接驱动电路的高电位端，负极接低电位端。工作时，驱动电路必须限制在小于其最大允许电流I_{max}的范围内(对本系统采用的LED，$I_{max}=60$ mA)，为此在驱动电路中必须设置适当的限流电阻，否则会使LED损坏。光纤通信技术中所用的LED及光电转换器件均是价格昂贵的光电器件，使用过程中应注意安全。

本实验系统LED输出的光功率与传输光纤是直接耦合的，LED的正负极通过光纤绕线盘上的电流插口与发送器的调制驱动电路连接。测量LED——光纤组件的电光特性时，首先用两端为两芯插头的连接线，一头插入传输光纤绕线盘上的电流插孔，另一头插入发送部分的“LED插孔”，然后把光探测器的窗口插入传输光纤的远端，另外两只插头接光功率计面板上的光探测器插孔，光功率计应在无光时调零。以上准备工作就绪后，开启发送器的电源开关便可进行测试。

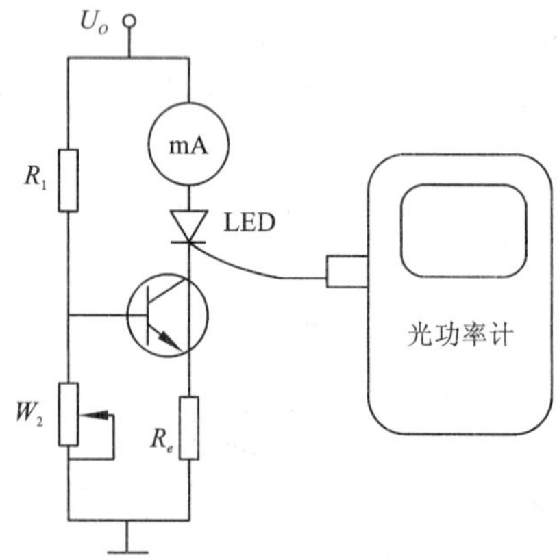

图5-5-6　LED传输光纤组件电光特性的测定

测试电路如图5-5-6所示，测试时，调节发送器前面板上的“偏流调节”旋钮，使LED的驱动电流$I_D<60$ mA的任一适当值，并观察光功率计的示值。在保持LED驱动电流不变的情况下，适当调整传输光纤远端与光功率计探测器的耦合状态，使光功率计指示最大后保持这一最佳耦合状态不变。然后调节“偏流调节”旋钮，使发送器前面板上的毫安表的示值(即LED的驱动电流I_D)在0~60 mA范围内变化，从零开始，每隔5或10 mA读取一次光功率计的示值P_0，直到$I_D=60$ mA为止。根据以上测量数据，以P_0为纵坐标，I_D为横坐标，便可在(P_0，I_D)坐标系中画出包括传输光纤与

LED 的连接损耗及传输光纤的传输损耗在内的 LED－光纤组件的电光特性曲线。

实测数据为：

I_D/mA	0	10	20	30	40	50	60
P_0/mV	0	25.2	56.1	87.2	120	152	180

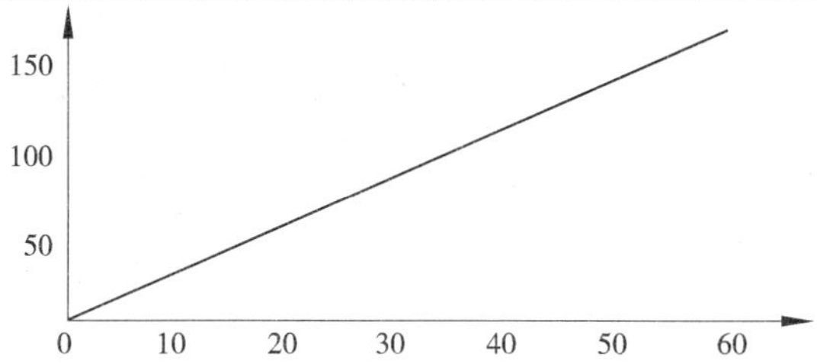

图 5－5－7　LED 光纤组件的电光特性曲线

在额定的工作区 I_D从 10～60 mA 基本上是线性的，非线性偏差 $\Delta P/P<8\%$。

(2) LED 偏置电流与无截止畸变最大调制幅度关系的测定。

与其他光源比较，半导体发光二极管的优点就在于只需调制它的驱动电流，就可简单地实现光信号的调制。进行光信号调制时，首先根据 LED 的光电特性曲线选择一个适当的偏制电流（一般选为其电光特性较好线段中点对应的驱动电流），然后把 1 kHz 的正弦信号经两芯插头引至发送部分的“信号输入”插孔，并用示波器观测图 5－5－5 中标明的晶体三极管发射极电阻 R_e 两端的电压波形，即“发射信号测量点”的波形。由于 $V_0=R_eI_D$，所以 V_0的波形反映了 LED 驱动电流 I_D（在 LED 电光特性的线性范围内也即代表了传输光纤中传输的光功率）随时间的变化波形，如观察到的这一波形具有严重的削波失真，适当减少调制信号幅度，或调节发送器前面板上控制输入信号幅度的 W_1 旋钮，可使光信号的波形为一正弦波。

如果 LED 的光电特性曲线在驱动电流从零至其允许的最大电流范围内线性度较好，因而大幅度调制引起的光信号非线性失真很小，此时调制幅度主要受削波失真的限制，在此情况下，为了获得最大幅度的光信号（因在接收器灵敏度一定时，光信号幅度愈大，光信号传输的距离就愈远），LED 偏置电流可以选为其最大允许驱动电流的一半。

在 LED 不同偏置电流情况下，调节调制信号幅度通过示波器可以观测到无削波失真的光信号最大幅度随 LED 偏置电流变化的情况。

(3) 光信号发送器调制放大电路幅频特性的测定。

为了减小传输过程中因系统带宽有限引起的谐波失真，要求传输系统幅频特性的带宽能覆盖被传信号的频谱范围，对于语音信号，其频谱在 300～3400 Hz 范围内，对于音乐信号，是在 20～20 kHz 范围内。在光纤传输系统中，作为信道的光导纤维，其带宽远大于音频范围带宽，故在音频信号光纤传输系统中，系统的带宽主要取决于电子放大电路。

参看图 5－5－8，测量发送器音频放大电路幅频特性：

先将 1 kHz 交流信号通过信号输入插孔并调节信号大小，使调制输入信号峰－峰值为某一适当值，比如 20 mV（通过示波器观测发送部分“输入信号测量点”的波形即可确定）。然后在保持调制输入信号幅度不变的情况下，在 10 Hz～20 kHz 范围内，改变调制信号的频率，用示波器观测发送部分标明的调制放大器输出端“射极输出测量点”电压波形的峰－峰值，并列

表记下不同频率 V_{in} 和 V_0 的测量结果。测量时频率变化的间隔程度，由实验人员根据实际情况合理确定，在上、下截止频率附近，频率间隔应适当密集一些。

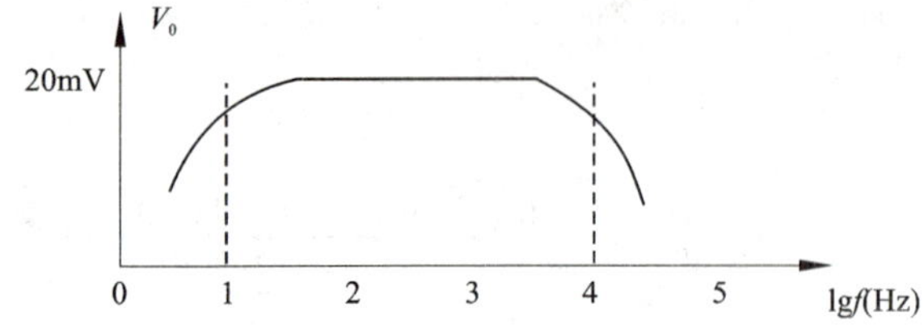

图 5－5－8　发送部分音频放大电路幅频特性曲线

根据以上测试条件下的 V_{in} 值和各测试频率 f 所对应的 V_0 值，便可在坐标纸上绘出发送器调制放大电路的幅频特性曲线（频率轴以 lg$f$ 进行分度），确定出带宽及增益，并与理论计算结果比较。

2. 光信号的接收实验

（1）硅光电池光电特性及响应度的测定。

半导体硅光电池光电特性的测定电路如图 5－5－9 所示。

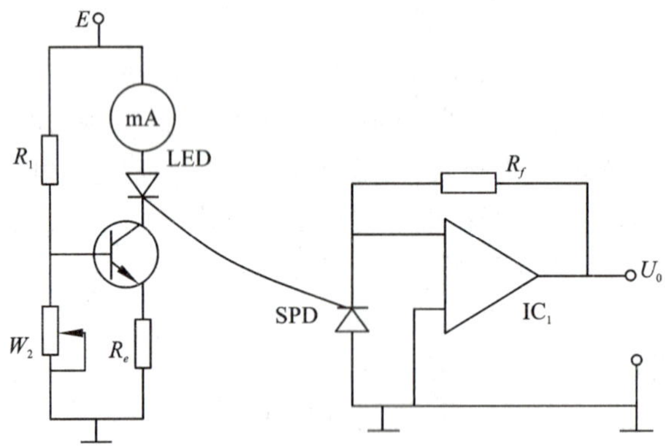

图 5－5－9　硅光电二极管光电特性的测定

①保持发送部分的所有联接状态不变，把光探测器的插头从光功率计上抽出并转插到接收部分的 SPD 输入插孔内，把数字万用表（200 mV 挡）接至接收部分的信号转换测量点和地的两个对应插孔内。

②开启发送器和接收器的电源开关，旋动发送器前面板的“偏流调节”旋钮，使 LED 的驱动电流为 30 mA，然后在保持发送端 LED 的驱动电流 I_D 不变的情况下，调整传输光纤远端与被测硅光电池的耦合至最佳状态（即数字万用表指示电压最大的状态）。并在以后的测试过程中注意保持这一最佳耦合状态不变。

③调节发送端 LED 的驱动电流，从零开始，每增加 5 mA 或 10 mA 读取一次接收端 $I-V$ 变换电路输出电压，根据已测得的 LED—光纤组件的光电特性曲线和 $I-V$ 变换电路的反馈电阻 $R_f=30\ \text{k}\Omega$ 值便可由这些测量数据算出被测硅光电池的光电特性曲线，由这一特性曲线，就可按下公式算出被测硅光电池的响应度：

$$r=\frac{\Delta I_0}{\Delta P_0}\quad (\mu\text{A}/\mu\text{W})$$

其中 ΔP_0 表示两个测量点对应的入照光功率的差值，ΔI_0 是对应的光电流的差值，由于硅光电池的光电特性具有很好的线性度，故一般选取零光功率输入和最大光功率输入情况下对应的两个测量点进行计算。

响应度表征了硅光电池的光电转换效率，它是一个在光电转换电路的设计工作中需要知道的重要参数。

被测偏置电流与测量电压值列于表 5－5－1。

表 5－5－1 实验数据

I_0/mA	0	10	20	30	40	50	60
V_0/mV	－0.1	－38	－78	－119	－159	－199	－237

已知的反馈电阻 $R_f = 30\ \text{k}\Omega$ 值和 LED－光纤组件的电光特性曲线列表 5－5－2

表 5－5－2 电光特性曲线数据

P_0/μW	0	30	60	90	120	150	180
I_0/μA	0	1.3	2.6	4	5.3	6.6	7.9

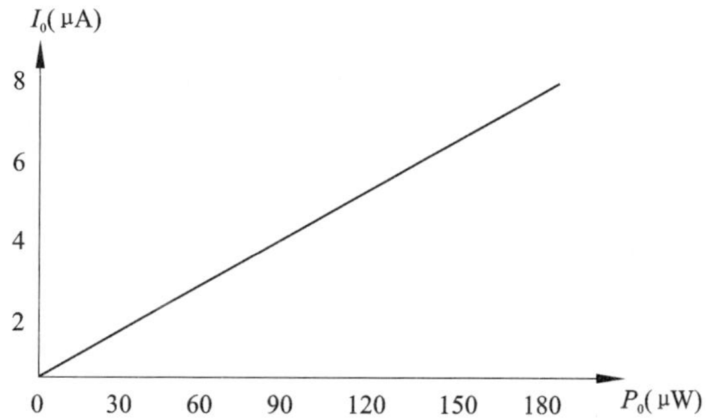

图 5－5－10 硅光电二极管光电特性的测定

硅光电池的响应度 $$r = \frac{\Delta I_0}{\Delta P_0} = \frac{7.9}{180} = 0.044 \quad (\mu A/\mu W)$$

数据显示 A 在 $P_0 \leqslant 180\mu W$ 时，有较稳定的响应度。

(2)光信号的检测。

在保持前项实验时 LED 尾纤与接收器光电检测元件的最佳耦合状态不变和把发送端 LED 的偏置电流设置为 50 mA 的情况下，调节发送端音频信号源的频率和幅度，用示波器观测接收端 $I-V$ 变换电路输出电压的波形变化情况，并记录下某一确定频率下(比如 1 kHz)这一波形无截止畸变的最大峰－峰值，根据 $I-V$ 变换电路中 R_f 值与光电二极管的响应度 R 值计算与此情况对应的光信号光功率变化的幅值，并与由 LED－传输光纤组件的电光特性曲线确定的最大调制幅度情况下光功率变化幅值比较。

(3)光电信号的放大。

在前面各项实验联接的基础上，把接收端功放电路的电位器 W_{Nt} 调至最小。然后在保持发送端输入信号幅度不变(其值以 LED 的光信号不出现截止失真和功放电路输出不出现饱和失真为宜)的情况下，改变发送端信号源频率，用示波器观测和记录接收端功放电路输出电压随信号频率的变化，列表记录测量结果。

增大功放电路中电位器 W_{Nt} 的阻值，重复上述实验内容的观测，并把结果与 W_{Nt} 阻值最小时的情形比较，分析比较结果。

3. 系统的组成及光讯号的传输试验

(1)调整系统各部件至正常工作。

①将光探测器的插头插到接收部分的 SPD 输入插孔内。

②按选定的 LED 的偏置电流，对光信号进行正弦调制，并用示波器观察发送端 LED 驱动电路中 R_e 的电压波形，适应调节调制信号幅度，使该波形无削波失真。

③用示波器观察接收端功放电路的输出波形，为此，应把示波器的输入电缆接至接收部分功放电路输出端的红、黑插孔内。若所观察到的波形与发送的调制信号波形一致，表明整个传输系统工作正常。

改变调制信号幅度和频率，通过示波器观察传输效果。

(2)语言信号的传输。

用音源(收音机输出或话筒)代替信号发生器并把其输出插入发送器前面板上的“信号输入”插孔，把本实验仪配置的 4 Ω 音箱接入接收部分面板上标有“喇叭输出”的插孔内，并把“喇叭接通开关”打开，即可进行话音传输实验，并试验整个音频信号光纤传输系统的音响效果。试验时，根据实际情况可适当调节发送部分的 LED 偏置电流、调制放大器电路反馈电阻及接收功放电路的 W_{Nt} 等系统参数，考察传输系统的听觉效果并用示波器监测系统的输入和输出信号的波形变化。

注意事项

联接好线路后，接通电源开关，若发送器数字电流表有显示、光纤盘尾纤有红光输出、接收板面发光二极管亮，说明系统的电源部分正常工作。

本实验系统的半导体发光二极管处于驱动电路晶体三极管的集电极回路中，在实验过程中，应避免它的引脚与实验系统和测试仪器的地线相碰，否则会造成 LED 的永久性损坏。

实验过程中进行光导纤维与光功率计或硅光电池入照窗口的耦合联接时，应注意光纤端面的保护，并按光纤的自然弯曲状态进行操作，不得加力弯折。

实验 5－6　CCD 原理及应用

CCD 是英文 charge-coupled devices 的缩写，中文通常将其译成“电荷耦合器件”。它是一种以电荷为信号载体的微型图像传感器。随着半导体微电子技术的发展，CCD 传感器的像素集成度、分辨率、几何精度和灵敏度大大提高，工作频率范围显著增加，可高速成像以满足对高速运动物体的拍摄，并以其光谱响应宽、灵敏度和几何精度高、低噪声、低功耗、抗电磁干扰能力强、图像畸变小、便于进行数字化处理和与计算机连接等优点，在图像采集、非接触测量和实时监控方面得到了广泛的应用。

实验目的

(1) 了解 CCD 的基本工作原理和线阵 CCD 的基本结构及工作过程；

(2) 掌握 CCD 的应用：①实时在线、非接触式的高精度尺寸测量方法的原理；②实时在线地完成光谱图形的分析和光强分布的分析（单缝衍射分析）。

实验仪器

单缝衍射实验仪（半导体可调激光器、组合光栅、数据采集系统）、示波器。

实验原理

CCD 的功能是把光学图像转换为电信号——电荷。因此，CCD 原理的主要问题是信号电荷的产生、存储、传输和检测。

1. 电荷耦合器件的基本原理

(1) 电荷存储。CCD 的基本单元是 MOS（金属－氧化物－半导体）电容器，如图 5－6－1(a) 所示，半导体为 P 型硅，绝缘的氧化层是 SiO_2，而金属栅电极是一层极薄的能透光的多晶硅，当栅极相对于 P 型硅加上正偏压 U_G，而 $U_G < U_{th}$（阈值电压时），P 型硅中多数载流子－空穴被排斥，在 Si－SiO_2 交界处形成耗尽层，如图 5－6－1(b) 所示，继续增加 U_G，耗尽层向内延伸。而当 $U_G > U_{th}$ 时，Si－SiO_2 界面的电势（常称为表面势，用 Φ_S 表示）变得很高，可将 P 型硅内的少数载流子－电子吸引到表面，形成一层极薄的电荷浓度高的反型层，如图 5－6－1(c) 所示。由于电子带负电，所以处在反型层中的电子势能较低，我们可形象化地说：在 Si—SiO_2 界面形成了电子的势阱，可以存储电子，这就是 MOS 结构存储电荷的基本原理。

对于一定结构的 MOS 电容，在没有反型层电荷时，表面势 Φ_S 与栅极电压 U_G 为近似的正比关系，因而 U_G 越大，势阱越深。如图 5－6－2(a) 所示。由于表面势 Φ_S 与反型层电荷密度成反比，所以如果有信号电荷来到势阱内，它们便聚集在界面，使得电荷密度上升，表面势降低，反型层变薄，这可形象地称为势阱的填充，如图 5－6－2(b) 所示，当反型层电荷足够多，使势阱被填满时，电子将产生“溢出”现象，如图 5－6－2(c) 所示，总之，我们可将表面势作为势阱深度的量度。

(2) 电荷转移。我们以三相 CCD 为例，来说明势阱中的电荷是怎样转移的。如图 5－6－3 所示，有 4 个彼此紧靠的 MOS 结构电容器，其中标号为①～③的三个栅极为一组，加入如图 5－6－3(f) 所示的时钟脉冲 $\Phi_1 \sim \Phi_3$。设在 t_0 时刻，$\Phi_1 = 10$ V；$\Phi_2 = 2$ V；$\Phi_3 =$

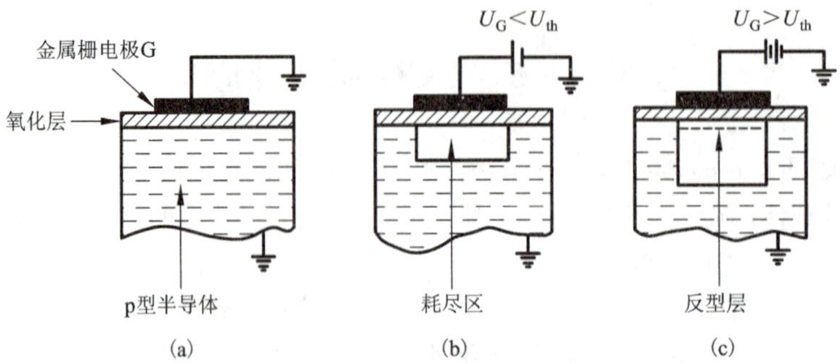

图 5－6－1　CCD 的栅极电压变化对耗尽区的影响

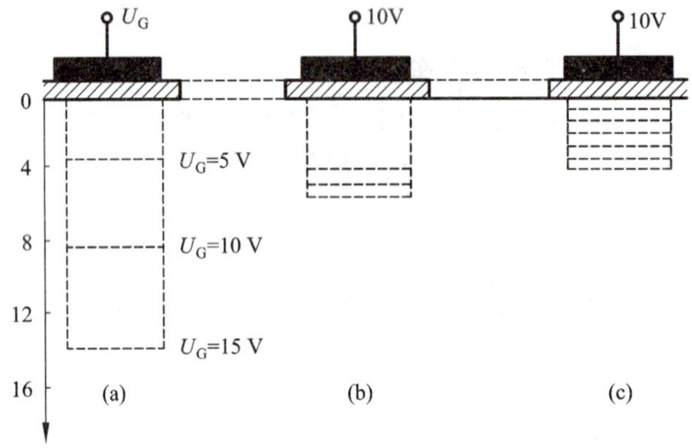

图 5－6－2　势阱

(a)空势阱　(b)填充 1/3 的势阱　(c)全满势阱

2 V；假定有一些信号电荷存储在①号电极下面的深势阱里，如图 5－6－3(a)所示。到了 t_1 时刻，②号电极的电压 Φ_2 由 2 V 变到 10 V，其余电极电压不变，则②号电极下形成新势阱，因①和②电极十分靠近(几个微米)，这将原来各自独立的势阱合并在一起，信号电荷变为两个势阱所共有，如图 5－6－3(b)，(c)所示，此后①号电极电压从 10 V 变为 2 V，其余各极电压不变，则共有的电荷转移到②号电极下的势阱中，如图 5－6－3(d)、(e)所示。由此可见，深势阱及电荷包向右移动了一个位置。如果将如图 5－6－3(f)所示的，按一定规则变化的 $\Phi_1 \sim \Phi_3$ 时钟脉冲电压按顺序施加到 CCD 各电极上，电极下的电荷包就能沿半导体界面按一定方向移动，从其效果上看类似数字电路中的移位寄存器。

以电子为信号电荷的 CCD 称为 n 型沟道 CCD，这种转移沟道在界面的 CCD 器件称为表面的沟道器件，简称 SCCD 器件。

(3)电荷的注入——光注入。当光照射到 CCD 硅片时，在栅极附近的半导体内产生电子－空穴时，其多数载流子被 U_G 排斥，少数载流子则被收集在势阱中形成信号电荷；光注入式又可分为正面照射与背面照射式。

图 5－6－4 为背面照射式光注入的示意图，在光注入后势阱中光信号电荷 Q 可表示为：

$$Q=\eta q \Delta n_{eo} A T_c \qquad (5-6-1)$$

式中：η 为材料的量子效率；q 为电子电荷量；Δn_{eo} 为入射光的光子流速率；A 为光敏单

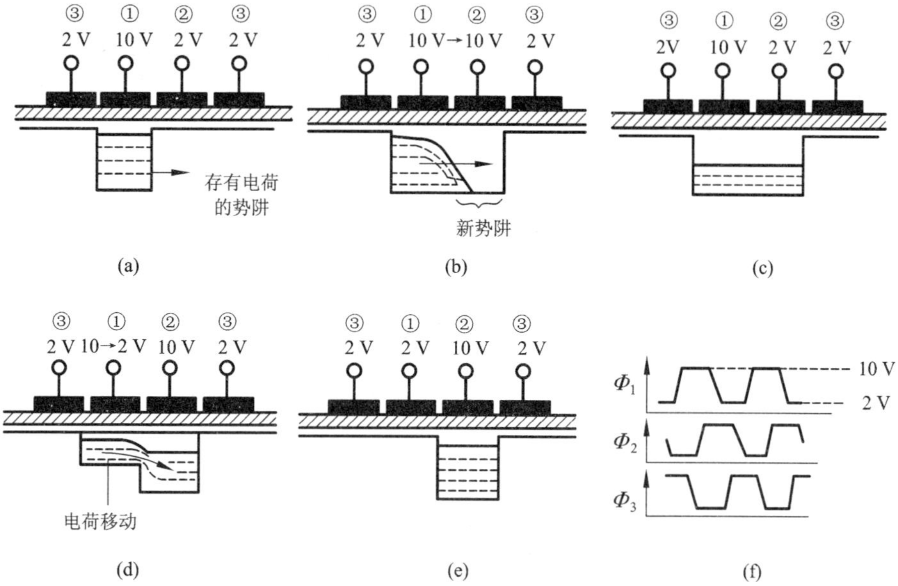

图 5-6-3 三相驱动的 CCD 中电荷转移过程

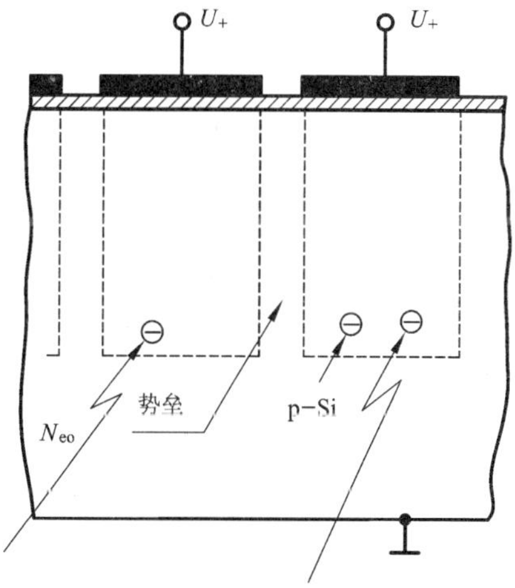

图 5-6-4 背面照射式光注入

元——MOS 电容器的受光面积；T_C 为光注入时间。由式(5-6-1)可以看出，当 CCD 器件确定以后，η、q、A 均为常数，所以势阱中产生的信号电荷 Q 与入射光子流速率 Δn_{eo} 及注入时间 T_c 成正比，当注入时间(又称光积分时间) T_c 一定时，信号电荷 $Q \propto \Delta n_{eo}$，如果光源为单光色，则光注入的信号电荷量 Q 与单色光源的光谱辐通量 Φe_λ 成线性关系，该线性关系就是应用 CCD 器件检测光谱强度和进行多通道光谱分析的理论基础。

(4)线阵 CCD 图像传感器原理。

图 5-6-5 所示为两相单沟通线型 CCD 器件的结构示意图，光敏区的光敏元(即像元)主要为 MOS 结构和光电二级管结构，线阵型的所有光敏元排成一列，图像经物镜成像到光敏区，所以它又叫成像区，转移栅位于光敏区和 CCD 移位寄存器之间，用来控制光敏元势阱中的信号电荷向移位寄存器转移，CCD 移位寄存器接收各光敏元势阱中的信号电荷，并在相时钟脉冲 $\Phi_1 \sim \Phi_2$ 作用下串行地移出每个光敏元的电荷包。

以两相结构为例，N 个光敏元与 N 位 CCD 移位寄存器对齐，而每一位 CCD 有两相，最靠近输出端点为第一光敏元，对应那位 CCD 为第一位。各光敏元通向 CCD 移位寄存器的各转移沟通之间有沟阻隔开。

如图 5-6-6 所示，当入射光照射到光敏区时，每个光敏元始终进行光积分，在每个光敏元下的势阱中形成对应的信号电荷(当然形成的条件是对应光敏元栅极的相时钟脉冲 $\Phi_1 \sim \Phi_2$ 应为高电平)，而当转移栅由低电平跳变为高电平时，转移栅打开，势阱中的信号电荷可漏入到对应的 CCD 移位寄存器中，同时，图中是 Φ_1 电栅极为高电平，即光敏元 Φ_1 栅极下的势阱中信号电荷转移到所对应的那位 CCD 中。然后转移栅跳变为低电平，将光敏区 Φ_1 下的势阱与 CCD 隔断，光敏区又开始下一次的光积分(光照射)。而 N 个电荷包在相对时钟脉冲 $\Phi_1 \sim \Phi_2$ 作用下依次沿 CCD 串行传输，每驱动一个 Φ 的周期，信号电荷包向输出端方向移一位，依此类推，直到一行 N 个信号电荷包全部输出完。此时转移栅又再次跳变为高电平，又开始新的一行信号传输和读出，周而复始。

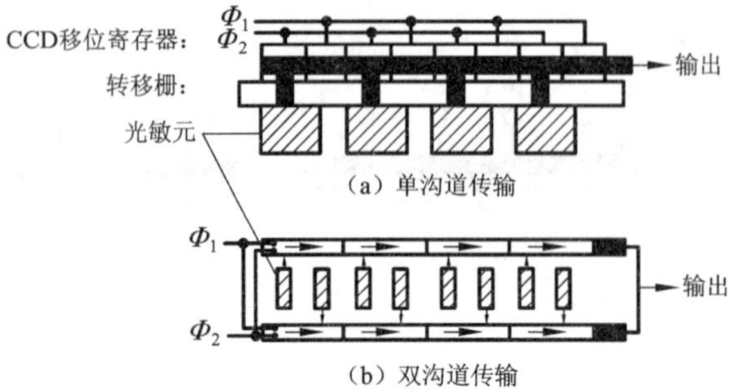

图 5-6-5　两相单沟通(双沟道)线型 CCD 器件结构图

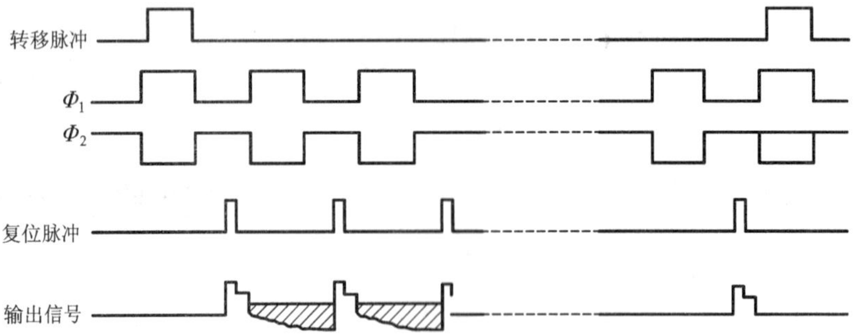

图 5-6-6　线阵 CCD 器件基本工作波形

2. CCD 器件应用——光谱图形和光强分布的测量

因为 CCD 器件具有较好的、较宽的光谱响应范围，灵敏度高、暗电流小，因而在光谱分析中占有很重要的一席之地。这里我们分析用 CCD 器件完成光的单缝衍射实验的基本原理。

光的衍射现象是光的波动性的一种表现，可分为菲涅耳衍射与夫琅禾费衍射两类。菲涅耳衍射是近场衍射，夫琅禾费衍射是远场衍射，又称平行光衍射，如图 5-6-7 所示。

将单色点光源放置在透镜 L_1 的前焦面，经透镜后的光束成为平行光垂直照射在单缝 AB 上，按惠更斯-菲涅耳原理，位于狭缝的波阵面上的每一点都可以看成一个新的子波源，它们向各个方向发射球面子波，这些子波相叠加经透镜 L_2 会聚后，在 L_2 的后焦面上形成明暗相间的衍射条纹，其光强分布规律为：

$$I_\theta = I_0 \frac{\sin^2\varphi}{\varphi^2} \tag{5-6-2}$$

式中：$\varphi = \dfrac{\pi}{\lambda} a\sin\theta$，$a$ 是单缝宽度，θ 是衍射角，λ 为入射光波长。

由式(5-6-2)可见：

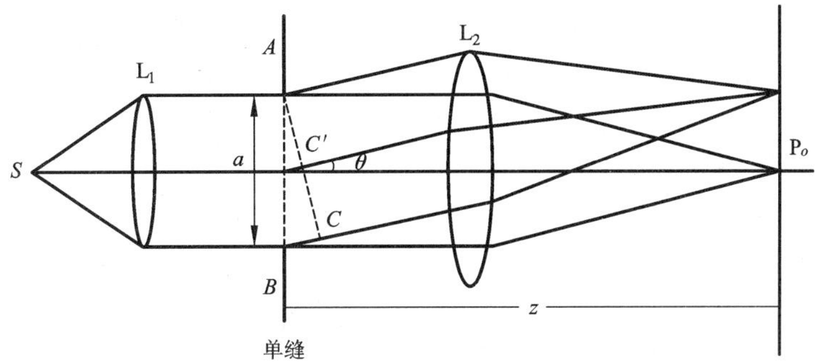

图 5-6-7　单缝衍射

(1)当 $\theta=0$ 时，$I_\theta=I_0$，为中央主极大的强度，光强最强，绝大部分的光能都落在中央明纹上；

(2)当 $\sin\theta=\dfrac{K\lambda}{a}(K=\pm1,\ \pm2,\ \cdots)$ 时，I_θ，为第 K 级暗纹，由于夫琅禾费衍射时，θ 很小，有 $\theta\approx\sin\theta$，因此暗纹出现的条件为：

$$\theta=\frac{K\lambda}{a} \tag{5-6-3}$$

(3)从式(5-6-3)可见，当 $K=\pm1$ 时，为主极大两侧第一级暗条纹的衍射角，由此决定了中央明纹的宽度 $\Delta\theta_0=\dfrac{2\lambda}{a}$，其余各级明纹角宽度 $\Delta\theta_K=\dfrac{\lambda}{a}$，所以中央明纹宽度是其他各级明纹宽度的 2 倍。

(4)除中央主极外，相邻两暗纹级间存在着一些次最大，这些次最大的位置可以从对式(5-6-3)求导并使之等于零而得到，如表 5-6-1 所示。

表 5-6-1　衍射条纹情况表

级数 K	次最大时 θ	相对光强 $\dfrac{I}{I_0}$
±1	$\pm1.43\dfrac{\lambda}{a}$	0.047
±2	$\pm2.46\dfrac{\lambda}{a}$	0.017
±3	$\pm3.47\dfrac{\lambda}{a}$	0.008

如果在透镜 L_2 的后焦面上放置由线阵 CCD 器件组成的图像传感器，所获得的 0 级、±1 级、±2 级等衍射条纹通过传感器成为视频信号输出，再通过计算机总线接口上的采集卡进行 A/D 转换，成为光谱分析软件所需的数据，经处理后可在显示器屏上获得如图 5-6-8 所示的曲线。

图中横坐标以 CCD 器件的像元为单位，表示为道(ch)，纵坐标表示光强 I，很明显，中央的最大单峰为 0 级衍射条纹，而它左、右两边很小的、对称的双峰分别为 ±1级和 ±2 级条纹。

3. 单缝衍射实验装置

单缝衍射实验仪的整体结构如图 5－6－9 所示。CCD 数据采集系统中采用光敏元尺寸为 11 μm × 11μm，光敏元数为 2592 个的线阵 CCD 器件，同样外围驱动电路核心是一块 PIC16C54C 单片机，控制产生符合时序要求的各种脉冲。CCD 器件的光敏面至光强仪前面板距离为 4.5 mm，CCD 数据采集实验仪后面板各插孔标记含义如下，波形见图 5－6－10。

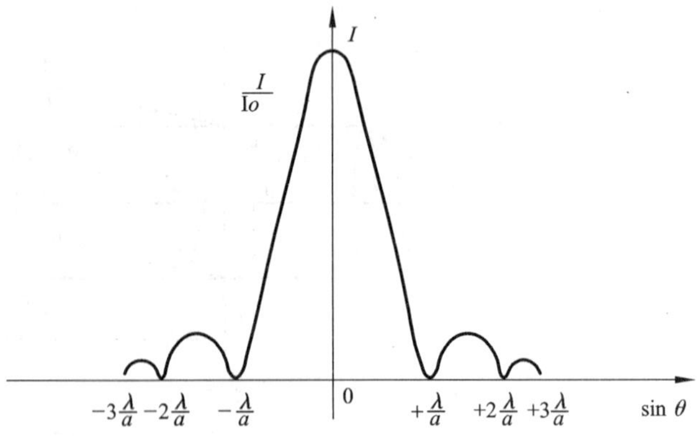

图 5－6－8　衍射光分布曲线

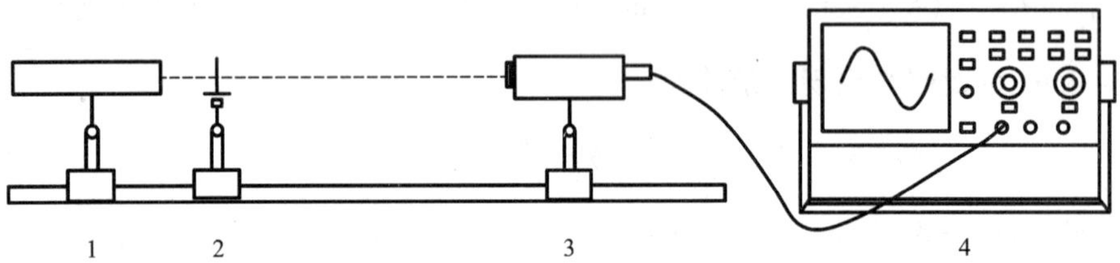

图 5－6－9　单缝衍射实验仪

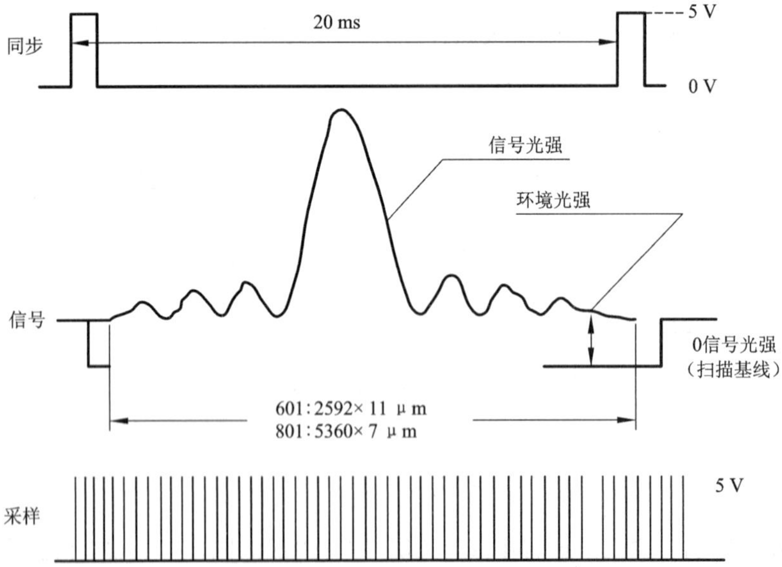

图 5－6－10　CCD 数据采集实验仪后面板各插孔输出波形

“示波器/微机”：当数据采集系统配接的是 CCD 数字示波器或通用示波器时，将此开关打在“示波器”位置，“同步”脉冲频率为 50 Hz；当配接的是按装有 CCD 采集卡的微机系统时，把开关打在“微机”位置，“同步”脉冲频率为 1 ~5 Hz，“采样”脉冲频率为 10 ~15 kHz。

“同步”：启动 CCD 器件扫描的触发脉冲，主要供示波器 X 轴外同步触发和采集卡同步用。“同步”的含意是“同步扫描”。接红色插头电缆线。

“采样”：每一个脉冲对应于一个光电二极管，脉冲的前沿时刻表示外接设备可以读取光电管的光电压值，“采样”信号是供 CCD 采集卡“采样”同步和供 CCD 数字示波器作 X 位置计数，此脉冲也可作为几何形状测量时的计数脉冲。接黄色插头电缆线。

“信号”：为 CCD 器件接受的空间光强分布信号模拟电压输出端，接蓝色插头电缆线。“同步”“采样”和“信号”三者所接的电缆线合为一个 DB15 插头，连至 CCD 采集卡。

单缝衍射实验仪采用小功率的半导体可调激光器，使用方便，且可达到连续减光的目的。组合光栅由光栅片和二维调节架构成，光栅片有 5 组图形如图 5 –6 –11 所示，调节水平手轮和俯仰旋钮，可使光栅片左右、上下移动。狭缝参数如表 5 –6 –2 所示。

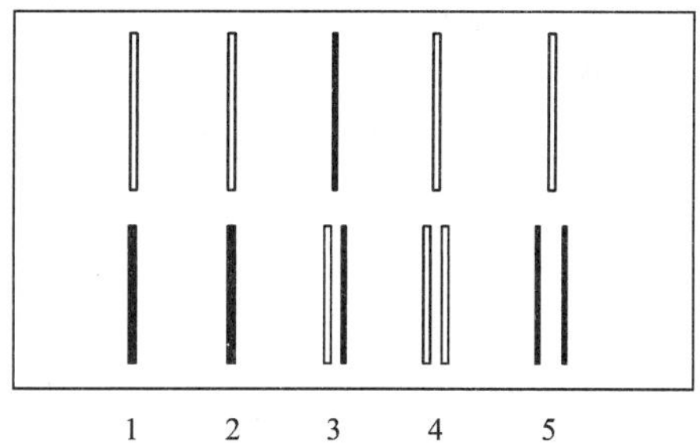

图 5 –6 –11　组合光栅片

表 5 –6 –2　狭缝参数表

狭缝(组)	上	下	d
1	单缝(a =0. 10 mm)	单丝(0. 10 mm)	
2	单缝(a =0. 08 mm)	单丝(0. 08 mm)	
3	单缝(a =0. 06 mm)	双缝(a =0. 06 mm)	d =2
4	单缝(a =0. 06 mm)	双缝(a =0. 06 mm)	d =3
5	单缝(a =0. 06 mm)	双缝(a =0. 06 mm)	d =4

注：d 为缝中心的间距与缝宽的比值。

使用中有几点需要注意：

(1)CCD 数据采集系统有很高的光电灵敏度，需在暗环境中使用，在一般室内光照条件下，已趋饱和，在 CCD WIN 软件上显示出的采集曲线为全高；在没有暗室的情况下，可以在 CCD 数据采集系统和组合光栅架之间架设一个遮光筒(例如两端开口的封闭纸盒)。

(2)单缝与 CCD 数据采集系统之间的距离 Z 应尽可能满足远场条件($Z \gg a^2/8\lambda$，a 为缝宽)。

(3)扫描基线(0 信号光强)的位置调节：将 CCD 数据采集系统的采光窗口遮住，使窗口无法接受到任何光线，扫描基线应在屏幕上呈现为一条近似的平直线，它的位置约在满幅度的 10% 左右，如果不在，可在程序运行中微调 CCD 采集卡上的电位器来解决。扫描基线(0 信号光强)的位置对实验影响不大，正确的位置有利于得到漂亮的采集曲线。

(4)如果采集到的曲线出现了“削顶”，则有两种可能：一是 CCD 器件饱和，说明信号光过强(注意：不是环境光过强)，这时可以减小激光器的功率；二是软件中选项里的增益参数调得太大，应使之减小。

(5)单缝衍射图形一般是对称结构。但有时采集到的图形左右不对称，这主要是各光学元件的几何关系没有调好引起的。实验时，应做如下调节。

①调节单缝的平面与激光束垂直。检查方法是，观察从缝上反射回来的衍射光，应在激光出射孔附近。

②调节组合光栅架上的俯仰或水平调节旋钮，使缝与数据采集系统采光窗的水平方向垂直(或调节数据采集系统)。

(6)如果光强曲线幅值涨落或突跳，是激光器输出功率不稳造成的，常发生在用 He－Ne 激光器时，如采用半导体激光器就不会有这种情况。

(7)如果单缝衍射曲线主极大顶部出现凹陷，常发生在使用质量欠佳的玻璃基板的单缝时，主要是单缝的黑度不够，有漏光现象。如将衍射光直接投射到屏上，可观察到主极大中间有一道黑斑。

(8)如果曲线不圆滑漂亮，请将衍射光直接投射到屏上，如发现衍射图形很乱，边缘不清晰，可能是缝的边缘不直或刀口上有尘埃。另一个原因是 CCD 数据采集系统采光窗上有尖埃，可左右移动数据采集系统，寻找较好的工作区间。

实验步骤

(1)熟悉和掌握 CCD 的基本原理；

(2)数据采集实验仪测量单缝夫琅禾费衍射；

①正确连线，并仔细调整光路，尽可能满足夫琅禾费衍射的条件，熟悉 CCDWIN 5.0 版操作软件的基本使用方法。

②仔细调节光栅片位置和 CCD 数据采集系统位置，使计算机显示屏上出现如图 5－6－9 所示的单缝衍射图形。

③测量 0 级、±1 级和 ±2 级衍射亮纹和暗纹的 $X(ch)$ 值、$Y(\mathrm{A/D})$ 值(在局部视窗中)和光栅片到 CCD 光敏元面的水平距离 Z。

(3)实验报告要求。

①在单缝衍射实验中，计算 0 级、±1 级衍射亮纹和暗纹的衍射角 θ 以及相对光强 I/I_o，并与理论值比较，计算误差。

②详细地阐述和总结 CCD 的原理。

思考题

(1)CCD 势阱中光信号电荷与哪些因素有关？

(2)衍射图形不对称是什么原因？应该怎么办？

实验 5 -7　光电效应实验

1887 年德国物理学家赫兹发现光电效应，此后许多物理学家对光电效应作了深入的研究，总结出光电效应的实验规律。1905 年爱因斯坦提出“光量子”假说，圆满地解释了光电效应，并给出光电方程。密立根用了 10 年的时间对光电效应进行定量的实验研究，证实了爱因斯坦光电方程的正确性，并精确测出了普朗克常数 h。爱因斯坦和密立根因光电效应等方面的杰出贡献，分别于 1921 年和 1923 年获得诺贝尔物理奖。

利用光电效应已制成光电管、光电倍增管等光电器件，在科学技术中得到广泛应用。

实验目的

(1)了解光电效应的规律，加深了对光的量子性的理解；

(2)测量普朗克常数 h；

(3)学会用作图法处理数据。

实验仪器

ZKY - GD - 3 型智能光电效应(普朗克常数)实验仪。

实验原理

光电效应的实验原理如图 5 -7 -1 所示。入射光照射到光电管阴极 K 上，产生的光电子在电场的作用下向阳极 A 迁移构成光电流，改变外加电压 U_{AK}，测量出光电流 I 的大小，即可得出光电管的伏安特性曲线。

光电效应的基本实验事实如下：

对应于某一频率，光电效应的 $I - U_{AK}$ 关系如图 5 -7 -2 所示。从图中可见，对一定的频率，有一电压 U_0，当 $U_{AK} \leqslant U_0$ 时，电流为零，这个相对于阴极的负值的阳极电压 U_0，被称为截止电压。

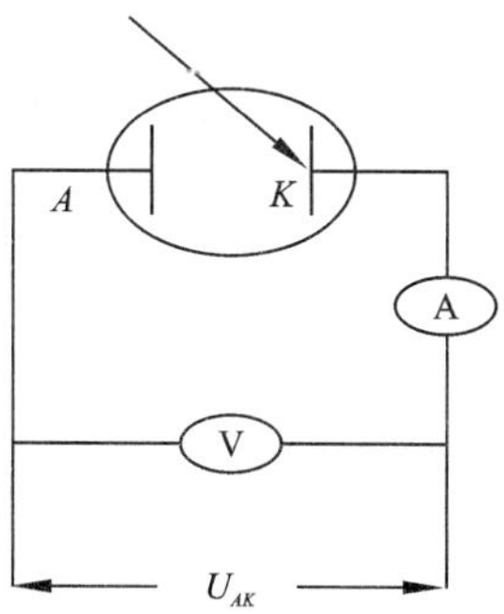

图 5 -7 -1　实验原理图

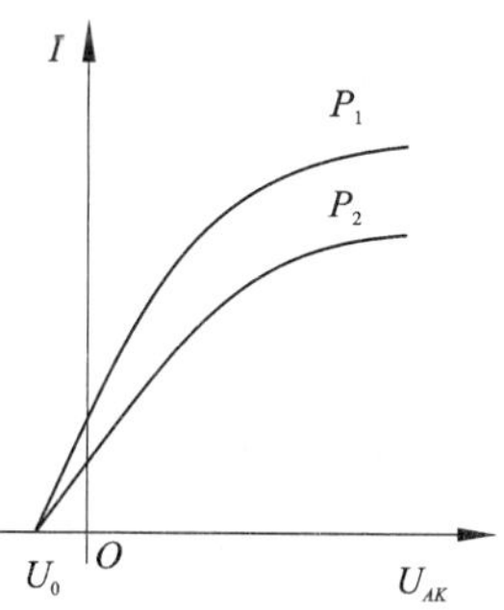

图 5 -7 -2　同一频率，不同光强时光电管的伏安特性曲线

当 $U_{AK} \geqslant U_0$ 后，I 迅速增加，然后趋于饱和，饱和光电流 I_M 的大小与入射光的强度 P 成正比。

对于不同频率的光，其截止电压的值不同，如图 5－7－3 所示。

作截止电压 U_0与频率 v 的关系如图 5－7－4 所示。U_0与 v 成正比关系。当入射光频率低于某极限值 v_0(v_0随不同金属而异)时，不论光的强度如何，照射时间多长，都没有光电流产生。

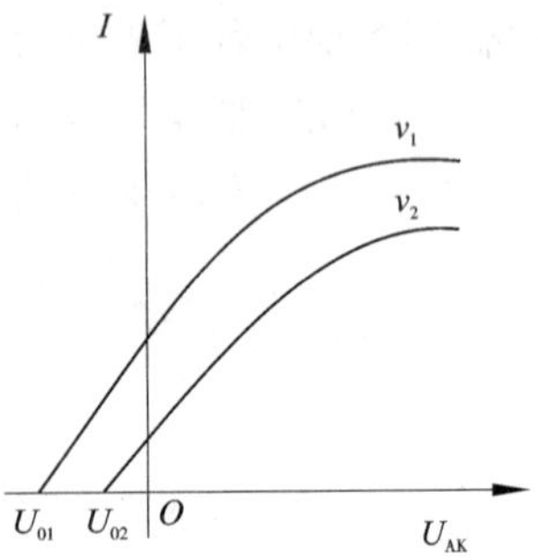

图 5－7－3　不同频率时光电管的伏安特性曲线

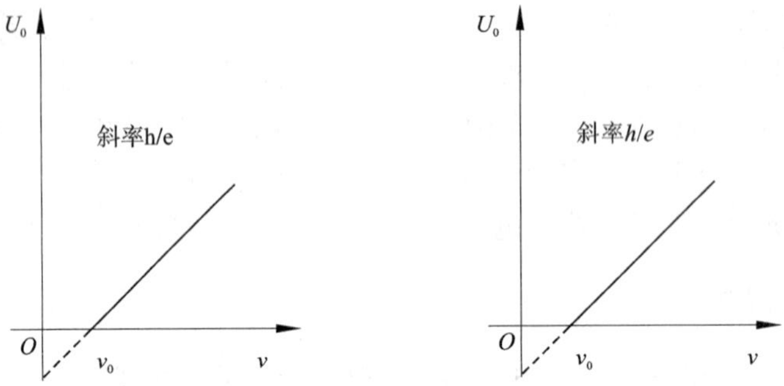

图 5－7－4　截止电压 U 和入射光频率 ν 的关系图

光电效应是瞬时效应。即使入射光的强度非常微弱，只要频率大于 ν_0，在开始照射后立即有光电子产生，所经过的时间至多为 10^{-9}s 的数量级。

按照爱因斯坦的光量子理论，光能并不像电磁波理论所想象的那样，分布在波阵面上，而是集中在被称之为光子的微粒上，但这种微粒仍然保持着频率(或波长)的概念，频率为 ν 的光子具有能量 $E=h\nu$，h 为普朗克常数。当光子照射到金属表面上时，一次为金属中的电子全部吸收，而无须积累能量的时间。电子把这能量的一部分用来克服金属表面对它的吸引力上，余下的就变为电子离开金属表面后的动能，按照能量守恒原理，爱因斯坦提出了著名的光电效应方程：

$$h\nu=\frac{1}{2}mv_0^2+A \tag{5-7-1}$$

式中，A 为金属的逸出功，$\frac{1}{2}mv_0^2$为光电子获得的初始动能。

由该式可见，入射到金属表面的光频率越高，逸出的电子的动能越大，所以即使阳极电位比阴极电位低时也会有电子落入阳极形成光电流，直至阳极电位低于截止电压，光电流才为零，此时有关系：

$$eU_0=\frac{1}{2}mv_0^2 \tag{5-7-2}$$

阳极电位高于截止电压后，随着阳极电位的升高，阳极对阴极发射的电子的收集作用越强，光电流随之上升；当阳极电压高到一定程度，已把阴极发射的光电子几乎全收集到阳极，再增加 U_{AK}时 I 不再变化，光电流出现饱和，饱和光电流 I_M的大小与入射光的强度 P 成正比。

光子的能量 $h\nu_0<A$ 时，电子不能脱离金属，因而没有光电流产生。产生光电效应的最低频率(截止频率)是 $\nu_0=A/h$。

将式(5－7－2)代入式(5－7－1)可得：

$$eU_0=h\nu-A \tag{5-7-3}$$

此式表明截止电压 U_0是频率 ν 的线性函数，直线斜率 $k=h/e$，只要用实验方法得出不同的频率对应的截止电压，求出直线斜率，就可算出普朗克常数 h。

爱因斯坦的光量子理论成功地解释了光电效应规律。

实验步骤

1. 测试前准备

将测试仪及汞灯电源接通，预热 20 min。

把汞灯及光电管暗箱遮光盖盖上，将汞灯暗箱光输出口对准光电管暗箱光输入口，调整光电管与汞灯距离为约 40 cm 并保持不变。

用专用连接线将光电管暗箱电压输入端与测试仪电压输出端(后面板上)连接起来(红-红，蓝-蓝)。

将“电流量程”选择开关置于所选挡位，仪器在充分预热后，进行测试前调零，旋转“调零”旋钮使电流指示为 000.0。

用高频匹配电缆将光电管暗箱电流输出端 K 与测试仪微电流输入端(后面板上)连接起来。

2. 测光电管的伏安特性曲线

将电压选择按键置于 -2 V ~ $+30$ V；将“电流量程”选择开关置于 10^{-11} A 挡；将直径 2 mm 的光阑及 435.8 nm 的滤色片装在光电管暗箱光输入口上。

(1)从低到高调节电压，记录电流从零到非零点所对应的电压值作为第一组数据，以后电压每变化一定值，记录一组数据到表 5-7-1 中。

(2)在 U_{AK} 为 30 V 时，将“电流量程”选择开关置于 10^{-10} A 挡，记录光阑分别为 2 mm，4 mm，8 mm 时对应的电流值于表 5-7-2 中。

换上直径 4 mm 的光阑及 546.1 nm 的滤光片，重复(1)、(2)测量步骤。

用表 5-7-2 数据在坐标纸上作对应于以上两种波长及光强的伏安特性曲线。

由于照在光电管上的光强与光阑面积成正比，用表 5-7-2 数据验证光电管的饱和光电流与入射光强成正比。

表 5-7-1　$I-U_{AK}$ 关系　　$U_{AK}=$　　V

435.8 nm 光阑 2 nm	U_{AK}(V)									
	$I(\times 10^{-11}$A)									
546.1 nm 光阑 4 nm	U_{AK}(V)									
	$I(\times 10^{-11}$A)									

表 5-7-2　I_M-P 关系

435.8 nm	光阑孔 Φ									
	$I(\times 10^{-10}$A)									
546.1 nm	光阑孔 Φ									
	$I(\times 10^{-10}$A)									

3. 测普朗克常数 h

(1)误差来源分析。

理论上，测出各频率的光照射下阴极电流为零时对应的 U_{AK}，其绝对值即该频率的截止电压，然而实际上由于光电管的阳极反向电流、暗电流、本底电流及极间接触电位差的影响，实测电流并非阴极电流，实测电流为零时对应的 U_{AK} 也并非截止电压。

光电管制作过程中阳极往往被污染，沾上少许阴极材料，入射光照射阳极或入射光从阴极反射到阳极之后都会造成阳极光电子发射，U_{AK} 为负值时，阳极发射的电子向阴极迁移构成了阳极反向电流。

暗电流和本底电流是热激发产生的光电流与杂散光照射光电管产生的光电流，可以在光电管制作或测量过程中采取适当措施以减少或消除它们的影响。

极间接触电位差与入射光频率无关，只影响 U_0 的准确性，不影响 $U_0-\nu$ 直线斜率，对测定 h 无影响。此外，由于截止电压是光电流为零时对应的电压，若电流放大器灵敏度不够，或稳定性不好，都会给测量带来较大误差。本实验仪器的电流放大器灵敏度高，稳定性好。

本实验仪器采用了新型结构的光电管。由于其特殊结构使光不能直接照射到阳极，由阴极反射照到阳极的光也很少，加上采用新型的阴、阳极材料及制造工艺，使得阳极反向电流大大降低，暗电流也很小。

由于本仪器的特点，在测量各谱线的截止电压 U_0 时，可不用难于操作的“拐点法”，而用“零电流法”或“补偿法”。

零电流法是直接将各谱线照射下得的电流为零时对应的电压 U_{AK} 的绝对值作为截止电压 U_0。此法的前提是阳极反向电流、暗电流和本底电流都很小，用零电流法测得的截止电压与真实值相差很小。且各谱线的截止电压都相差 ΔU，$U_0-\nu$ 曲线的斜率无大的影响，因此对 h 的测量不会产生大的影响。

补偿法是调节电压使电流 U_{AK} 为零后，保持 U_{AK} 不变，遮挡汞灯光源，此时测得的电流 I_1 为电压接近截止电压时的暗电流和本底电流。重新让汞灯照射光电管，调节电压 U_{AK} 使电流值至 I_1，将此时对应的电压 U_{AK} 的绝对值作为截止电压。此法可补偿暗电流和本底电流对测量的影响。

(2)测量过程。

将电压选择开关按键置于 $-2\ \text{V} \sim +2\ \text{V}$ 挡；将“电流量程”选择开关置于 10^{-13}A 挡，将测试仪电流输入电缆断开，调零后重新接上；将 4 mm 的光阑及 365 nm 的滤色片装在光电管暗箱光输入口上。

从低到高调节电压，用“零电流法”或“补偿法”测量该波长对应的 U_o，并将数据记于表 5－7－3中。

依次换上 404.7nm，435.8nm，546.1nm，577nm 的滤色片，重复以上测量步骤。

表 5－7－3　$U_0-\nu$ 关系　　光阑孔 $\Phi=$　　mm

波长 λ_1(nm)	365.0	404.7	435.8	546.1	577.0		
频率 ν_1($\times10^{14}$Hz)	8.214	7.408	6.879	5.490	5.196		
截止电压 U_{01}(V)							

4. 数据处理

可用以下 3 种方法之一处理表 5－7－3 的实验数据，得出 $U_0-\nu$ 直线的斜率 K。

（1）根据线性回归理论，$U_0-\nu$ 直线的斜率 K 的最佳拟合值为：$k=\dfrac{\bar{\nu}\cdot\overline{u_0}-\overline{\nu\cdot u_0}}{\bar{\nu}^2-\overline{\nu^2}}$，其中：

$\bar{\nu}=\dfrac{1}{n}\sum\limits_{i=1}^{n}\nu_i$ 表示频率 v 的平均值，$\overline{\nu^2}=\dfrac{1}{n}\cdot\sum\limits_{i=1}^{n}\nu i^2$ 表示频率 ν 的平方的平均值；

$\overline{u_0}=\dfrac{1}{n}\sum\limits_{i=1}^{n}u_{01}$ 表示截止电压 U_0 的平均值，$\overline{v\cdot u_0}=\dfrac{1}{n}\sum\limits_{i=1}^{n}\nu_i\cdot u_{01}$ 表示频率 ν 与截止电压 U_0 的积的平均值。

（2）根据 $k=\dfrac{\Delta U_0}{\Delta V_0}=\dfrac{u_m-u_n}{v_m-v_n}$，可逐差法从表 5－7－3 中的后三组数据中求出两个 k，将其平均值作为所求 k 的数值。

（3）可用表 5－7－3 的数据在坐标纸上作 $U_0-\nu$ 直线，由图求出直线斜率 k。

求出直线斜率 k 后，可用 $h=ek$ 求出普朗克常数，并与 h 的公认值相比较，求出相对误差。式中 $e=1.602\times10^{-19}\mathrm{C}$，$h_o=6.626\times10^{-34}\mathrm{J\cdot S}$。

思考题

（1）实验测得的光电流特性曲线与理想的光电流特性曲线有何不同？为什么不同？

（2）为什么会出现反向光电流？如何减少反向光电流？

（3）你所测得的 h 值是偏大还是偏小？试从实验现象中分析说明产生误差的原因。

实验5-8　声光效应实验

20世纪初，布里渊曾预言：有压缩波存在的液体，当光束沿垂直于压缩波传播方向以一定角度通过时，将产生类似于光栅的衍射现象。布里渊的预言不久被实验所证实。后来，人们不仅在液体中，而且在透明固体中也发现了这种现象。利用压电换能器在透明固体中激发超声波，让光通过，观察到了超声波中的光衍射现象。激光器出现之后，这种实验变得异常简单。

自那时起到现在，人们对声光衍射现象作了大量的实验和理论研究。归结起来，声光衍射的实验测量主要包括两方面的内容：①光学测量(测量衍射光强、衍射角、衍射光的偏振方向、衍射光的频率与入射光强、入射角、入射光的波长、驱动源频率、驱动功率、声光互作用介质的关系)；②电输入特性测量(行波器件的电输入特性与声光互作用介质、压电换能器、匹配网络的关系；驻波器件的电输入特性与声光互作用介质、压电换能器、匹配网络的关系)。

实验目的

(1)了解超声波产生的原理和声光效应的原理；

(2)观察超声驻波场中光衍射现象；

(3)测量声波的传播速度；测量超声驻波的衍射光强；计算衍射效率。

实验原理

1. 超声波的产生

任何振动着的物体都可以成为声源，它发生的声音可借助介质(如空气、水等)传播，介质之所以能传播声音是因为它有质量和弹性。这种能量的传播方式称为波，这种声波一般是一种弹性纵波。人耳能听到的声波频率在 $10^2 \sim 10^4$ Hz之间，因而将声频范围在几十千赫至上千兆赫的声波叫超声波，波型也由单纯的纵波扩展到横波、表面波等。目前，超声波的产生主要是利用某些电介质的压电效应原理。据研究可知，某些电介质，当沿着一定方向对其施力而使之变形时，其内部产生极化现象，结果在它的两个表面上便产生相反的电荷，而外力去掉后，又重新恢复到不带电的状态；当外力方向改变时，产生的电荷极性也随之改变，这种现象称为“正压电效应”。相反，当在电介质极化方向施加电场，这些电介质也会产生变形，这种现象称为“逆压电效应”(电致伸缩效应)。很明显，如果在这种电介质材料两端加上频率在几十千赫以上的交流电压，则电介质将按这种频率和这种变化规律变形振动，即成为一个超声波声源。

2. 声光效应

当超声波在介质中传播时，将引起介质的弹性形变作时间上和空间上的周期性变化，并且导致介质的折射率也发生相应的变化。当光束通过有超声波传播的介质后就会产生衍射现象，这就是声光效应，此时，有超声波传播着的介质如同一个相位光栅。早在20世纪30年代就开始了声光衍射的实验研究，20世纪60年代激光器的问世为声光现象的研究提供了理想的光源，促进了声光效应理论和应用研究的迅速发展。声光效应为控制激光束的频率、方向和强度提供了一个有效的手段。利用声光效应制成的声光器件，如声光调制器、声光偏转器和可调谐滤光器等，在激光技术、光信号处理和集成光通信技术等方面有着重要的应用。

3. 驻波声光调制器的工作原理

F－SG1080型声光效应实验仪采用石英晶体/ZF6驻波声光调制器。它由两部分构成，一是声光晶体。声光晶体由压电换能器（石英晶体）和声光互作用介质（ZF6）组成。为了在声光介质中形成驻波，沿声传播方向上声光介质的两个面要严格平行，平行度要优于$\lambda/5$。压电换能器与声光介质焊接成一体。二是驱动源。驱动源是一个正弦波高频功率信号发生器。驱动源提供的正弦高频功率信号［图5－8－1（a）］，通过匹配网络加到压电换能器上，换能器发出的超声波沿x正方向传播，到达对面后，被全反射，反射波沿x负方向传播，声光介质中就同时存在两列频率相同、振幅相等、沿相反方向传播的超声波。

如图，图5－8－1（b）所示就是这种波在10个相等的瞬时间隔时的情况。沿正x方向传播的发射波用虚线表示；沿负x方向传播的反射波用实线表示；它们的叠加用点画线表示。不难看出，叠加波具有相同的波长，只是在空间不产生位移。这种有两个彼此相对的行波组成的振动称为驻波。在驻波中，彼此相距$\lambda/2$的各点完全不振动，这些点称为波节。位于两波节中间的点是波腹，这些点上的振动最大。另外，显而易见的是每隔$1/2T$秒，振动即完全消失［图5－8－1（b）中从上往下数3，5，7，9行的瞬时］，驻波的最大值也位于这些瞬时间隔的中间（2，4，6，8，10），而且每经过这个时间间隔，在波腹处的振动的相位相反。

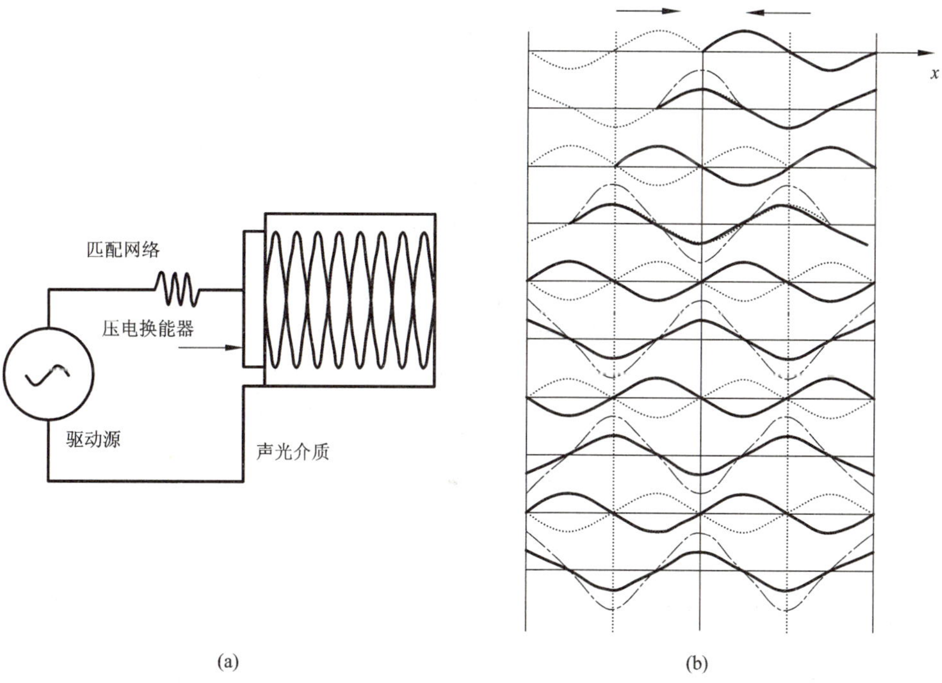

图5－8－1　驻波声光调制器和声光介质中超声驻波的形成过程

沿x正方向和负方向传播的振动可以写成如下形式：

$$a_1 = A\sin(\omega t - Kx)$$

$$a_2 = A\sin(\omega t + Kx)$$

应用加法定理可得到合成驻波的表达式

$$a = 2A\sin\omega t\cos Kx \tag{5-8-1}$$

由此可直接得出，在 $\cos Kx$ 等于零的各点，位移 a 恒等于零，这是在 x 等于 $\pi/2$ 的奇数倍时产生的。$\cos Kx$ 的绝对值最大的点位于这些点的中间。

将式(5-8-1)对时间微分，即可得到驻波情况下质点振动速度的表达式：

$$u = 2\omega A\cos Kx\cos\omega t \tag{5-8-2}$$

式(5-8-2)说明，质点振动速度的波节和波腹与位移的波节和波腹在相同的点上。

现在来研究驻波中声压分布的问题。在沿 x 方向传播的波中，声压 p 与沿 x 方向位移的变化 $\mathrm{d}a/\mathrm{d}x$ 成正比。将式(5-8-1)对 x 微分，得

$$p \propto \frac{\mathrm{d}a}{\mathrm{d}x} = -2KA\sin\omega t\sin Kx \tag{5-8-3}$$

声压波节的位置与位移波腹的位置相同或者相反。

图 5-8-2 所示是在驻波中两个时间间隔相差半个周期的速度和声压的分布情况。箭头表示质点运动的方向。不难看出，速度与位移的波节和波腹相距 $\lambda/4$，且每经过半个周期全部稠密变成稀疏或者与此相反；在这两个时期之间，某个时间所有质点的位移都为零。如果振动的频率为 f，则驻波的这种“出现”和“消失”在每秒钟内产生 $2f$ 次。

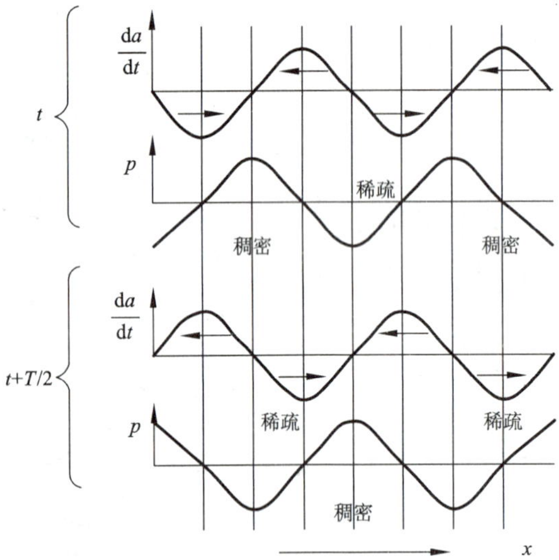

图 5-8-2　驻波中质点振动速度 da/dt 和声压 p 的分布

当声波垂直入射到两种介质的分界面上时就会产生驻波。假如分界面两边介质的声阻抗相差很大，则根据边界条件，在界面上有 $a=0$ 和 $u=0$。因而，在反射点处位移和速度的相位产生 180°的突变。在界面处总是发生位移波节和声压波腹。如由分界面两边介质的声阻抗相差不大的表面上反射时，声波的一部分能量转移到第二种介质中，反射的振幅小于发射的振幅。这时，在第一种介质中发生驻波和行波的组合。

现在，我们来讨论在超声驻波的作用下，声光介质折射率的变化以及光通过时的衍射情况。在超声驻波的作用下，声光介质的折射率 $n(x,t)$ 由下式表示：

$$n(x,t)=n_0+\Delta n\sin\omega t\cos Kx \quad (5-8-4)$$

其中 n_0 为未加超声波时声光介质的折射率；Δn 为声致折射率改变幅值；ω 是超声波的圆频率；K 是超声波的波数。

当一束激光通过时，就会产生类似于光栅产生的衍射现象。在垂直入射情况下，各衍射极大的方位角仍为

$$\sin\theta=mK/k \quad (5-8-5)$$

实验步骤

1. 超声驻波场中光衍射的实验观察

(1)实验仪器。

如图 5-8-3 所示，仪器由安装在光学导轨上的激光器、驻波声光调制器、观察屏组成。

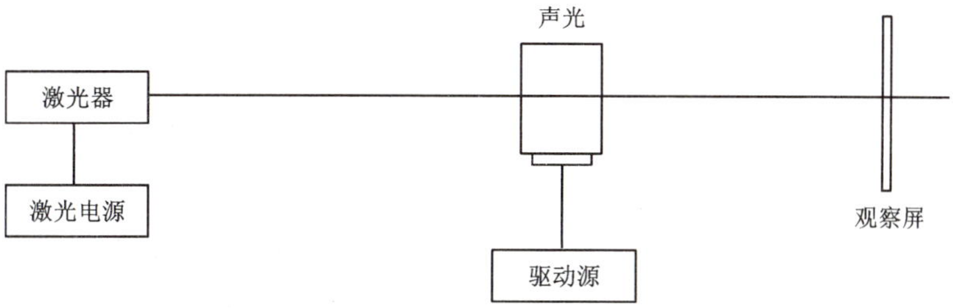

图 5-8-3 超声驻波场中光衍射的实验观察

(2)实验步骤。

①开启激光电源，点亮激光器；

②令激光束垂直于声光介质的通光面入射，观察屏上的光点，可观察到 3 个光点，它们分别由透射光以及声光介质两个通光面反射并进一步经激光器输出镜反射的光线形成，如图 5-7-4 所示，当此三个光点在观察屏上处于与声传播方向相同的一条直线上即可，这时可认为入射光已垂直于声传播方向。(但如果反射回来的光又进入激光器，会引起激光器工作不稳定)

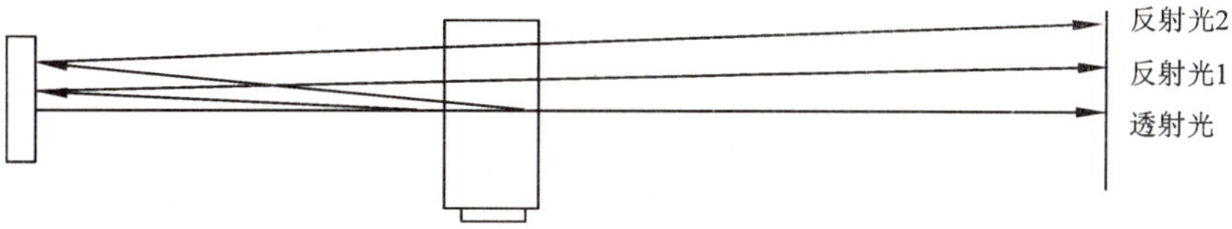

图 5-8-4 反射光线示意图

③打开电源，开启声光调制器驱动源，观察衍射光斑，同时调节阻抗匹配磁芯，令衍射最强，观察衍射光斑形状。

④改变声光调制器的方位角，观察不同入射角情况下的衍射光斑。

2. 观察超声驻波场的像，测量声波的传播速度

(1)实验仪器。

如图 5－8－5 所示，仪器由安装在光学导轨上的激光器、光阑、声光调制器、透镜、观察屏组成。

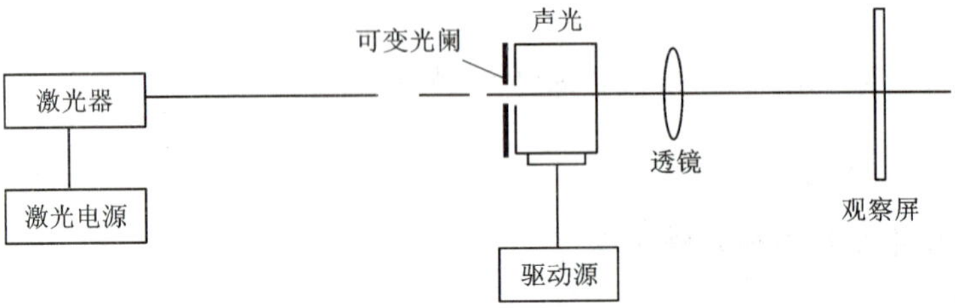

图 5－8－5　入射光斑尺寸对衍射光的影响：超声驻波场的像

(2)实验步骤。

移开透镜，重复实验一的步骤，令观察屏上的衍射光点最多。

安上透镜，改变透镜与调制器之间的位置，用光阑限定声光调制器前表面入射光斑的尺寸。

当入射光充满通光面时，数出衍射条纹的数目 N，利用下式计算声光介质中的声速 v：

$$v = 2df/N$$

式中：d 是光斑直径，f 为超声波的频率。$d = 2.5$ mm，$f = 10$ MHz。

3. 超声驻波衍射光强的测量：衍射效率

(1)实验仪器。

如图 5－8－6 所示，仪器由安装在光学导轨上的激光器、驻波声光调制器、观察屏、光强分布测量系统组成。

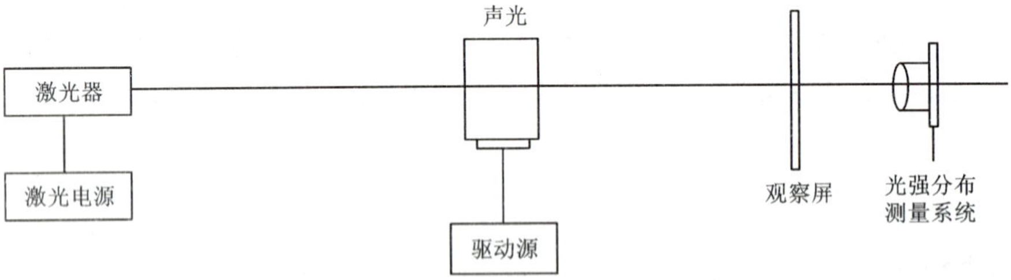

图 5－8－6　超声驻波衍射光强的测量：衍射效率

(2)实验步骤。

①重复实验一的步骤，令观察屏上的衍射光点最多。

②移开观察屏，用激光功率计测出入射光强 I_0。

利用光阑分别让 0，±1，±2，±3，…级衍射光打到激光功率计的光敏面上，测出各级

衍射光的强度 I_m，衍射效率为

$$\eta_1 = \frac{I_m}{I_0}$$

改变驱动电压，测出对应的衍射效率，作出衍射效率与驱动电压的关系曲线。

4. 衍射光强分布的测量：光栅常数

(1)实验仪器：如图 5 - 8 - 6 所示。

(2)实验步骤：

①重复实验一的步骤，令观察屏上的衍射光点最多。

②将光强分布测量系统置于导轨另一端。

③用适当的光阑测量个点上的光强，绘出光强分布曲线。

④读出声光调制器距光阑的距离。

⑤利用光栅公式求出光栅常数。并与实验二进行比较，求出声波传播速度。(激光波长 635 nm)

思考题

(1)什么是声光效应？声光效应有什么应用？

(2)声光晶体中的超声验波是怎样产生的？

实验5－9　光速的测量

从16世纪伽利略第一次尝试测量光速以来，各个时期人们都采用最先进的技术来测量光速。现在，光在一定时间中走过的距离已经成为一切长度测量的单位标准，即“米的长度等于真空中光在1/299792458 s的时间间隔中所传播的距离”。光速也已直接用于距离测量，在国民经济建设和国防事业上大显身手，光的速度又与天文学密切相关，光速还是物理学中一个重要的基本常数，许多其他常数都与它相关，例如光谱学中的里德堡常数，电子学中真空磁导率与真空电导率之间的关系，普朗克黑体辐射公式中的第一辐射常数，第二辐射常数，质子、中子、电子、μ子等基本粒子的质量等常数都与光速c相关。正因为如此，巨大的魅力把科学工作者牢牢地吸引到这个课题上来，几十年如一日，兢兢业业地埋头于提高光速测量精度的事业。

实验目的

(1) 掌握一种新颖的光速测量方法；

(2) 了解和掌握光调制的一般性原理和基本技术。

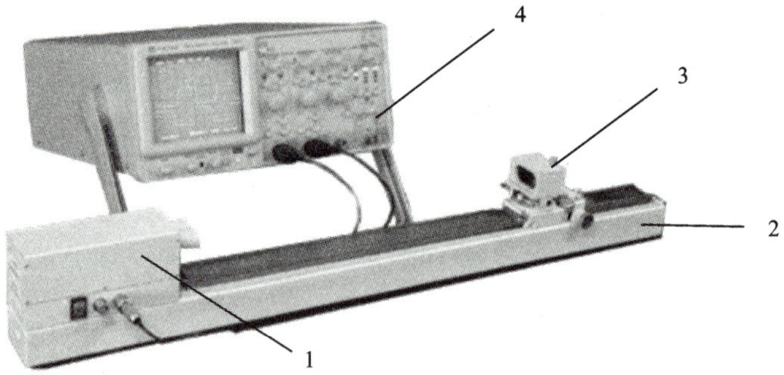

图5－9－1　仪器实物照片

1—光学电路箱；2—带刻度尺燕尾导轨；3—带游标反射棱镜小车；4—示波器/相位计

实验仪器

LM2000A光速仪、示波器。

实验原理

1. 利用调制波的波长和频率测速度

物理学告诉我们，任何波的波长是一个周期内波传播的距离。波的频率是1 min内发生了多少次周期振动，用波长乘频率得1 min内波传播的距离。即波速

$$c=\lambda\cdot f \tag{5-9-1}$$

图5－9－2中，第1列波在1 s内经历3个周期，第2列波在1 s内经历1个周期，在1 s内二列传播相同距离，所以波速相同，仅仅第2列波的波长是第1列的3倍。

利用这种方法，很容易测得声波的传播速度。但直接用来测量光波的传播速度还存在很多技术上的困难，主要是光的频率高达 10^{14} Hz，目前的光电接收器中无法响应频率如此高的光强变化，迄今仅能响应频率在 10^{8} Hz 左右的光强变化并产生相应的光电流。

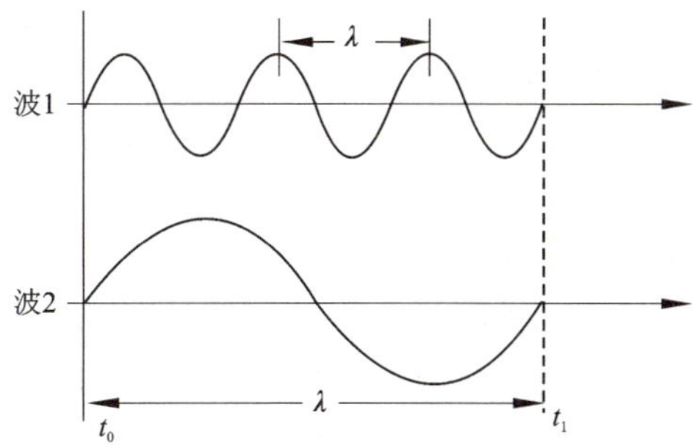

图 5-9-2　两列不同的波

因此，我们在光波上做一些特殊标记，称作“调制”。调制波的频率可以比光波的频率低很多，就可以用常规器件来接收。调制波的传播速度就是光波传播的速度。调制波的频率可以用频率计精确地测定，所以测量光速就转化为如何测量调制波的波长，然后利用公式(5-9-1)即可算得光传播的速度了。

2. 位相法测定调制波的波长

波长为 0.65 μm 的载波，其强度受频率为 f 的正弦型调制波的调制，表达式为

$$I = I_0\left[1 + m\cos 2\pi f\left(t - \frac{x}{c}\right)\right]$$

式中：m 为调制度；$\cos 2\pi f(t - x/c)$ 表示光在测线上传播的过程中，其强度的变化犹如一个频率为 f 的正弦波以光速 c 沿 x 方向传播，我们称这个波为调制波。调制波在传播过程中其位相是以 2π 为周期变化的。设测线上两点 A 和 B 的位置坐标分别为 x_1 和 x_2，当这两点之间的距离为调制波波长 λ 的整数倍时，该两点间的位相差为：$\varphi_1 - \varphi_2 = \frac{2\pi}{\lambda}(x_2 - x_1) = 2n\pi$（式中 n 为整数）。反过来，如果我们能在光的传播路径中找到调制波的等位相点，并准确测量它们之间的距离，那么该距离一定是波长的整数倍。

设调制波由 A 点出发，经时间 t 后传播到 A' 点，AA' 之间的距离为 $2D$，则 A' 点相对于 A 点的相移为 $\varphi = wt = 2\pi ft$，如图 5-9-3(a)所示，然而用一台测相系统对 AA' 间的这个相移量进行直接测量是不可能的。为了解决这个问题，较方便的办法是在 AA' 的中点 B 设置一个反射器，由 A 点发出的调制波经反射器反射返回 A 点，如图 5-9-3(b)所示。由图显见，光线由 $A \to B \to A$ 所走过的光程亦为 $2D$，而且在 A 点，反射波的位相落后 $\varphi = wt$。如果我们以发射波作为参考信号（以下称之为基准信号），将它与反射波（以下称之为被测信号）分别输入到位相计的两个输入端，则由位相计可以直接读出基准信号和被测信号之间的位相差。当反射镜相对于 B 点的位置前后移动半个波长时，这个位相差的数值改变 2π。因此只要前后移动反射镜，相继找到在位相计中读数相同的两点，该两点之间的距离即为半个波长。

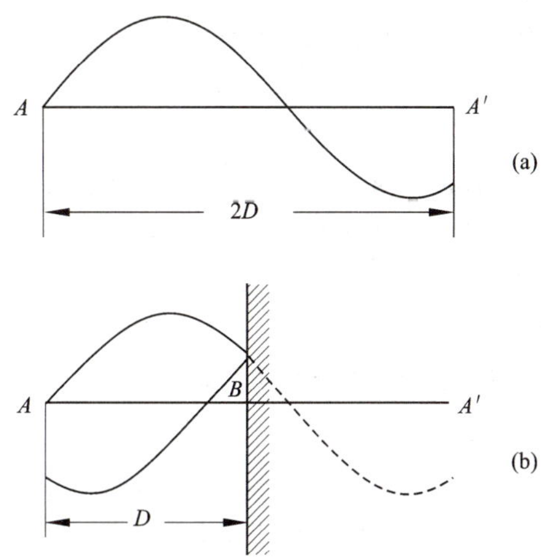

图 5-9-3　位相法测波长原理图

调制波的频率可由数字式频率计精确地测定，由 $c=\lambda\cdot f$ 可以获得光速值。

3. 差频法测位相

在实际测相过程中，当信号频率很高时，测相系统的稳定性、工作速度以及电路分布参量造成的附加相移等因素都会直接影响测相精度，对电路的制造工艺要求也较苛刻，因此高频下测相困难较大。例如，BX21 型数字式位相计中检相双稳电路的开关时间是 40 ns 左右，如果所输入的被测信号频率为 100 MHz，则信号周期 $T=1/f=10$ ns，比电路的开关时间要短，可以想象，此时电路根本来不及动作。为使电路正常工作，就必须大大提高其工作速度。为了避免高频下测相的困难，人们通常采用差频的办法，把待测高频信号转化为中、低频信号处理。这样做的好处是易于理解的，因为两信号之间位相差的测量实际上被转化为两信号过零的时间差的测量，而降低信号频率 f 则意味着拉长了与待测的位相差 φ 相对应的时间差。下面证明差频前后两信号之间的位相差保持不变。

我们知道，将两频率不同的正弦波同时作用于一个非线性元件(如二极管、三极管)时，其输出端包含有两个信号的差频成分。非线性元件对输入信号 X 的响应可以表示为

$$y(x)=A_0+A_1x+A_2x^2+\cdots \qquad (5-9-2)$$

忽略上式中的高次项，我们将看到二次项产生混频效应。

设基准高频信号为

$$u_1=U_{10}\cos(\omega t+\varphi_0) \qquad (5-9-3)$$

被测高频信号为

$$u_2=U_{20}\cos(\omega t+\varphi_0+\varphi) \qquad (5-9-4)$$

现在我们引入一个本振高频信号

$$u'=U_0'\cos(\omega' t+\varphi_0') \qquad (5-9-5)$$

式(5-9-3)~式(5-9-5)中，ϕ_0 为基准高频信号的初位相，ϕ_0' 为本振高频信号的初位相，ϕ 为调制波在测线上往返一次产生的相移量。将式(5-9-4)和式(5-9-5)代入式(5-9-2)，有(略去高次项)

$$y(u_2+u')\approx A_0+A_1u_2+A_1u'+A_2u_2^2+A_2u'^2+2A_2u_2u'$$

展开交叉项

$$2A_2u_2u'\approx 2A_2U_{20}U_0'\cos(\omega t+\varphi_0+\varphi)\cos(\omega' t+\varphi_0')$$
$$=A_2U_{20}U_0'\{\cos[(\omega+\omega')t+(\varphi_0+\varphi_0')+\varphi]+\cos[(\omega-\omega')t+(\varphi_0-\varphi_0')+\varphi]\}$$

由上面推导可以看出，当两个不同频率的正弦信号同时作用于一个非线性元件时，在其输出端除了可以得到原来两种频率的基波信号以及它们的二次和高次谐波之外，还可以得到差频以及和频信号，其中差频信号很容易和其他的高频成分或直流成分分开。同样的推导，基准高频信号 u_1 与本振高频信号 u' 混频，其差频项为

$$A_2U_{10}U_0'\cos[(\omega-\omega')t+(\varphi_0-\varphi_0')]$$

为了便于比较，我们把这两个差频项写在一起：

基准信号与本振信号混频后所得差频信号为

$$A_2U_{10}U_0'\cos[(\omega-\omega')t+(\varphi_0-\varphi_0')]$$

被测信号与本振信号混频后所得差频信号为

$$A_2U_{20}U_0'\cos[(\omega-\omega')t+(\varphi_0-\varphi_0')+\varphi]$$

比较以上两式可见，当基准信号、被测信号分别与本振信号混频后，所得到的两个差频

信号之间的位相差仍保持为 φ。

本实验就是利用差频检相的方法，将 $f=100$ MHz 的高频基准信号和高频被测信号分别与本机振荡器产生的高频振荡信号混频，得到两个频率为 455 kHz、位相差依然为 φ 的低频信号，然后送到位相计中去比相。仪器方框图如图 5－9－4 所示，图中的混频Ⅰ用以获得低频基准信号，混频Ⅱ用以获得低频被测信号。低频被测信号的幅度由示波器或电压表指示。

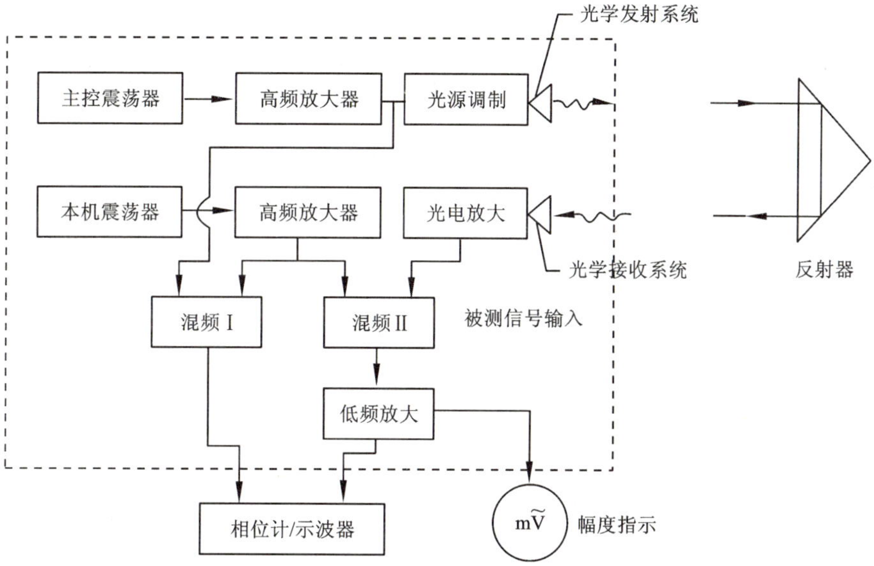

图 5－9－4 位相法测光速实验装置方框图

4. 影响测量准确度和精度的几个问题

用位相法测量光速的原理很简单，但是为了充分发挥仪器的性能，提高测量的准确度和精度，必须对各种可能的误差来源做到心中有数。下面就这个问题作一些讨论。

由式(5－9－1)可知 $\dfrac{\Delta c}{c}=\sqrt{\left(\dfrac{\Delta\lambda}{\lambda}\right)^2+\left(\dfrac{\Delta f}{f}\right)^2}$，式中 $\Delta f/f$ 为频率的测量误差。由于电路中采用了石英晶体振荡器，其频率稳定度为 $10^{-6}\sim10^{-7}$，故本实验中光速测量的误差主要来源于波长测量的误差。下面我们将看到，仪器中所选用的光源的位相一致性好坏、仪器电路部分的稳定性、信号强度的大小以及米尺准确度、噪音等诸因素都直接影响波长测量的准确度和精度。

(1)电路稳定性。

我们以主控振荡器的输出端作为位相参考原点来说明电路稳定性对波长测量的影响。参见图 5－9－6，φ_1，φ_2 分别表示发射系统和接收系统产生的相移，φ_3，φ_4 分别表示混频电路Ⅱ和Ⅰ产生的相移，φ 为光在测线上往返传输产生的相移。由图看出，基准信号 u_1 到达测相系统之前位相移动了 φ_4，而被测信号 u_2 在到达测相系统之前的相移为 $\varphi_1+\varphi_2+\varphi_3+\varphi$。这样和 u_1 之间的位相差为 $\varphi_1+\varphi_2+\varphi_3-\varphi_4+\varphi=\varphi'+\varphi$。其中 φ' 与电路的稳定性及信号的强度有关. 如果在测量过程中 φ' 的变化很小以致可以忽略，则反射镜在相距为半波长的两点间移动时，φ' 对波长测量的影响可以被抵消掉，但如果 φ' 的变化不可忽略，显然会给波长的测量带来误差。设反射镜处于位置 B_1 时 u_1 和 u_2 之间的位相差为 $\Delta\varphi_{B1}=\varphi'_{B1}+\varphi$；反射镜处于位置 B_2 时，u_2 与 u_1 之间的位相差为 $\Delta\varphi_{B1}=\varphi'_{B2}+\varphi+2\pi$。那么，由于 $\varphi'_{B1}\neq\varphi'_{B2}$ 而给波长带来的测量误差为 $(\varphi'_{B1}-\varphi'_{B2})/2\pi$。若在测量过程中被测信号强度始终保持不变，则——的变化主要来自电路的不稳定因素。

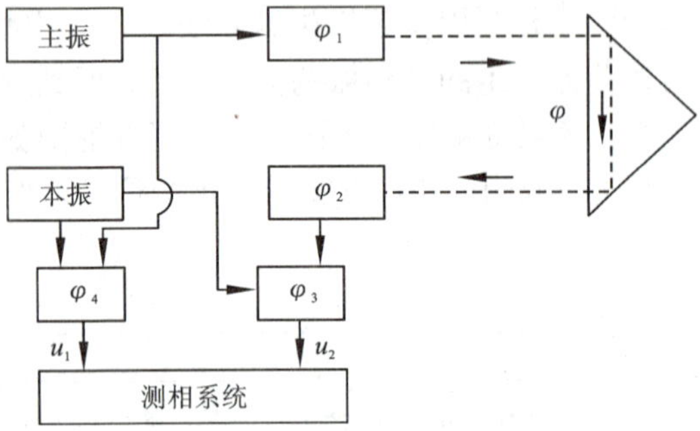

图 5－9－5　电路系统的附加相移

然而，电路不稳定造成的 φ' 变化是较缓慢的。在这种情况下，只要测量所用的时间足够短，就可以把 φ' 的缓慢变化作线性近似，按照图 5－9－5 中 $B_1-B_2-B_1$ 的顺序读取位相值，以两次 B_1 点位置的平均值作为起点测量波长。用这种方法可以减小由于电路不稳定给波长测量带来的误差。(为什么?)

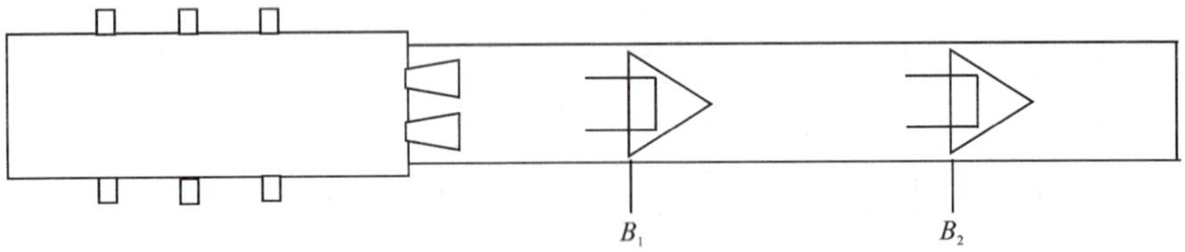

图 5－9－6　消除随时间作线性变化的系统误差

(2)幅度误差。

上面谈到 φ' 与信号强度有关，这是因为被测信号强度不同时，图 5－9－6 所示的电路系统产生的相移量 φ_1，φ_2，φ_3 可能不同，因而 φ' 发生变化。通常把被测信号强度不同给位相测量带来的误差称为幅相误差。

(3)照准误差。

本仪器采用的 GaAs 发光二极管并非是点光源，而是成像在物镜焦面上的一个面光源。由于光源有一定的线度，故发光面上各点通过物镜而发出的平行光有一定的发散角 θ。图 5－9－7示意地画出了光源有一定线度时的情形，图中 d 为面光源的直径，L 为物镜的直径，f 为物镜的焦距。由图看出 $\theta=d/f$。经过距离 D 后，发射光斑的直径 $MN=L+\theta D$。比如，设反射器处于位置 B_1 时所截获的光束是由发光面上 a 点发出来的光，反射器处于位置 B_2 时所截获的光束是由 b 点发出的光；又设发光管上各点的位相不相同，在接通调制电流后，只要 b 点的发光时间相对于 a 点的发光时间有 67 ps 的延迟，就会给波长的测量来接近 2cm 的误差($c\cdot t=3\times10^{10}\times67\times10^{-12}\approx2.0$)。我们把由于采用发射光束中不同的位置进行测量而给波长的误差称为照准误差。

为提高测量的准确度，应该在测量过程中进行细心的"照准"，也就是说尽可能截取同一光束进行测量，从而把照准误差限制在最小程度。

(4)米尺的准确度和读数误差。

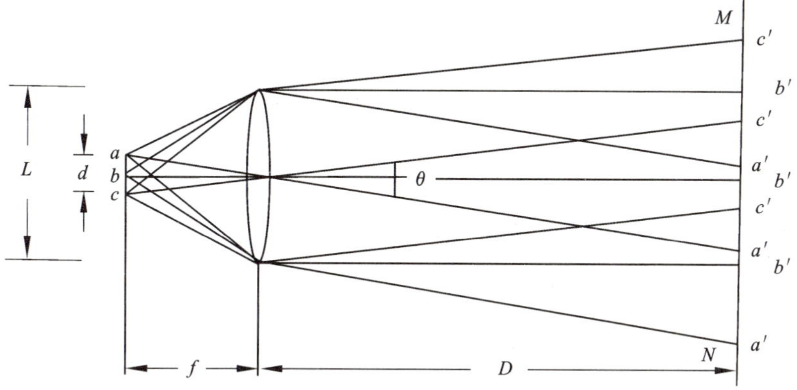

图 5-9-7　不正确照准引起的测相误差

本实验装置中所用的钢尺准确度为 0.01%。

(5)噪声。

我们知道噪声是无规则的，因而它的影响是随机的。信噪比的随机变化会给相测量带来偶然误差。提高信噪比以及进行多次测量可以减小噪声的影响，从而提高测量精度。

实验步骤

1. 预热

电子仪器都有一个温飘问题，光速仪和频率计须预热半小时再进行测量。在这期间可以进行线路联接、光路调整、示波器调整和定标等工作。

2. 光路调整

先把棱镜小车移近收发透镜处，移动小纸片挡在接收物镜管前，观察光斑位置是否居中。调节棱镜小车上的把手，使光斑尽可能居中，将小车移至最远端，观察光斑位置有无变化，并作相应调整，达到小车前后移动时，光斑位置变化最小。

3. 示波器定标

按前述的示波器测相方法将示波器调整至有一个适合的测相波形。

4. 测量光速

由频率、波长乘积来测定光速的原理和方法前面已经作了说明。在实际测量时主要任务是如何测得调制波的波长，其测量精度决定了光速值的测量精度。一般可采用等距测量法和等相位测量法来测量调制波的波长。在测量时要注意两点，一是实验值要取多次多点测量的平均值；二是我们所测得的是光在大气中的传播速度，为了得到光在真空中的传播速度，要精密地测定空气折射率后作相应修正。

(1)测调制频率，为了匹配好，尽量用频率计附带的高频电缆线。调制波是用温补晶体振荡器产生的，频率稳定度很容易达到 10^{-6}，所以在预热后正式测量前测一次就可以了。

(2)等距测入法：在导轨上任取若干个等间隔点(如图 5-9-8 所示)，它们的坐标分别为 x_0，x_1，x_2，x_3，…，x_i

$$x_1 - x_0 = D_1,\ x_2 - x_0 = D_2,\ \cdots,\ x_i - x_0 = D_i$$

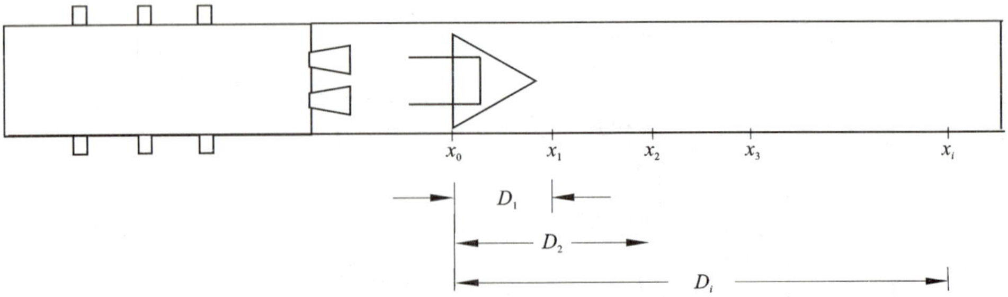

图 5-9-8　根据相移量与反射镜距离之间的关系测定光速

移动棱镜小车，由示波器或相位计依次读取与距离 D_1，D_2，…相对应的相移量 φ_i。

D_i与 φ_i间有：

$$\frac{\varphi_i}{2\pi} = \frac{2D_i}{\lambda}$$

求得 λ 后，利用 $\lambda \cdot f$ 得到光速 c。

也可用作图法，以 φ 为横坐标，D 为纵坐标，作 $D-\varphi$ 直线，则该直线斜率的 $4\pi f$ 倍即为光速 c。

为了减小由于电路系统附加相移量的变化给位相测量带来的误差，同样应采取 $x_0 - x_1 - x_0$及 $x_0 - x_2 - x_0$等顺序进行测量。

操作时移动棱镜小车要快、准，如果两次 x_0位置时的读数值相差 0.1°以上，须重测。

(3) 等相位测 λ：在示波器上或相位计上取若干个整度数的相位点，如 36°，72°，108°等；在导轨上任取一点为 x_0，并在示波器上找出信号相位波形上一特征点作为相位差 0°位，拉动棱镜小车，至某个整相位数时停止，迅速读取此时的距离值作为 x_1，并尽快将棱镜返回至 0°处，再读取一次 x_0，并要求两次 0°时的距离读数误差不要超过 1 mm，否则须重测。

依次读取相移量 φ_i对应的 D_1值，由 $\lambda = \frac{2\pi}{\varphi_i} \cdot 2D_i$，计算出光速值 c，可以看到，等相位测 λ 法与等距离测 λ 法相比有较高的测量精度。

注意事项

(1) 实验结束时，在导轨上上些油并用油纸包好，防止生锈和落灰；

(2) 棱镜和发射/接收管平时不用时用塑料套包好，防止落灰。

思考题

(1) 通过实验观察，你认为波长测量的主要误差来源是什么？为提高测量精度需做哪些改进？

(2) 本实验所测定的是 100 MHz 调制波的波长和频率，能否把实验装置改成直接发射频率为 100 MHz 的无线电波并对它的波长和进行绝对测量？为什么？

(3) 如何将光速仪改成测距仪？

第六章　物理演示与探索实验

在物理演示与探索实验教学中，教师通过演示一系列力学、热学、电磁学、光学和近代物理方面的形象生动的趣味演示实验，消除学生在学习物理学中因抽象、枯燥而产生的畏难、厌烦的心理，激发学生学习物理科学的兴趣，以期达到对学过的知识加强理解巩固、对未学的知识先奠定一个实验基础的目的。通过物理演示与探索实验教学，调动学习者所有的感知功能，让学习者做到理论联系实际，最大限度地提高物理教学效果及学习效率。在物理演示教学过程中，学生处于一种探索、发现的学习过程，对趣味物理现象的好奇和兴奋会激发学生的思维，培养学生的创新意识，开发学生的创造力，增强学生的科普知识，提高学生的综合素质。

实验 6 –1　鱼洗实验

“洗”中放入清水，然后用双手去摩擦“洗耳”的顶部，使盆中的水和盆产生共振，“洗”会发出蜂鸣声，声音或振幅大到一定程度时，盆中就会出现美丽的浪花，水珠四溅，大有飞泉之妙。摩擦越快，声音越响，波浪翻滚，水珠喷射越强烈。

实验仪器

如图 6 –1 –1 所示，“鱼洗”是用黄铜制作的盆形器皿，在两侧各有一个环形提手，叫做“洗耳”。

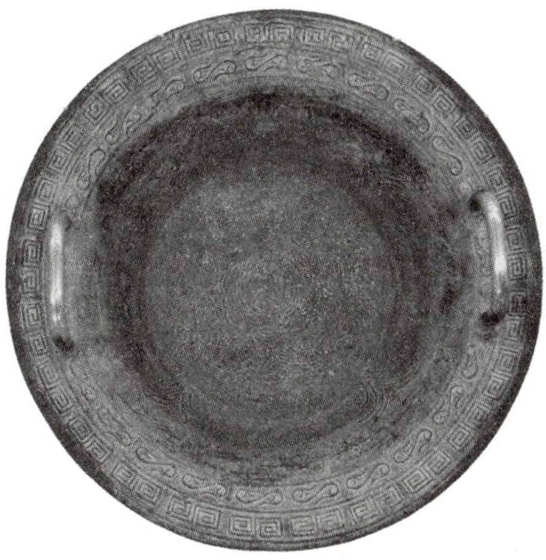

图 6 –1 –1　“鱼洗”

实验原理

古代称“洗”的东西，主要是用来盛水和洗东西的盆形器具，形状颇似今天的洗脸盆，有木洗、陶洗和铜洗，盆底刻鱼的称鱼洗，刻龙的称龙洗。这种器物在先秦时期已在人们的生活中被普遍使用。鱼洗的大小像一个洗脸盆，底是扁平的，盆沿左右各有一个把柄，称为双耳；盆底刻有 4 条鲤鱼，鱼与鱼之间刻有四条河图抛物线。根据经书记载，倒入半盆水，双手用力往复摩擦盆的双耳，不久将发生共振，盆里的水居然分成 4 股水箭，向上激射出两尺多高，并发出嗡嗡的声音。

实验时，用手摩擦“洗耳”时，“洗”会随着摩擦而产生振动。当摩擦力引起的振动频率和“洗”壁的固有频率相等或接近时，“洗”壁产生共振，振动幅度急剧增大。但由于“洗”底的限制，使它所产生的波动不能向外传播，于是在“洗”壁上入射波与反射波相互叠加而形成驻波。驻波中振幅最大的点称为波腹，最小的点称为波节。一个圆盆形的物体，发生低频共振形态由 4 个波腹和 4 个波节组成，也会产生 6 个和 8 个波腹、波节，但通常用手摩擦最容易产生一个数值较低的共振频率，也就是由 4 个波腹和 4 个波节组成的振动形态，“洗壁”上振幅最大处会立即激荡水面，将附近的水激出而形成水花。当 4 个波腹同时作用时，就会水花四溅。有意识地在“洗壁”上的 4 个振幅最大处铸上 4 条鱼，水花就像从鱼嘴里喷出的一样。

实验步骤

(1) 在盆中倒入清水，水深达到盆深的 2/3；

(2) 用肥皂洗净双手和“洗耳”上的油污；

(3) 双手连续摩擦盆两边的“洗耳”，感觉到“洗耳”在手下振动，有“嗡嗡”声音发出；

(4) 当“洗耳”的振动频率达到一定数值和振幅达到一定大小时，可以看到有十几厘米的水花喷出。

思考题

影响实验的主要因素有哪些？

实验 6－2　弹性碰撞实验

实验目的

演示正碰撞和动量守恒定律，演示多个刚性小球弹性碰撞现象，

实验仪器

如图 6－2－1 所示，弹性碰撞演示仪由支架、拉线和钢球组成。

图 6－2－1　弹性碰撞演示仪

实验原理

弹性形变是指撤去外力后物体能够恢复原状的形变。能够发生弹性形变的物体我们称其具有弹性。碰撞是在极短的时间内发生的，满足相互作用的内力大于外力的条件，因此不管系统是否受到外力，一般都满足动量守恒。因此弹性碰撞是同时满足动量守恒和动能守恒的碰撞。

一般意义上的碰撞，仅满足动量守恒，系统有动能损失，由于一般只研究碰撞发生在一直线上的情况，系统在碰撞前后的重力势能不变，因此动能损失也对应着机械能的损失，通常情况下是机械能转化为内能。

在理想情况下，完全弹性碰撞的物理过程满足动量守恒和能量守恒。如果两个碰撞小球的质量相等，联立动量守恒和能量守恒方程式可解得：两个小球碰撞后交换速度。如果被碰撞的小球原来静止，则碰撞后该小球具有了与碰撞小球同样大小的速度，而碰撞小球则停止。多个小球碰撞时可以进行类似的分析，事实上，由于小球间的碰撞并非理想的弹性碰撞，还是有能量损失的，所以最后小球还是要停下来。

实验步骤

(1)将弹性碰撞演示仪置于水平桌面放好，调节螺丝，使7个钢球的球心在同一水平线上。

(2)将一端的一个钢球拉起后，松手，则钢球正碰下一个钢球，末端的钢球弹起，继而落下又碰下一个钢球，另一端的钢球弹起，如此循环，中间的5个钢球静止不动。

(3)同时拉起左边的2个摆球、3个摆球或4个摆球，释放，让其撞击剩余的摆球，可看到另一边相同数目的摆球立即摆起，其摆幅几乎等于被拉起摆球的摆幅。

(4)在一般情况下，两球碰撞时，总要损失一部分能量，故两端的钢球摆动的幅度将逐渐减弱。

注意事项

操作前一定将7个钢球的球心调至同一水平线上，否则现象不明显。

思考题

试用动量守恒和能量守恒的原理，分析用质量不等的刚性小球弹性正碰，将会出现什么现象?

实验6－3　锥体上滚实验

实验目的

演示锥体上滚，将锥体置于导轨的高端，锥体并不下滚，然而把锥体置于导轨的低端，松手后锥体会自己沿着导轨慢慢地向高端滚动，并最终停在高端。

实验仪器

如图6－3－1所示，锥体上滚装置包括底座、导轨和双锥体。

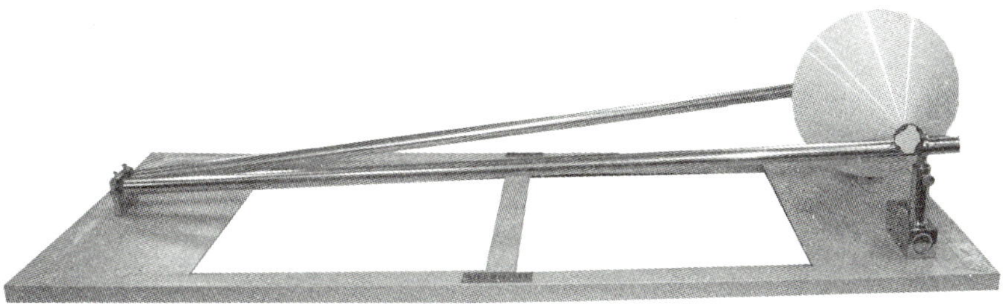

图6－3－1　锥体上滚装置

实验原理

任何物体在重力场中总会受到重力的作用而有降低其重心位置的趋势，如在斜坡上物体有下滑或下滚现象。本实验同样遵循这一自然规律。因此，从表面上看来是物体由低向高运动，实际上这只是由于锥体的形状、导轨不平行以及导轨两端高低不等给人眼造成的错觉，看到它的本质，还是重心降低了，因此重心越低越稳定。在生活中为增加物体的稳定性，我们常采用加重下面的重量的方法，如电扇底座、话筒架、公共汽车站牌等。此仪器是由一个双锥体和两根互成角度同时又与水平面成一定角度的导轨组成的。

设锥体顶角为 α，两导轨所成角为 β，导轨平面与水平面间的夹角为 γ，则只要满足：$\sin\gamma < \tan\beta/2 \cdot \tan\alpha/2$，就会实现这种锥体从轨道的低端向高端的滚动。

实验步骤

(1)取其他一圆柱形物，置于导轨的高端，放手后自动滚落。

(2)将双锥体置于同一位置，锥体静止不动。

(3)将双锥体置于导轨的低端，松手后锥体上滚。

(4)重复步骤(3)操作，仔细观察锥体上滚的情况。

注意事项

移动锥体时要轻拿轻放，切勿将锥体掉到地上；双锥体应与导轨平行，以免双锥体上滚时脱离轨道发生危险。

思考题

若放置锥体于轨道上，略有倾斜(其轴线不垂直于两轨道的角平分线)时，研究锥体的运动，并通过实验检验自己的结论。

实验 6-4　角动量守恒实验

实验目的

定性观察合外力矩为零的条件下物体的角动量守恒。

实验仪器

如图 6-4-1 所示，包括角动量守恒演示仪、哑铃一副。

图 6-4-1　角动量守恒演示仪

实验原理

绕固定轴转动的物体的角动量等于其转动惯量与角速度的乘积，而外力矩等于零时，角动量守恒。即 $I\omega=$ 常量，当 I 不变时，ω 不变；若 I 发生变化，则 ω 随之改变。I 增加，ω 减少；I 减少，ω 增加。

实验步骤

演示者坐在可绕竖直轴自由旋转的椅子上（不要用竖直轴上有螺旋的转椅，以免急速旋转后椅座脱落，发生危险），手握哑铃，两臂平伸。使转椅转动起来，然后收缩双臂，可看到人和凳的转速显著加大。两臂再度平伸，转速复而减慢。这是因为当人收缩两臂时，转动惯量减小，因此角速度增加，而两臂平伸时转动惯量增加，因此角速度减小。

注意事项

起始速度不可太快，避免人收缩两臂时脱离椅子发生危险。

实验6－5　角速度矢量合成演示实验

实验目的

球体参与两个不同方向的转动，二分角速度矢量与合成的角速度矢量之间遵循平行四边形法则。

实验仪器

如图6－5－1所示，角速度矢量合成演示仪由一个转动球和两个摩擦手轮组成。

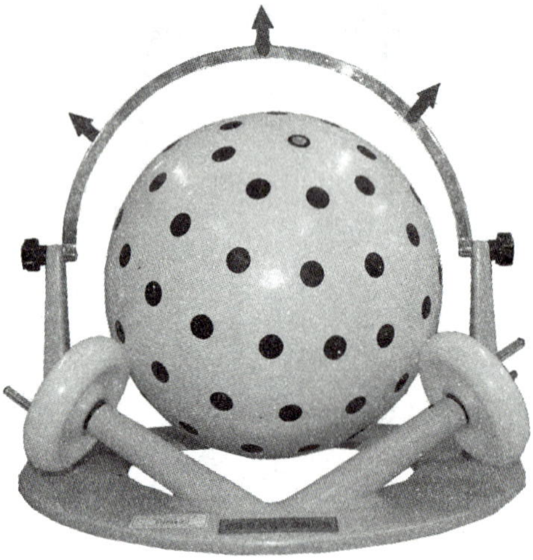

图6－5－1　角速度矢量合成演示仪

实验原理

角速度矢量合成演示实验的实验目的是通过角速度矢量的合成演示仪，演示角速度物理量是一个矢量，其合成角速度矢量与二分角速度矢量间遵守矢量的平行四边形法则。

所谓平行四边形法则就是指：求两个互成角度的共点力的合成，可以用表示这两个力的线段为邻边作平行四边形，这两个邻边之间的对角线就表示合力的大小和方向，这种方法就叫做“力的平行四边形法则”。

实验步骤

(1)转动左手轮，使球体沿一确定的转轴匀速转动，观察者可以看到球上的红点描绘出一簇圆弧线，这些圆弧线位于与确定的方向相垂直的平面上。这些圆弧线转动方向按右手法则旋进的方向就是分角速度矢量 ω_1 的方向。转动半圆弧标尺并沿弧移动箭头，使其箭头指示 ω_1 的方向。

(2)按步骤(1)中所述的操作步骤，摇动右手轮，移动箭头标示出加速度矢量 ω_2 的方向。

(3)用左右两手分别同时摇动两个手轮，使球体同时参与两个确定的转动方向转动，使

分角速度矢量沿 ω_1 和 ω_2 两个方向。当摇动两个手轮转速相同时，即二分角速度矢量的大小相等，则圆点所描绘出的一簇圆点位于与两箭头所指的方向的角平分线方向相垂直的平面上。且此圆点转动方向按右手法则，旋进的方向（角平分线的方向）就是合角速度矢量 ω 的方向，它们满足平行四边形运算法则：$\omega = \omega_1 + \omega_2$。

思考题

同时摇动左右两个手轮，改变两个手动转轮转动的角速度，观察合矢量的大小和方向。

实验6－6　直升机的角动量守恒实验

实验目的

演示直升机系统的角动量守恒。

实验仪器

实验装置如图6－6－1所示，包括机身螺旋桨控制按钮、尾翼螺旋桨控制按钮和直升机模型。

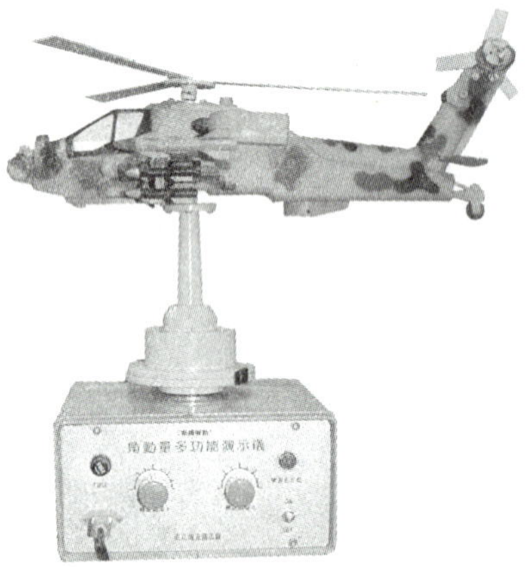

图6－6－1　直升机演示仪

实验原理

在本实验中，初始，飞机所有部件都处于静止状态，对机身螺旋桨和尾翼螺旋桨构成的转动系统来说，对转轴的合外力矩为零，由定轴转动角动量守恒定律，直升飞机系统对竖直轴的角动量应保持不变。当通电使机身上面的机身螺旋桨旋转时，螺旋桨对竖直轴产生了角动量，机身必须向反方向转动，使其对竖直轴的角动量与螺旋桨产生的角动量等值反向，以保持系统的总角动量不变。开动尾翼时，尾翼推动大气产生补偿力矩，由角动量原理，该力矩能够克服机身的反转，使机身保持稳定。

真实的直升飞机停于空中时，为了避免机身的旋转，需将尾部的推进螺旋桨转向正侧面，靠空气的反作用力平衡机身的转动。在飞行中，尾部的推进螺旋桨也需半侧向后方。而飞机是以改变尾翼螺旋桨的转速来达到转向的目的。

实验步骤

(1)打开位于电源箱后方的电源开关，将机身螺旋桨和尾翼螺旋桨控制方向的开关方向拨到一致位置；

(2)按下机身螺旋桨的控制按钮，观察到机身和螺旋桨沿着相反的方向旋转起来；加大

(或减小)螺旋桨转速，机身的转速也将随之加大(或减小)；

(3)再按下尾翼螺旋桨控制按钮，尾翼螺旋桨旋转，机身转速变慢；调整尾翼螺旋桨转速，直至机身不再旋转；

(4)松开机身螺旋桨和尾翼螺旋桨的控制按钮，同时改变机身螺旋桨和尾翼螺旋桨控制方向的开关；

(5)按下机身螺旋桨控制按钮，使其反转，机身旋转的方向也随之反向；

(6)再次按下尾翼螺旋桨控制按钮，调整尾翼螺旋桨转速，直至机身不再旋转。

(7)松开机身螺旋桨和尾翼螺旋桨的控制按钮，将它们的转速控制电压降到最低，关闭仪器电源

思考题

观察现代直升机的结构和飞行情况，试分析直升机的前行和转弯是如何实现的。

实验 6 –7　飞机升力实验

实验目的

观察由于空气流动所形成的压力差使小球在管内上升。

实验仪器

飞机升力演示仪如图 6 –7 –1 所示，上部为机翼型挡流板。

图 6 –7 –1　飞机升力演示仪

实验原理

飞机机翼的翼剖面又叫做翼型，一般翼型的前端圆钝、后端尖锐，上表面拱起，下表面较平，呈鱼侧形。前端点叫做前缘，后端点叫做后缘，两点之间的连线叫做翼弦。当气流迎面流过机翼时，原来是一股气流，由于机翼的插入，被分成上下两股。通过机翼后，在后缘又重合成一股。由于机翼上表面拱起，使上方的那股气流的通道变窄。根据气流的连续性原理和伯努利定理可以得知，机翼上方的流速比机翼下方的流速大，因而机翼上方的压强比机翼下方的压强小；也就是说，机翼下表面受到向上的压力比机翼上表面受到向下的压力要大，这个压力差就是机翼产生的升力。由此可说明实验中的现象。

实验步骤

(1)打开电源开关，用手感受一下出风口处的气流；

(2)把手移开，观察到小球从管内升起；

(3)用手挡住出风口，小球立即从管内下落；

(4)用手挡住有机玻璃管的上口或下口，观察小球在管内的起落；

(5)实验结束，关闭电源。

思考题

影响飞机升力与阻力的因素有哪些？飞机机翼后缘都装有长短、宽度不同的翼片，可向下翻转，这些翼片有何作用？

实验6－8　双向翻转伽尔顿板实验

实验目的

演示大量偶然事件的统计规律和涨落现象。

实验仪器

如图6－8－1所示，装置分为贮存室、钉阵和狭槽三部分。粒子贮存室位于腔的上部，称为漏斗；钉阵位于腔的中部，由铁钉组成；钉阵下方有狭槽。

图6－8－1　伽尔顿板演示仪

实验原理

伽尔顿板是用来演示大量偶然事件的统计规律和涨落现象、说明物理学中统计与分布概念的仪器。伽尔顿板用有机玻璃制成，尺寸并不大，可用较强的点光源将它投影到屏幕上，适于在大教室供多人观看。小球为4 mm的玻璃珠，也可用小红豆代替。

单个随机事件的结果是无法预测的，如分子运动的速度和方向就是随机事件。描述随机事件只能用概率统计的方法，考察大量随机事件的统计规律性。伽尔顿板演示了大量粒子随机运动的统计规律和涨落现象。单个红豆落入哪个槽中是随机的，大量红豆的分布却呈现出规律性。某一槽中红豆的数量反映了红豆落入其中的概率；与分子运动速率作类比，对应于处在某速率区间的分子数。重复实验时，特定槽中每次落入的红豆数量大致相同，但又有些许偏差，这就是统计涨落现象。

小球从漏斗口落下，在到达底部前，与钉子发生碰撞。对于单个的小球，落到底部的哪一条狭槽完全是随机的，不确定的，但如果不断地从漏斗口放入小球，当小球数量较多时，在板的底部各狭槽内都有一定的小球，且中间狭槽的小球最多，两边狭槽的小球较少，也就是说，对于少量的小球，从漏斗口落下后到达哪一条狭槽完全是随机的，但对于大量的小球，在各狭槽的分布满足一定的统计规律。

实验步骤

(1)翻转伽尔顿板，使红豆集中到一侧；关闭挡板，再翻转伽尔顿板使其到竖直位置；

(2)轻打开挡板，让红豆逐一落下，观察其下落位置的随机性，解释其现象；

(3)完全打开挡板，让大量红豆同时下落，观察最终的分布情况；

(4)多次重复实验，比较每次红豆的分布情况，可观察到大量偶然事件所服从的统计规律。

注意事项

每次要将伽尔顿板调整到竖直位置，并尽可能对称分布时再开始实验。

思考题

用单一个体测量统计规律的要求是什么？用大量个体测量统计规律的要求如何？

实验 6 -9　超声雾化系统实验

实验目的

观察超声引起的水雾化。

实验仪器

如图 6 -9 -1 所示，超声雾化系统演示仪包括支架、雾化池、超声发生器及电源。

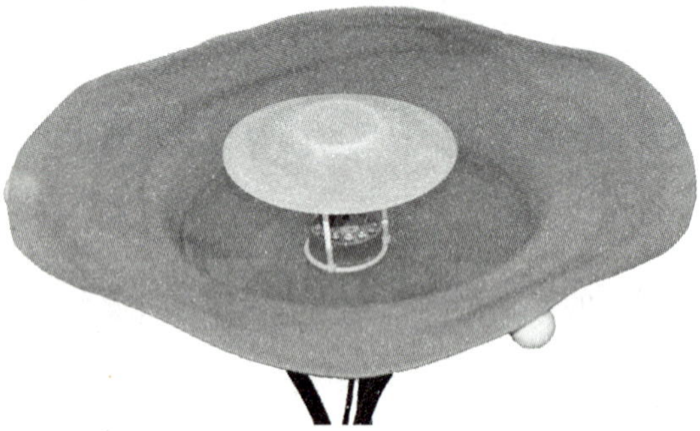

图 6 -9 -1　超声雾化系统演示仪

实验原理

自然界的声波以频率可以划分三大类：次声，声，超声。频率低于 20 Hz 的波动成为次声；频率在 20 ~ 20000 Hz 之间的波动成为声；而频率在 20000 Hz 以上的波动成为超声。超声频率高，波长短，在一定距离内沿直线传播，具有良好的束射性和方向性。

超声波具有雾化作用。由于超声波频率高、功率大，可引起液体的疏密变化，使得液体时而受压、时而受拉。在含有气泡或杂质的地方液体受到较强拉力作用就会断裂，产生近似真空的小空穴。液体在压缩过程中空穴被压缩到极限时发生崩溃，这时空穴内的压强可达几万个大气压，同时产生高温，崩溃时产生高压冲击波，在水面激起喷泉，同时产生大量悬浮的雾气。

实验步骤

(1) 取适当的清水加入雾化池中，让水淹没超声发生器；

(2) 接通雾化仪电源；

(3) 观察雾化现象。

思考题

超声雾化作用有哪些实际应用?

实验 6－10　共振演示实验

实验目的

利用共振演示仪演示共振现象。

实验仪器

如图 6－10－1 所示，共振演示仪，直流稳压电源。

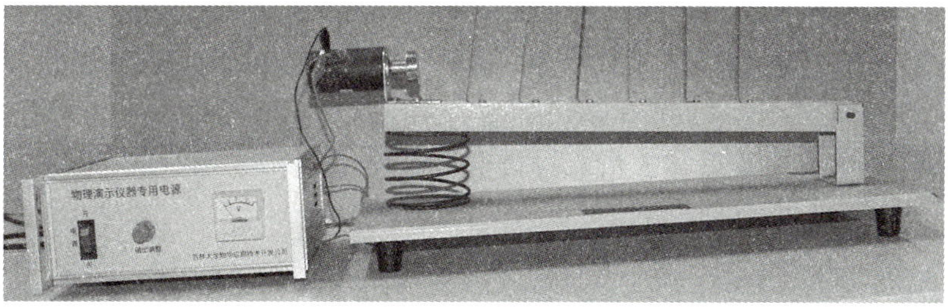

图 6－10－1　共振演示仪

实验原理

利用长短不同的弹性刚片在周期性外力作用下做强迫振动，当弹性片的固有频率与强迫外力频率相同时产生共振现象。调节频率，观察在弹性片中形成的驻波。

一个振动系统，如果没有能量的不断补充，振动最终会停下来。因此，为了获得稳定的振动，通常对系统加一个周期性的外力，称为策动力。在周期性的策动力作用下的振动为受迫振动。理论计算表明，受迫振动在稳定后的振动频率与策动力的频率相同。振幅与策动力的频率有关系。策动力的频率公式

$$\omega = \sqrt{\omega_0^2 - 2\beta^2} \tag{6-10-1}$$

式中：ω_0 为系统固有频率；β 为阻尼系数。

当策动力的频率满足式(6－10－1)时，则系统振幅达到最大，称为共振。

一般因为阻力很小，所以共振的条件可以近似写为：

$$\omega = \omega_0 \tag{6-10-2}$$

即当策动力的频率与固有频率相同时发生共振现象。

系统的固有频率一般与系统的弹性系数和惯量有关系。在惯量相同的情况下，弹性越大，固有频率越大；在弹性相同时，惯量越大，固有频率越小。所以，由同种材料做成的截面相同的弹簧片，越长的固有频率越小。

实验步骤

(1)将仪器放置在水平桌面上，按通电源，仔细调节电源电压，使电机转速逐渐增快，可观察到弹性刚片从长到短逐个振动。

(2)弹性刚片从长到短逐个振动的过程中，可观察到同一弹性刚片在不同频率时两个方向的振动情况，还可以发现一个方向上会出现两次振动并观察比较振动时的振幅。

(3)调节到一定频率时(调节电压)，在较长的刚片中可观察到驻波现象。

思考题

通过实验试分析刚片的长度与振动频率间的关系。

实验 6－11　记忆合金热机实验

实验目的

演示记忆合金在一定的条件下仍能恢复原形。

实验仪器

如图 6－11－1 所示为记忆合金热机。

图 6－11－1　记忆合金热机

实验原理

记忆合金指那些改变形状后在一定的条件下仍能恢复原形的合金，它们的成分通常是镍钛、铜锌、铜铅镍和铜金锌等，以 50% 的镍和 50% 的钛组成的“镍钛诺”应用最广，最近铜锌合金的发展也很快。记忆合金是一种具有特别记忆能力的合金，这种金属发生形变时只要将它置于某一特定的温度条件下，就可恢复到原来的形状。

合金的这种记忆效应是由合金的“相变化”来实现的，随着温度的改变，合金的结构从一相转变到另一相。形状记忆合金达到某一个特定温度时，立刻恢复到最初的形状。利用形状记忆合金记忆恢复特性，借助温度差异，以热水为热源，通过记忆合金的相变行为，能使热机转轮转动，将热能转化为机械能。

记忆合金是在一定的温度下能够恢复其原来形状的金属合金材料。本实验装置主要由一个转轮组成，在转轮上偏心布置一系列记忆合金弹簧，在高于记忆合金的“跃变温度”（约 85℃）的水中，记忆合金产生相变，记忆合金弹簧在热水中缩短，在空气中伸长，使得偏心布置的记忆合金弹簧对转轮中心的力矩不为零，在此力矩作用下，使转轮转动起来。

实验步骤

(1)给盆中的水加温;

(2)将热机放入热水盆中,使转轮的一半浸入水中后,当水温达到85℃时即可看到转轮转动。

注意事项

(1)实验用的热水的温度应高于记忆合金的相变温度(约85℃)。

(2)实验中使用热水时要小心,不要烫伤。

(3)演示完毕,将热机由水中取出放好,千万不要弃置于水中不管。

实验拓展

记忆合金已用于管道结合和自动化控制方面,用记忆合金制成套管可以代替焊接,方法是在低温时将管端内圈扩大约4%,装配时套接一起,一经加热,套管收缩恢复原形,形成紧密的接合。美国海军飞机的液压系统使用了10万个这种接头,多年来从未发生漏油和破损。船舰和海底油田管道损坏,用记忆合金配件修复起来,十分方便。在一些施工不便的部位,用记忆合金制成销钉,装入孔内加热,其尾端自动分开卷曲,形成单面装配件。

记忆合金特别适合于热机械和恒温自动控制,已制成室温自动开闭臂,能在阳光照耀的白天打开通风窗,晚间室温下降时自动关闭。记忆合金热机的设计方案也不少,它们都能在具有低温差的两种介质间工作,从而为利用工业冷却水、核反应堆余热、海洋温差和太阳能开辟了新途径。现在普遍存在的问题是效率不高,只有4%~6%,有待于进一步改进。

记忆合金在医疗上的应用也很引人注目。例如接骨用的骨板,不但能将两段断骨固定,而且在恢复原形状的过程中会产生压缩力,迫使断骨接合在一起。齿科用的矫齿丝,结扎脑动脉瘤和输精管的长夹,脊柱矫直用的支板等,都是在植入人体内后靠体温的作用启动,血栓滤器也是一种记忆合金新产品。被拉直的滤器植入静脉后,会逐渐恢复成网状,从而阻止95%的凝血块流向心脏和肺部。

人工心脏是一种结构更加复杂的脏器,用记忆合金制成的肌纤维与弹性体薄膜心室相配合,可以模仿心室收缩运动。现在泵送水已取得成功。

由于记忆合金是一种"有生命的合金",利用它在一定温度下形状的变化,就可以设计出形形色色的自控器件,它的用途正在不断扩大。

实验6－12　静电感应盘演示实验

实验目的

演示起电盘被带电体感应而起电的现象。

实验仪器

如图6－12－1所示，包括起电盘—带有绝缘柄的铝质空心圆盘、塑料板、绸子、氖泡。

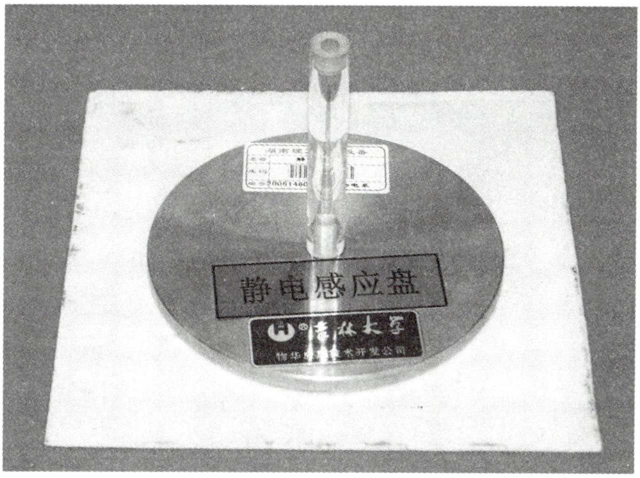

图6－12－1　静电感应盘

实验原理

当导体接近带电物体时产生的电荷分布于导体表面的现象。

实验步骤

(1)用绸子摩擦塑料板的上表面，塑料板便带上正电，然后将起电盘放在塑料板上，如图6－12－2所示。虽然起电盘与塑料板相接触，但两个面不会是完全密合的，仅少数点相接触，因此电荷的转移不是主要的，主要的仍是感应起电。由于起电盘与塑料板靠得很近，感应现象显著。

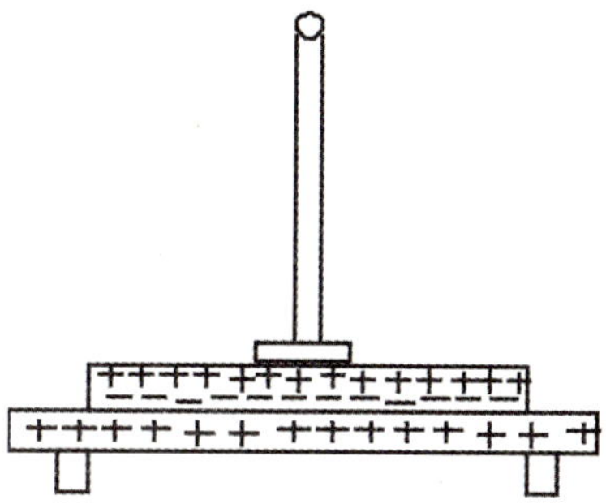

图6－12－2　静电感应原理

(2)手持氖泡接触起电盘，氖泡的一端产生一次闪光。这是由于起电盘上感应的正电荷所产生的电位较高，足以使着火电压70 V左右的氖泡点燃放电。放电后，起电盘上正电荷消失。

(3)移去氖泡，将起电盘提起，再用氖泡接触起电盘，则在氖泡的另一端产生一次闪光。

这是由于提起起电盘，盘上的负电荷所产生的负电位使氖泡点燃放电。放电后，负电荷消失。

(4) 由于实验过程中塑料板上电荷的转移是极有限的，因此塑料板只需摩擦一次，不断地放下和提起起电盘，并不停地用氖泡接触起电盘，可以观察到氖泡两头交替地闪光。

思考题

静电感应实验表明了什么？

实验 6－13　感应起电机演示实验

实验目的

演示起电现象。

实验仪器

如图 6－13－1 所示，维氏起电机，包括由起电盘、放电球、莱顿瓶、感应电刷、皮带轮、集电梳、连接片，起电圆盘涂有许多片铝箔。

图 6－13－1　维氏起电机

实验原理

起电机是利用感应作用来起电的，在通常情况下，由于大气中带电粒子的碰撞，或者以前实验残留下来的电荷，是能够自己带电的，当两个起电盘快速旋转时，带电系统特别是装有绝缘手柄的放电叉的球部，分别积聚起不同电性的电荷。随着起电过程不断交替进行，感应起电的作用越来越强，两个导电系统积聚的不同符号的电荷越来越多，它们之间的电势差也越来越大。

实验步骤

把起电机放电球调整到合适的位置，摇动圆盘把手，当两个起电盘快速旋转时，放电叉的球部分别聚集起不同电性的大量电荷，而形成火花放电。注意观察放电现象。

注意事项

(1)操作起电机时，动作要缓和，由慢到快，但速度不能太快，过快了会影响中和电刷与导电层接触，反而不能起电，也容易损坏起电盘。摇转停止时亦需慢慢进行，可松开手柄靠摩擦作用使其自然减慢，以防起电盘由于惯性从转动轴上松脱。

(2)起电机带电后和停止摇动时，由于集电杆等处带有电荷，操作者不要触摸实验设备，应将两个放电球接触，进行正负电荷中和。

(3)两放电球接触后不能再转动摇把手，避免两个起电盘上所有导电层正负电荷完全中和，不能再起电。

实验 6－14　富兰克林轮演示实验

实验目的

演示富兰克林轮在"电风"的推动下的转动，观察尖端放电现象。

实验仪器

如图 6－14－1 所示为直流高压电源、富兰克林轮。

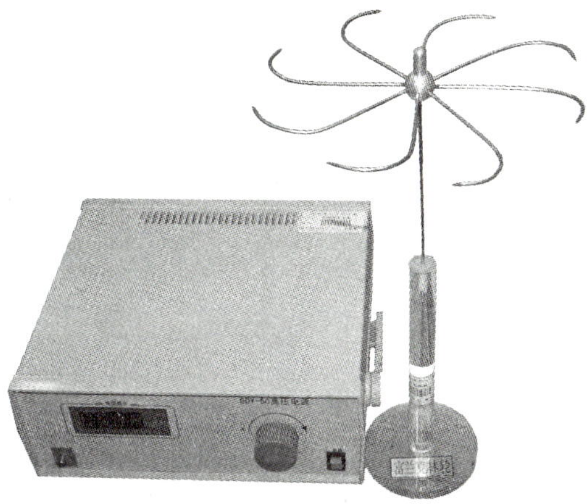

图 6－14－1　富兰克林轮

实验原理

在静电学中我们知道，导体表面的电荷分布与导体的表面曲率有关，表面曲率半径越大，电荷分布越少；反之越多。而表面附近的电场与表面电荷成正比，所以表面曲率半径越小，表面附近电场越强。当电场到达一定量值时，附近空气中残留的离子在这个电场作用下将发生激烈的运动，并与空气的分子碰撞而产生大量离子。那些和导体上电荷异号的离子，因受导体电荷吸引而移向尖端，与导体上电荷相中和；而与导体上电荷同号的离子，则因受导体电荷排斥而飞向远方，形成"电风"。

实验步骤

把高压电源正极接在柱的金属部分上，接通高压电源，慢慢增大电源的幅度，则放电轮的尖端电场越来越强，使空气电离，与尖端极性相同的离子离开尖端，使轮子受到反冲，因而轮子沿着弯曲的针尖的反方向转动起来。演示后，关闭电源。

注意事项

由于电源电压较高，关闭电源后，不能完全充分放电，故应取下电源负极接头，与正极接头相碰触，人工进行放电，以确保仪器设备和操作者的安全。

实验6－15　避雷针工作原理演示实验

实验目的

演示尖端放电现象，理解避雷针的工作原理。

实验仪器

如图6－15－1所示，避雷针演示仪和直流高压电源。

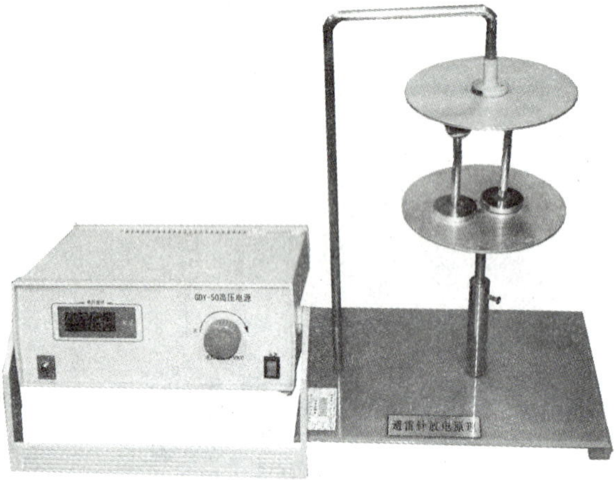

图6－15－1　避雷针演示仪

实验原理

当避雷针演示仪接通静电高压电源后，绝缘支架上的两个金属板带电了。在极板间电压超过1万伏时，由于导体尖端处电荷密度大于金属球处，所以金属尖端附近形成了强电场，在强电场的作用下，空气分子被电离，致使极板和金属尖端之间处于连续的电晕放电状态，即尖端放电现象。而金属球与极板间的电场不能达到火花放电的数值，故金属球不放电。在实际应用中，尖端导体与大地相连接，云层中的电荷通过导体与大地中和，因而避免了人身和物体遭到雷电等静电的伤害。如高层建筑物顶端都安有高于屋顶物体的金属避雷针。

实验步骤

（1）将静电高压电源正、负极分别接在避雷针演示仪的上下金属板上，把带支架的金属球放在金属板两极之间。接通电压，金属球与上极板间形成火花放电，可听到“噼啪”的声音，并看到火花。若看不到火花，可将电源电压逐渐加大。演示完毕后，关闭电源。

（2）用带绝缘柄的电工钳将带支架的顶端呈圆锥状（尖端）的金属物体也放在金属板两极之间，此时金属球和尖端的高度一致。接通静电高压电源，金属球火花放电现象停止了，但可听到“嗞嗞”的电晕放电声，看到尖端与上极板之间形成连续的一条放电火花细线。若看不到放电火花细线，可将电源电压提高。演示完毕后，关闭电源。

注意事项

由于电源电压较高，关闭电源后，不能完全充分放电，故应取下电源负极接头，与正极接头相碰触，人工进行放电，以确保仪器设备和操作者的安全。

实验 6－16　低气压下辉光放电演示实验

实验目的

演示低气压下辉光放电现象。

实验仪器

如图 6－16－1 所示为低气压下辉光放电演示仪。

图 6－16－1　低气压下辉光放电演示仪

实验原理

在一个置有板状电极的玻璃管内充入低压气体，当两极间的电压增加到一定数值时，稀薄气体中的残余正离子在电场中加速，有足够的动能撞击阴极，产生二次电子，经簇射过程产生更多的带电粒子，使气体导电。管内出现美丽的发光现象，这就是辉光放电。

辉光放电的特征是其电流强度较小，温度不高，放电管内有特殊的亮区和暗区。辉光放电可分为阴极辉层、克鲁克斯暗区、阴极辉区、法拉带暗区、阳极辉柱、阳极辉层和阳极暗区。气压继续降低，阳极辉柱辉光减弱并出现明暗相间的辉纹。

实验步骤

（1）将高压电源接在放电管的两极上，当管内为一个大气压时，接通电源，放电管不放电；

（2）开动抽气机，管内气压下降到几十毫米汞柱高时，接通电源，管内开始放电，两极间有不稳定的紫红色带状光柱。当气压继续下降到几毫米汞柱时，管中光柱红色并充满全管；

（3）当气压下降到 1 mm 汞柱左右，气体放电的辉光变为淡桃红色，并出现特有的暗区和亮区；

（4）当气压降至 10 ~ 2 mm 汞柱量极，辉光已很弱而玻璃壁上出现荧光。

实验 6－17　电介质极化演示实验

实验目的

模拟电偶极子在电场中定向排列，说明电介质极化的微观机理。

实验仪器

如图 6－17－1 所示为电介质极化演示仪和直流高压电源。

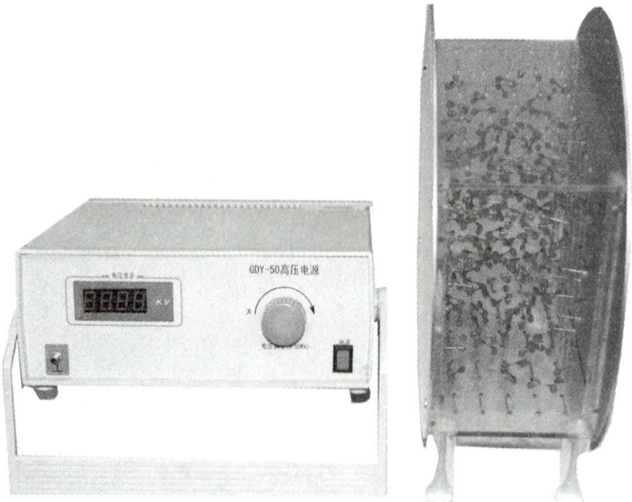

图 6－17－1　电介质极化演示仪

实验原理

电偶极子——两个大小相等符号相反的点电荷 $+q$ 和 $-q$，当它们之间的距离 r 比所考虑的场点到两者的距离小得多时，这一电荷系统就称为电偶极子。

电偶极子在电场中受力矩作用，使电偶极子转到平行于电场的方向。电介质内的有极分子在没有外加电场的情况下，由于热运动其分子电矩杂乱无章地取向。从宏观上看没有偶极矩。当外加一电场后，在电场的作用下，每个偶极矩都趋向于与外场一致，宏观上表现出极化现象。

实验步骤

将静电高压电源正、负极接在电介质极化演示仪的两极板上，此时电介质极化演示仪内模拟电偶极子的石蜡细棒排列方向是混乱状态(沿任意方向)。当接通电压，模拟偶极子极化使两端带上等量异号电荷，从而形成偶极子，并立即由混乱状况变为有向排列。关闭电压，则偶极子又处于混乱状态。

注意事项

由于电源电压较高，关闭电源后，不能完全充分放电，故应取下电源负极接头，与正极接头相碰触，人工进行放电，以确保仪器设备和操作者的安全。

实验 6－18　手触式蓄电池演示实验

实验目的

通过双手分别触摸铜板和铝板产生电流这一现象演示化学电池的工作原理。

实验仪器

如图 6－18－1 所示为手触式蓄电池演示仪。

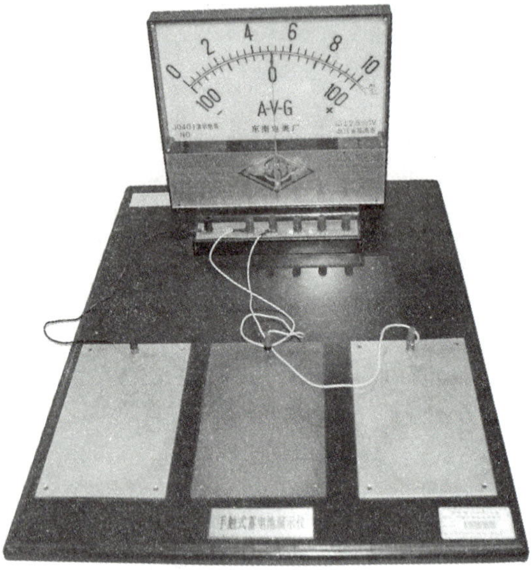

图 6－18－1　手触式蓄电池

实验原理

两块金属板分别相当于电池的两个电极。人手上有汗液，汗液是一种电介质，里面含有一定量的正负离子。当手分别放在铝板和铜板上时，铝比铜活泼，铝板上汗液中的负离子发生化学反应，而把外层电子留在铝板上，使铝板聚集了大量负电荷。如果用导线把铝板和铜板连接起来，铝板上的电子将向铜板流动，于是串联在导线中的电流计上便有电流通过。同样，把铝片和锌片插入硫酸溶液中，也会在电路中产生电流，这就是我们常见化学电池的工作原理。

实验步骤

(1)当把双手分别放在铝、铜两块金属板上，你会发现指针转动了，这说明了电路里产生了电流。两手越湿润，电流表指针偏转越大。

(2)当把双手分别放在两块铝金属板上，你会发现指针没有转动了，这说明了电路里没有电流。

实验 6－19　投影式洛仑兹力演示实验

实验目的

演示运动电荷在磁场中受到的洛仑兹力。

实验仪器

如图 6－19－1 所示为投影式洛仑兹力演示仪。

图 6－19－1　投影式洛仑兹力演示仪

实验原理

运动带电粒子在磁场中受的力 F 叫做洛仑兹力，$\vec{F}=q\vec{v}\times\vec{B}$。洛仑兹力的方向总与带电粒子速度的方向垂直，故洛仑兹力永远不对粒子做功。

实验步骤

(1)将 6 V 直流电源的正负极分别接在两环形电极上，硫酸铜溶液中正的铜离子和负的硫酸根离子分别向负正极移动。

(2)合上电磁铁的电源开关，若内环是正极，在磁场的作用下，可以观察到两电极之间的溶液沿顺时针方向流动，在液面上放一纸制浸蜡小船，液体的流动推动小船环向运动，演示效果明显。

(3)如果内环接负极，电磁铁的极性不变，则小船运动反向。这是由于当溶液的正离子在电场作用下沿径向移动时，由于磁场的作用，受到一个与径向垂直且平行于液面的洛仑兹力的作用。对于反向移动的负离子来说，洛仑兹力方向相同，因而正负离子均获得与洛仑兹力方向一致的动量。这些正负离子与溶液分子相撞，推动溶液环向流动。

思考题

洛仑兹力有哪些应用?

实验 6－20　巴比轮演示实验

实验目的

演示电流在磁场中的安培力矩引起的金属盘转动。

实验仪器

如图 6－20－1 所示为巴比轮演示仪。

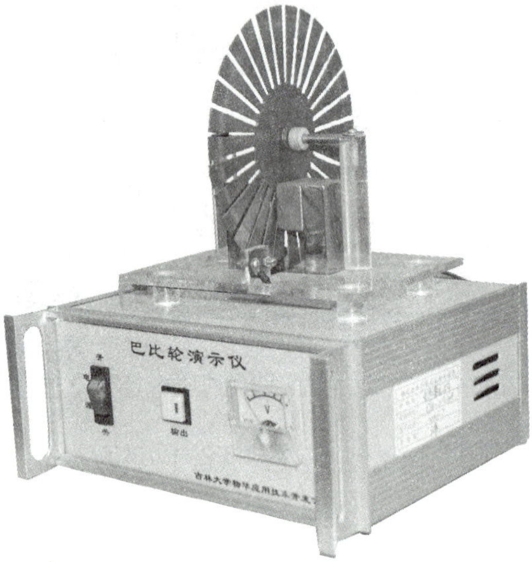

图 6－20－1　巴比轮演示仪

实验原理

载流导体在磁场中受力(或力矩)而运动，验证了左手定则：平伸左手，让磁力线穿过手心和四指指向电流方向，则拇指指向电流受力方向。

实验步骤

(1)将金属转盘架套放在 U 形磁铁上，转盘不要与磁铁相摩擦。

(2)用连线将金属巴比轮与直流电源对应相连，一条到金属转盘轴，一条到金属转轮外侧的铜片。

(3)接通电源(220 V，50 Hz)，打开电源开关，按下输出按钮，可见转轮转动起来。

(4)改变磁场方向，转轮将反向转动。

思考题

如何提高转轮的转速？

实验 6－21　电磁感应现象演示实验

实验目的

演示几种最基本的电磁感应现象，理解和掌握电磁感应定律。

实验仪器

如图 6－21－1 所示，1 号线圈，均匀绕在内径 55 mm，长 95 mm 的骨架上。2 号线圈，绕在长 85 mm，内径 20 mm 的骨架上。条形磁铁，为铝铁炭材料，长 170 mm，宽 20 mm，厚 10 mm，磁场强度 800～1000 GS。软铁棒是 Φ13 mm×130 mm 低碳钢材料。24 V 直流电源自配，最大电流为 1.5 A。示教电表 1 个，连接线若干。

图 6－21－1　电磁感应现象演示仪

实验原理

由于通过线圈回路的磁通量随时间变化而在回路中出现电动势的现象称为电磁感应现象。若回路闭合，则会有电流，线圈回路中出现的电流称为感应电流。法拉第电磁感应定律为 $\varepsilon_i = -N\dfrac{\mathrm{d}\varphi_m}{\mathrm{d}t}$，式中，N 为线圈匝数，$\varphi_m$ 为通过单匝线圈的磁通量，负号是楞次定律的反映。由此负号在结合回路正方向的规定，可以确定回路中感应电流的方向。由 $\varphi_m = BS\cos\theta$ 可知，其中任一量变化，都可能会引起变化。

实验步骤

(1)将条形磁铁迅速插入线圈内部，在插入的瞬间可以观察到电流表的指针向一方偏转，随后停止于中间零位。将磁铁迅速拔出，在拔出的瞬间，电流计的指针偏向一方。

(2)如果将条形磁铁的另一极插入或拔出线圈，则电流计指针的偏转与上述实验相反。

(3)用通电线圈代替条形磁铁作如上实验，也可以观察到同样的现象。

(4)将通电线圈放入线圈 2 中，在合上开关的一瞬间，电流计的指针向一方偏转。在断开开关的一瞬间指针向另一方向偏转。

注意事项

(1)线圈为有机玻璃骨架，切勿摔坏。

(2)直流电压不能过高，否则将烧坏 2 号线圈，电压最高不得超过__30 V__，连续通电不能超过__30 min__。

实验 6－22　跳环式楞次定律演示实验

实验目的

利用通电线圈及线圈内的铁芯所产生的变化磁场与铝环的相互作用，演示楞次定律。

实验仪器

如图 6－22－1 所示为楞次定律演示仪和铝环 3 个。

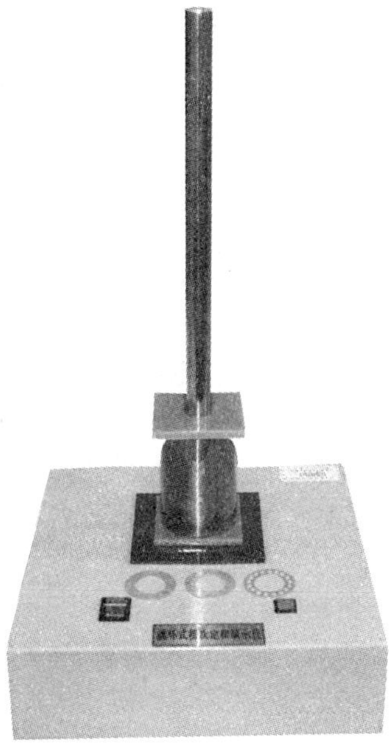

图 6－22－1　楞次定律演示仪

实验原理

当线圈通有电流时，在铁芯中产生交变磁场，穿过闭合的铝环中的磁通量发生变化。根据楞次定律，套在铁芯中的铝环将产生感生电流，感生电流的方向与线圈中的电流方向相反。因此与原线圈相斥，相斥的电磁力使得铝环上跳。

实验步骤

1. 闭合铝环的演示

打开演示仪电源开关，将闭合铝环套入铁棒内按动操作开关。当操作开关接通时，则闭合铝环高高跳起，保持操作开关接通状态不变，闭合铝环则保持一定高度，悬在铁棒中央。断开操作开关时，闭合铝环落下。

2. 带孔铝环的演示

把闭合铝环取下，将带孔的铝环套入铁棒内按动操作开关。当操作开关接通时，则带孔的铝环也向上跳起，但跳起的高度没有闭合铝环高。保持操作开关接通状态不变，带孔的铝环也保持一定高度，悬在铁棒中央某一位置，但还是没有闭合铝环悬得高。断开操作开关时，带孔的铝环落下。这是由于带孔的铝环产生的感生电流没有闭合铝环大，所以带孔的铝环没有闭合铝环跳得高。

3. 开口铝环的演示

把带孔的铝环取下，将开口铝环套入铁棒内，按动操作开关。当操作开关接通时，开口铝环静止不动。这是由于开口铝环没有形成闭合回路，无感生电流，没有受到电磁力的作用，故静止不动。

思考题

为什么带孔的铝环产生的感生电流没有闭合铝环大?

实验 6－23　涡流热效应演示实验

实验目的

观察在交变电流的作用下，感应环内形成涡流并发热，使感应环内蜡的熔化现象。

实验仪器

如图 6－23－1 所示为涡流热效应演示仪。

图 6－23－1　涡流热效应演示仪

实验原理

处在交变磁场中的金属块，由于受变化磁场产生的感生电动势作用，将在金属块内引起涡旋状的感应电流，称为涡旋电流（简称涡流）。由于金属块的电阻很小，涡流可以达到非常大的程度。强大的涡流会产生大量的焦耳热，这就是感应加热的原理。感应加热广泛用于有色金属和特种合金的冶炼、焊接及真空技术方面。然而在很多情况下，涡流发热却是有害的。例如变压器和电机的铁芯，由于处于交变磁场中，铁芯会因涡流而发热，不仅浪费了电能，而且发热会使铁芯温度升高，引起导线绝缘性能下降，甚至造成事故。为此，常用增大铁芯的电阻来减小涡电流，如把铁芯做成层状，用薄层的绝缘材料（如绝缘漆）把各层铁芯隔开。

实验步骤

在环状铝槽中加少量蜡，接上电源（红色开关），用手握住环状铝槽的塑料手柄，按下蓝色开关按钮，片刻即可见槽中的蜡熔化。

实验 6－24　互感现象演示实验

实验目的

观察一通有交变电流的线圈对另一线圈的互感效应及铁芯在电磁感应中所起的作用

实验仪器

如图 6－24－1 所示为互感概念演示仪。

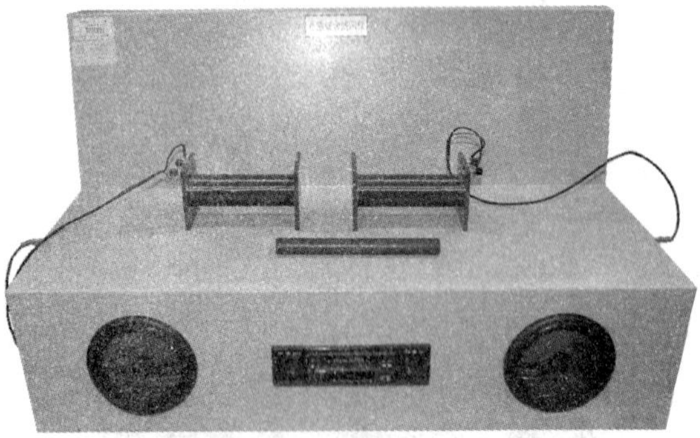

图 6－24－1　互感概念演示仪

实验原理

两个线圈，若在其中一个线圈中通以某一交变信号，由于互感，则会在另一线圈中感应出来，线圈结构一定时，感应信号的强弱与线圈的相对取向、距离及铁芯等磁介质有关。当两个线圈平行取向时，感应出来的信号最强，偏离平行取向时，感应信号由强变弱，当两个线圈相互垂直时，感应信号基本消失。两线圈较近时，漏磁少，感应出来的信号强，反之，漏磁多，感应出来的信号弱。铁芯属强磁质，可使磁场大大加强，故感应出来的信号强，反之，感应出来的信号弱。

实验步骤

(1)接通电源，打开电源开关和收音机开关，适当调节音量，将换向开关打到一侧，这时可听到左喇叭有声音，这是收音机自身发出的声音，将换向开关打到另一侧，这时声音停止。

(2)将两线圈分别接在机箱两侧的输入插座上，并把两线圈放在同一直线上，这时可听到右喇叭有声音，而且两线圈移近时声音增大，移远时声音减小，加入铁芯声音可增大几倍，将两线圈垂直放置，声音减小至消失。说明这是通过互感线圈感应过来的声音；

(3)可以随意改变线圈的相对位置和方向，观察两线圈的互感情况。

思考题

为什么加入铁芯声音可增大几倍？

实验 6－25　帕尔贴效应演示实验

实验目的

观察锑铋金属棒两端的温度与其通电电流的关系，了解帕尔帖效应的工作原理。

实验仪器

如图 6－25－1 所示为帕尔贴效应演示仪。

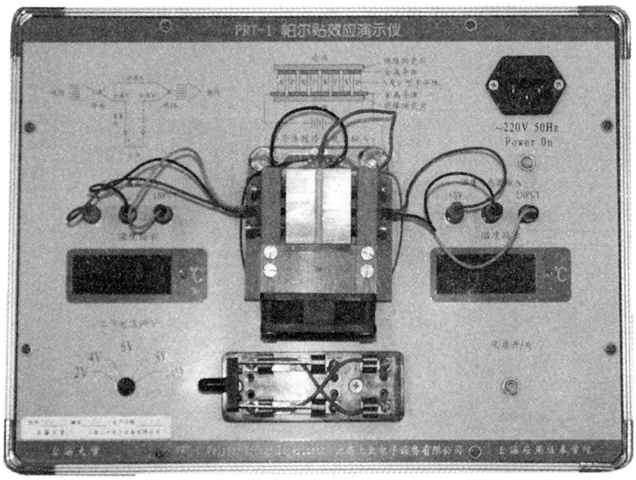

图 6－25－1　帕尔贴效应演示仪

实验原理

电流流过两种不同导体的界面时，将从外界吸收热量，或向外界放出热量，这就是帕尔贴效应。由帕尔贴效应产生的热流量称作帕尔贴热，用符号 QP 表示。对帕尔贴效应的物理解释是：电荷载体在导体中运动形成电流。由于电荷载体在不同的材料中处于不同的能级，当它从高能级向低能级运动时，便释放出多余的能量；相反，从低能级向高能级运动时，从外界吸收能量。能量在两种材料的交界处以热量的形式吸收或放出。

实验步骤

(1) 接通电源，打开电源开关，电流将沿某一方向流动，由于帕尔贴效应，不能立刻显示温度的变化，则两块温度显示装置的读数开始应该相同，都应为室温；

(2) 将换向开关按下，电流在锑铋金属棒中反向，测温探头将温度测试出来，观察比较左右两侧的温度显示装置读数；

(3) 再将换向开关弹出，电流再反向，再次观察比较左右两侧的温度显示装置读数。

实验6－26　电磁波的发射、接收与趋肤效应演示实验

实验目的

(1)演示电磁波的基本特性及其发射、接收原理，使学生加深对交变电磁场的认识，以及对电磁波的发射与接收过程的理解。

(2)利用电磁波的电场，用较粗的铜棒做导线演示趋肤效应，使学生更形象地理解此物理现象。

实验仪器

实验装置如图6－26－1所示，包括发射机、半波振子接收天线、环形接收天线、氖泡棒、趋肤效应演示天仪。

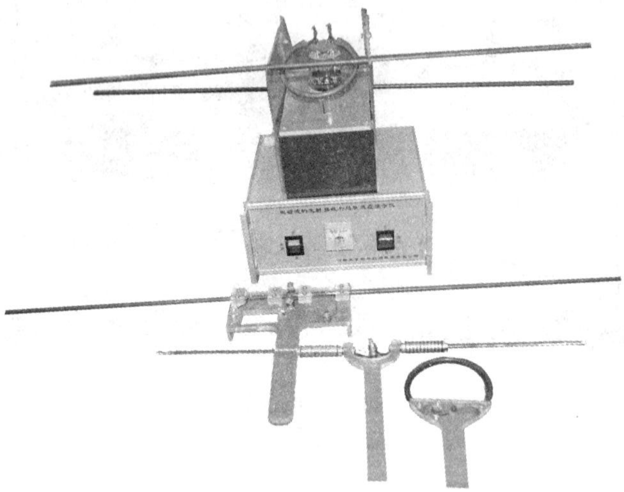

图6－26－1　电磁波发射、接收演示仪

实验原理

1. 电磁波的产生和传播

(1)按照麦克斯韦电磁场理论，变化的电场在其周围空间要产生变化磁场，而变化的磁场又要产生新的变化电场。这样，变化电场和变化磁场之间相互依赖，相互激发，交替产生，并以一定速度由近及远地在空间传播出去。

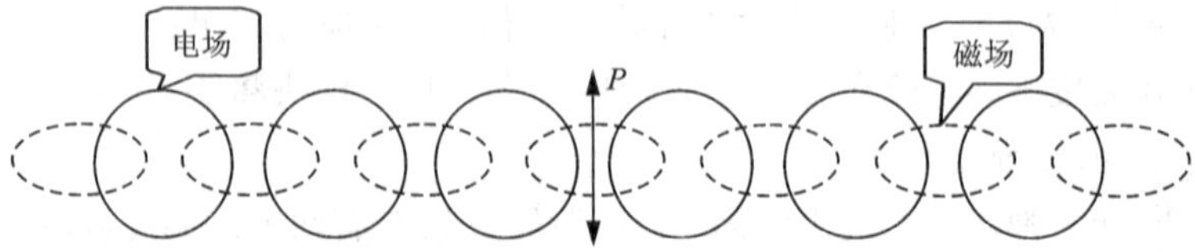

图6－26－2　电磁波的产生与传播

(2)振荡电路辐射电磁波的三个条件：

①电路必须开放，使电场能量和磁场能量尽可能向空间开放。

②由平均辐射功率知，振荡频率必须足够高，才能保证能量的有效发射。

③必须不断提供能量，补偿电感的耗能和辐射能，保证等振幅振荡的实现。

(3)改造 L-C 振荡电路为振荡电偶极子，实现上述三个条件，便能有效地向空间辐射电磁波。例如：振荡电偶极子辐射。

2. 电磁波的性质(在均匀无限大介质中)

(1)电磁波是横波：$E\perp k$，$H\perp k$

k 表示电磁波传播方向的单位矢量。

(2)E 与 H 相互垂直，且与 k 组成右手螺旋系，即：电磁波沿着 $E\times H$ 的方向传播。

(3)E 和 H 同相位，且 $\varepsilon E_2=\mu H_2$。

(4)电磁波的传播速度：$u=1/(\varepsilon\mu)1/2$。

在真空中电磁波的速度为：

$$c=1/(\varepsilon_0\mu_0)1/2=3.0\times108\ \mathrm{m/s}$$

与真空中的光速相等。

3. 偶极振子发射的电磁波的能量

(1)$\underline{S}\propto f^4$；

(2)$\underline{S}\propto\dfrac{1}{r^2}$；

(3)$\underline{S}\propto p^2\sin^2\theta$；

偶极振子辐射电磁能量并不是各向同性的，沿赤道面最大；r 越趋向极轴，能量越小；到了极轴方向，没有能量沿该方向发出。

4. 趋肤效应

如图 6-26-3 所示，当流过导线的电流是交变电流时，导线内外出现交变磁场，因此在导线内产生涡电流。设某时刻通过导线的电流正在增大，导线内产生的涡电流方向如图 6-26-3 所示，靠近导线中心的涡电流的方向与原电流的方向相反，而在导线表面附近涡电流的方向与原电流的方向相同，结果是导线表面附近的电流密度较大，形成电流趋向于沿导线表面流动。这种现象称为趋肤效应。

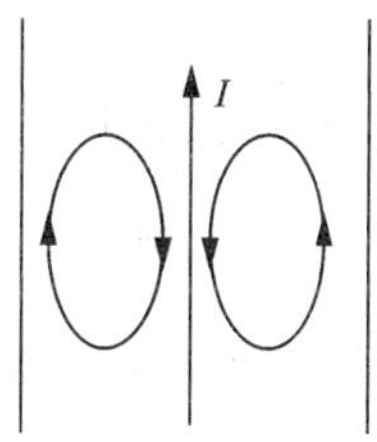

图 6-26-3　趋肤效应

实验表明，交变电流的频率越高，趋肤效应越显著。在频率很高时，如 10 MHz，电流绝大部分集中在导线表面附近，在这种情况下，根据此原理，可使用空心导体代替实心导体，即节省材料，有可减轻重量。

实验步骤

(1)检查发射机上的电子管是否固定好，接收天线上小电珠是否完好，拉杆天线接头处的螺钉是否拧紧。

(2)关闭高压开关(图 a 中 B)，接通电源(图 a 中 C)，预热 5 min，待发射管烧热后即可进行演示。

(3)演示电磁波接收及电磁共振。将半波振子接收天线移到正对发射天线 50 cm 左右，使接收天线与发射天线平行，接通高压开关，接收天线上的小电珠发亮。将接收天线拉长或缩短(改变接收天线的固有频率)，接收天线上的小电珠就变暗或熄灭，只有当接收天线为某一长度时，小电珠最亮，因为此时接收天线的固有频率与接收的电磁波频率相同，产生共振。

(4)演示电磁波的电场方向。保持半波振子接收天线与发射天线距离为 50 cm 左右，接收天线长度为共振时长度。将半波振子接收天线绕接收天线轴心转动 360°，可以观察到只有当接收天线与发射天线平行时，小电珠最亮，由此可以确定电磁波的电场方向。演示完毕，关闭高压开关。

(5)演示电磁波的磁场方向。打开高压开关，手持环形接收天线到离发射天线 20 cm 左右，使其水平，用绝缘起子调整环形接收天线的微调电容器，使环形天线上的小电珠达到最亮。把环形天线沿发射天线一端移向另一端，发现中央最亮两端不亮，这是由于发射天线的长度是发射电磁波的半波长，两端为电流波节，中央为电流波腹磁场最强。转动环形天线的平面，当水平放置时，小电珠达到最亮，由此定出电磁波的磁场方向，与上面演示相比较就可以使同学形象地看到电磁场波的电场与磁场是互相垂直的。同时还可以加深对磁通概念的认识。演示完毕，关闭高压开关。

(6)演示发射天线的电压振幅。打开高压开关，将氖泡棒的氖泡靠在发射天线上，由一端移至另一端，由于半波长发射天线中的电流与电压相位差约为 $\pi/2$，两端电压最大为波腹，中部电压为零是波节，氖泡在高频电压过低时就不激发氖气发光，因此氖泡在天线两端最亮，当靠近中部时就熄灭了。在发射振荡回路，可以看到类似的现象。演示完毕，关闭高压开关。

(7)演示趋肤效应。打开趋肤效应演示仪，接通直流电路，可见两个小电珠同时亮且亮度相同，此时无趋肤效应。关闭趋肤效应演示仪，打开高压开关，并把该演示仪平行放在距离发射天线约 50 cm 处，可发现两端与铜棒外层连接的小电珠发亮，而两端与芯处连接的小电珠不亮。

(8)关闭高压开关，关闭电源开关，取下 220 V 电源插头。

注意事项

(1)使用此仪器时，要先打开电源开关，后打开高压开关，关闭时，先关闭高压开关，后关闭电源开关。

(2)打开高压前，要将配套的接收天线、氖泡棒等远离发射机，以防打开高压后烧毁小电珠。

实验 6－27　光学分形实验

实验目的

从演示仪里可以看到一个由无数个相似图形组成的球外表面。

实验仪器

光学分形演示仪如图 6－27－1 所示。

图 6－27－1　光学分形演示仪

实验原理

分形是一种具有自相似特性的现象、图像或者物理过程。在分形中，每一组成部分都在特征和整体上相似。除自相似性以外，分形具有的另一个普遍特征是具有无限的细致性。即无论放大多少倍，图像的复杂性依然丝毫不会减小。但是每次放大的图形却并不和原来的图形完全相似，即：分形并不要求具有完全的自相似特性。

演示仪由 4 个互成一定角度的梯形反射镜，对同一个图案进行多次反射成像，构成一个复杂的半球形，体现分形的基本概念。

实验步骤

(1)顺着外部光源通过仪器的玻璃面向内观察，可以看到由许多相似图形组成的半球面。

(2)打开仪器本身的电源，可以看到组成半球的每一部分的图形在发生同步变化。

思考题

在你的周围有哪些现象和物体属于分形，它们有什么共同特征？

实验6－28　人造火焰实验

实验目的

演示光的透射与反射使人造火焰栩栩如生。

实验仪器

人造火焰系统演示仪如图6－28－1所示。

图6－28－1　人造火焰系统演示仪

实验原理

炭火的形成：仪器下部是由半透明的材料制成的炭火造型，由于不同厚度的炭火模型各位置透光不同，在其下部的灯光照明下，较薄的地方显得火红，较厚的地方显得暗淡。火苗的形成：为了使火苗从炭火堆中窜出，在炭火模型的后面放置一面反射镜，上面刻有火苗状的透光缝，炭火模型与其镜中的像形成对称结构，中间形成一条透光缝，在缝的下部有一根横轴，轴的四周镶满不同反射方向的小反光片。光源的光照到反光片上，随着轴的转动，光被随机地反射出来，让观察者感到好像有火苗存在。加热原理：在装置的上部有两组电热丝加热器，其后面安装一个吹风机，两组电热丝分别控制。当电热丝通电后，吹风机同时开启，吹出热风。

实验步骤

(1)将装置上部的挡板向下翻打开，将电源打开；
(2)观察到视窗内似有熊熊火焰在燃烧；
(3)打开加热器开关，还会有热风吹出，就像一个逼真的火炉。

思考题

如果用双面镜反射，会出现什么样的效果？

实验 6－29　光学幻影实验

实验目的

沿水平方向向光学幻影演示仪的窗口内部观察，可以看到一个旋转的美丽的花朵，质感十分细腻，但用手去抓看到的花朵却空无一物，方知此花乃一幻影，此处并无实物。

实验仪器

光学幻影演示仪如图 6－29－1 所示。

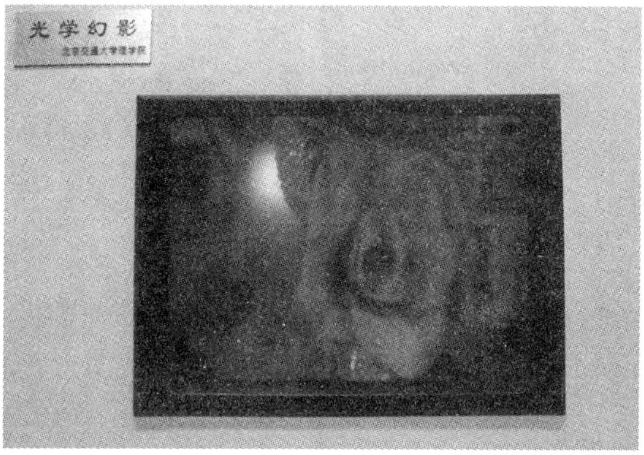

图 6－29－1　光学幻影演示仪

实验原理

在仪器的后部有一面凹面镜，在凹面镜的前方焦点和球心之间倒悬着与电机轴连接的鲜艳的红色花朵，观察者看到的图像就是这个物体在球心外所成的放大的实像。

实验步骤

(1)打开电源即可观察到一朵旋转着的美丽的红花；

(2)伸手触摸红花，发现并没有实物；

(3)从不同的角度观察，红花的形状稍有不同；

(4)若用双眼观察红花时会感觉到图像不够清晰，且目眩头晕，此时可闭上一只眼，则可看到较为清晰的图像，头晕症有所减轻。

思考题

为什么观察时只用一只眼看得更清晰，而且可以减轻头晕？

实验6－30　窥视无穷实验

实验目的

观察光的透射和反射，多次反射的光强减弱形成纵深感。

实验仪器

窥视无穷演示仪如图6－30－1所示。

图6－30－1　窥视无穷演示仪

实验原理

观察窗口的一侧镶有半透半反玻璃，另一侧镶有反射镜，这样，两者都会对一个光点进行多次反射，在观察者看来，就会有许多个光点由近及远地排开。光点的颜色和运动受到电路的控制，增加了趣味性。

实验步骤

将左侧面的电源开关打开，将观察到转动的无穷深远的光点，且其颜色也在不断地变化。

思考题

为什么装置外面的人和物体不形成多次反射？多次反射在家居生活中有什么应用？

实验 6 -31　海市蜃楼实验

实验目的

观察光线通过不同密度的液体折射所造成其传播方向的改变。

实验仪器

海市蜃楼演示仪如图 6 -31 -1 所示。

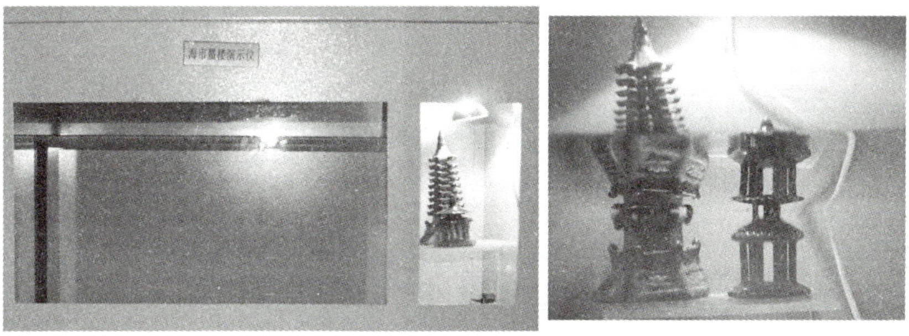

图 6 -31 -1　海市蜃楼演示仪

实验原理

海市蜃景依成像方位不同常分为上现蜃景和下现蜃景。其原理都是光线透过不均匀介质时，由于折射率不同造成光线弯曲，使观察者看到的景物上浮或下沉。上现蜃景常出现在海面上，下现蜃景大都出现在夏季的沙漠上。

实验步骤

在储水池内注入 2/3 饱和盐水，然后在盐水面上铺一层塑料薄膜，轻轻地在薄膜上注入清水，待水面平稳后，抽去薄膜，可看到一明显的清水与盐水分界面；观察者从左侧观察口上、下、左、右移动头部，选择合适的观察位置，透过储水池观察景物模型，发现透过盐水池观察到的景物模型明显上浮；用激光束照射盐水池的一端（尽量置于清水和盐水的过渡层处），从侧面观察该光线，发现光线明显地向下弯曲。

思考题

绘出密度分层不连续时的折射光路，并讨论密度上密下稀和下密上稀时的情况？

实验 6-32 旋转式小孔衍射实验

实验目的

观察不同形状的衍射屏对光的衍射现象。

实验仪器

图 6-32-1 所示为旋转式小孔衍射仪，包括激光器、单缝、三角形孔、正方形孔、六边形孔、八边形孔、圆孔、双缝、一维光栅、二维光栅、圆屏。

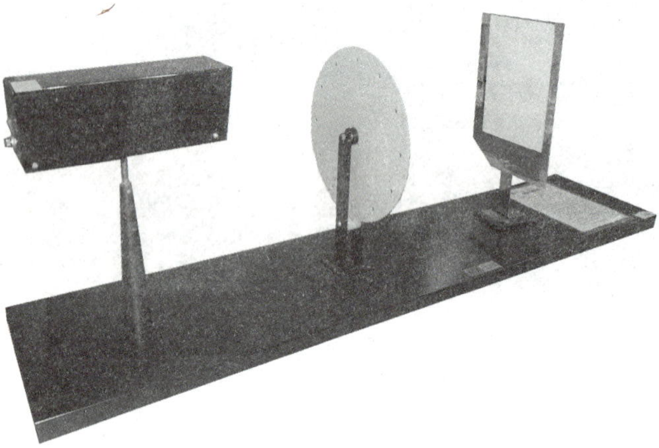

图 6-32-1 旋转式小孔衍射仪

实验原理

当光通过几何限度与光的波长差不多的透光器件时，便会发生明显的光衍射现象。根据惠更斯-菲涅耳原理，波的传播是同相位波面的传播，波面上无穷多子波向前传播并发生干涉。衍射图样的形状和条纹间距直接与透光器件的形状和通光情况有关。当透光器件为孔状，如圆孔或圆盘、三角形孔、正方形孔、六边形孔、八边形孔或双距孔等，其衍射图样类似圆孔衍射，即同心结构；当透光器件为条状，如单缝或单丝、双缝、一维光栅和二维光栅等，其衍射图样为沿垂直于条状方向散开的条纹或斑点。

根据衍射图样的对称性与衍射障碍物的形状或结构的关系可以看出，由衍射图样可以分析判断障碍物的形状，这就是利用光的衍射现象进行结构分析的原理。

实验步骤

打开激光，让激光入射到衍射小孔或缝或光栅上，在观察屏上即可看到不同的透光器件的衍射图样。

思考题

光的衍射现象有何应用？为什么探测晶体结构时要用 X 射线？

实验 6－33　光栅视镜实验

实验目的

了解不同气体发光的光栅光谱特征也不同。

实验仪器

三套专用电源、三种气体发光管、狭缝板、支架、三副光栅眼镜(如图 6－33－1 所示)。

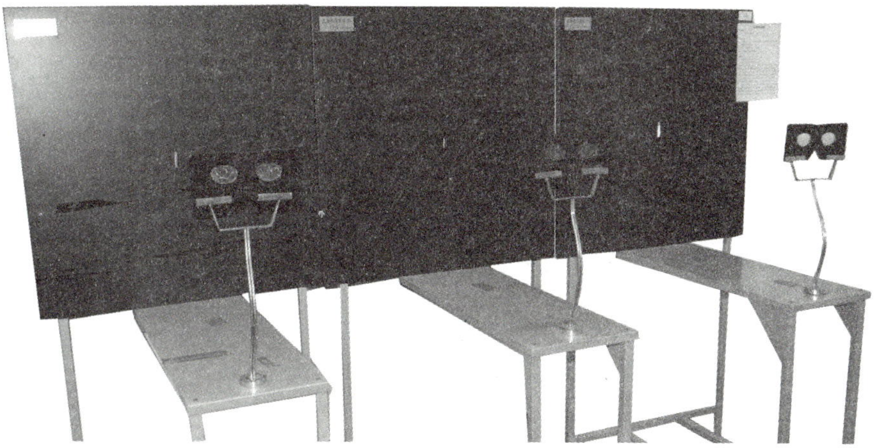

图 6－33－1　光栅视镜实验装置

实验原理

根据光栅方程，即干涉条纹极大的条件

$$(a+b)\sin\theta = k\lambda$$

对应于同一级干涉条纹(如 k 级)，波长 λ 越长，其对应的衍射角就越大。如果是复色光入射光栅，则由于各成分光的 λ 不同，除中央零级条纹外，同级的不同波长(颜色)的明条纹将按波长顺序排列成彩色光谱(红光在外)，这就是光栅的分光作用。如果入射的复色光中包含“所有”波长成分，则光栅光谱由彩色的连续光谱组成连续光谱；如果入射的复色光中只包含若干个波长成分，则光栅光谱由若干条不同颜色的细亮谱线组成分立光谱或线状光谱。

各种化学元素发光都有自己的特征光谱，各不相同。通常将元素对应的光谱称为这种元素的“基因”。通过对未知光谱的分析：以谱线位置分布确定元素，再以对应谱线强度确定发光原子的多少。这样，便可以确定该未知光的发光物质的化学成分和对应的含量。这种用光的特征确定物质成分的方法叫做光谱分析法。

实验步骤

(1)分别打开氦灯、汞灯、白炽灯的电源开关，把光栅眼镜对准透光缝，透过光栅镜观察三种光源的多级光谱；

(2)仔细观察氦灯和汞灯分立谱线的特点；
(3)仔细观察白炽灯的连续谱线的特点。

思考题

通常使用的钠黄光或红色激光，其光栅光谱如何？

实验 6 – 34　散射光干涉演示实验

实验目的

演示光的分振幅等倾干涉。

实验仪器

包括表面贴聚酯铝膜、直径 0.6mm 的散射凹球面 1 个，高度 1.4 ~ 1.8 m 可调金属支架 1 个，可调射灯支架和点光源 1 只（如图 6 – 34 – 1 所示）。

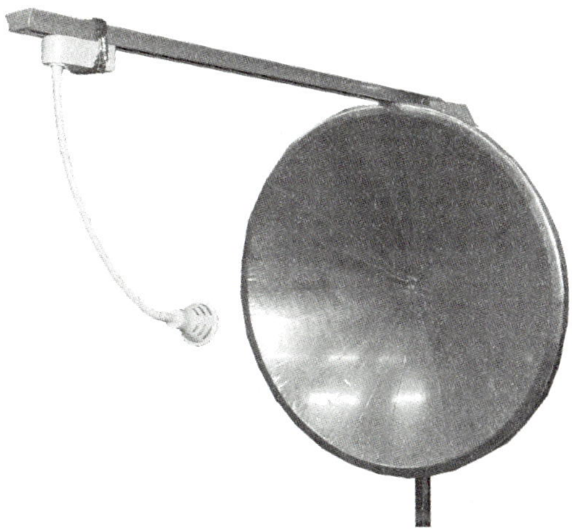

图 6 – 34 – 1　散射光干涉演示仪

实验原理

点光源发出的光为球面波。当点光源在球形凹面镜的球心时，所有光线从球面反射后在源点处汇聚，此时观察不到干涉条纹；当点光源偏离球面的球心时，各个方向的光经凹球面反射后便会相交，在交叠区域可形成干涉条纹。

相干光束产生于光从凹球面的反射。少部分光折射、大部分光反射，光的强度或振幅被分为折射分量和反射分量，因此称为分振幅法。与球面法线有相同入射角的入射光和反射光构成圆锥面，其交线（光的叠加点）为同心圆，所以干涉条纹为同心圆环。这种具有相同倾角的光经反射后产生或者极大或者极小的干涉条纹称为等倾干涉。干涉极大或极小决定于两光束的光程差：在不考虑反射半波损失的情形下，当光程差等于半波长的偶数倍时，叠加为极大；当光程差等于半波长的奇数倍时，叠加为极小。是否考虑光反射时的半波损失取决于两叠加光的来源：入射光与反射光叠加时考虑一个反射半波损失，上述干涉极大和极小条件倒置；反射光与反射光叠加时，两个半波损失相互抵消，上述干涉极大和极小条件不变。

实验步骤

接通光源的电源，调整光源位置，观察干涉条纹。光源应在竖直凹球面的水平对称轴上前后调整，观察干涉条纹的距离远些效果较好，视点高度以视线水平为佳，干涉条纹为同心的彩色圆环。

思考题

光源所在位置和彩色光谱的疏密变化有何关系？

实验 6 - 35　偏振光状态演示实验

实验目的

观察各种偏振光的光强变化及其计算机测量。

实验仪器

偏振状态分析仪如图 6 - 35 - 1 所示。

图 6 - 35 - 1　偏振状态分析仪

实验原理

偏振光的产生与鉴别离不开偏振器，偏振器从工作原理上分为三大类：

(1) 利用反射和折射产生线偏振光的原理制成的各种偏振分光镜，如玻璃片堆等；

(2) 由晶体双折射原理制成的各种偏振棱镜，如格兰棱镜和尼克尔棱镜等；

(3) 由二相性长链分子透光材料制成的偏振片，如硫酸金鸡钠碱或硫酸碘奎宁等。偏振器只允许某一方向的光振动通过，而垂直于这一方向的光振动被全部吸收。偏振器的这一特定方向称为它的偏振化方向。

当偏振器用来将自然光转换成线偏振光时通常被称为起偏器，而偏振器被用来观察或检测偏振光时又被称为检偏器。

当自然光通过检偏器，无论怎样转动检偏器，透过检偏器的光强保持不变，均为入射光强的一半。当部分偏振光入射到检偏器，检偏器转动 360°，透过检偏器的光有明暗的变化，即当检偏器的偏振化方向与部分偏振光中波列最多的方向平等时，透射光最强；与波列最少的方向平行时，透射光最弱，但不为零。当线偏振光通过检偏器时，其光强变化则出现最大和零的结果，这种结果可以用马吕斯定律说明。

实验步骤

打开激光，调节各光学元器同轴等高，让激光垂直入射各光学元件中心，打开电脑及应用程序，控制好起偏器或检偏器电机转动，观察输出的光强和计算机采集的光强曲线，从而检测偏振光的偏振状态。

思考题

偏振光有何种应用？如何产生圆偏振光？

实验 6－36　旋光色散演示实验

实验目的

演示糖溶液对不同频率偏振光的旋光和色散作用。

实验仪器

旋光色散演示仪如图 6－36－1 所示。

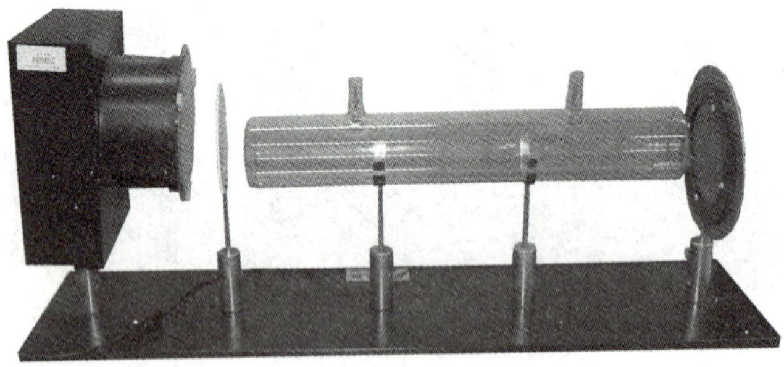

图 6－36－1　旋光色散演示仪

实验原理

当偏振光通过某物质(如石英、氯酸钠等晶体或食糖水溶液、松节油等)，光矢量的振动面将以传播方向为轴发生转动，这一现象称为旋光现象。当偏振白光通过旋光性物质后，各种色光的振动面分散在不同的平面内，这种现象叫做旋光色散。

实验步骤

(1)配置溶液：大约用 300 g 蔗糖，玻璃容器内的溶液大约占整个容器的 2/3 至 1/2 之间为妥，将溶液摇匀；

(2)打开仪器灯箱光源，连续缓慢转动前端检偏器，可观察到玻璃容器下半部有糖溶液的地方透过来的光的颜色呈赤橙黄绿青蓝紫，依次变化；容器的上部没有糖溶液的地方仅有明暗的变化；

(3)在光源和装有糖溶液的玻璃容器之间加上滤色片，旋转检偏器，记录下从玻璃容器上方观察视场最暗时的检偏器的角度；再旋转检偏器，记录下从玻璃容器下方观察视场最暗时检偏器的角度；上述两个测量角位置之差便为糖溶液的旋光角度；

(4)换用另一种颜色的滤色片，重复(3)的操作；

(5)保留好实验数据，可以用来分析旋光效应与波长的关系；

(6)如果改变糖溶液的浓度，重复操作(3)(4)，还可以分析溶液浓度对旋光效应的影响。

思考题

如何制作旋光糖水浓度计?

实验 6－37　偏振光干涉、应力演示仪

实验目的

演示偏振光干涉显示应力分布图。

实验仪器

偏振光演示仪，内有日光灯、起偏片、、U 形尺和检偏片、观察对象（三角板、云线轨和薄膜贴图）。如图 6－37－1 所示。

图 6－37－1　偏振光演示仪

实验原理

贴花薄膜（中心厚四周薄）内部应力分布均匀，而光弹材料做成的三角板和云线轨厚度相等，但内部存在着残余应力，白光经第一个偏振片后变成线偏振光，线偏振光通过这些模型后产生应力双折射，分成一定相差且振动方向互相垂直的两束光，通过外层的偏振片后成为相干光，产生偏振光干涉。

对于贴花薄膜，双折射产生的光程差由厚度决定，对厚度均匀的三角板和云线轨，双折射产生的光程差主要与应力分布有关，应力大则干涉条纹密集，应力小则稀疏，U 形尺干涉条纹的色彩与疏密则直接随外力的大小而变化。

实验步骤

（1）打开光源，从仪器上方观察三角板、云线轨和薄膜贴图，观察到它们是无色透明的材料制成；

（2）在仪器外边观察再通过检偏片，这时观察到视场中的三角板、云线轨的偏振光干涉彩色条纹；

（3）旋转面板上的旋钮调整检偏片的偏振化方向，观察干涉条纹的色彩也随之变化；

(4)把透明 U 形尺从仪器上方的窗口放入，观察到在检偏片转动时 U 形尺的颜色也在变化，但颜色均匀；用力握 U 形尺的开口处，立即看到在尺上出现彩色条纹，且疏密不等，改变握力，条纹的颜色和疏密分布也发生变化。

思考题

这种干涉现象和旋光现象有什么区别和联系？

实验 6－38　梦幻时钟实验

实验目的

演示时序发光和视觉暂留形成动态字母和数字。

实验仪器

梦幻时钟。

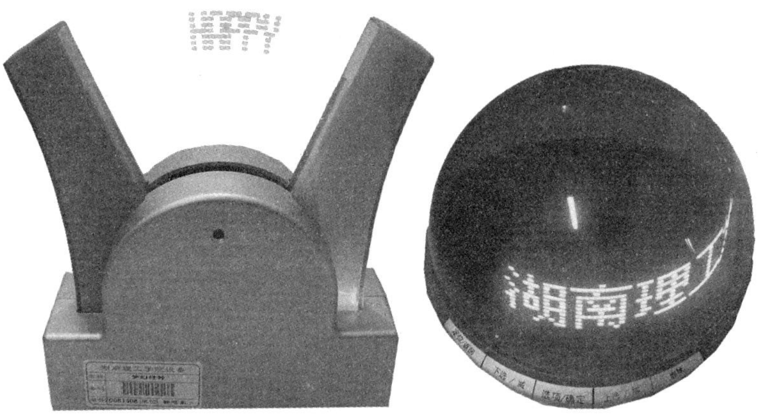

图 6－38－1　梦幻时钟

实验原理

梦幻时钟也称可编程信息钟，是利用先进的视觉暂留技术和大脑感知运动的动画技术来显示日期、时间和编程信息的。如图 6－38－2 所示，一个载有 8 个发光二极管（LED）的摆棒在电磁驱动下左右高速摆动，形成一个发光扇形点阵面。控制每个 LED 的发光时间，即可形成文字、数字等信息。梦幻球的原理类似，只不过是利用内部转子高速转达显示信息。

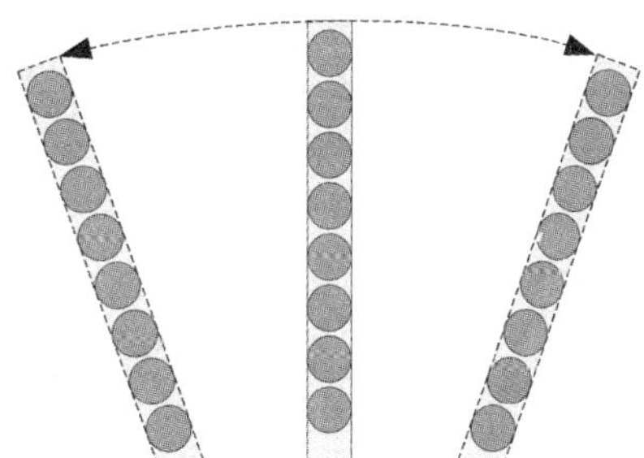

图 6－38－2　实验原理图

实验步骤

将交流稳压电源的直流输出插头接到时钟背面的插孔，交流插头插入市电即可。

思考题

能利用这种原理制作 360°电视吗？

实验 6 - 39　3D 立体影像演示实验

实验目的

演示三维影像再现。

实验仪器

电视机、红外同步发射器、DVD 播放机、3D 影碟、液晶接收眼镜。

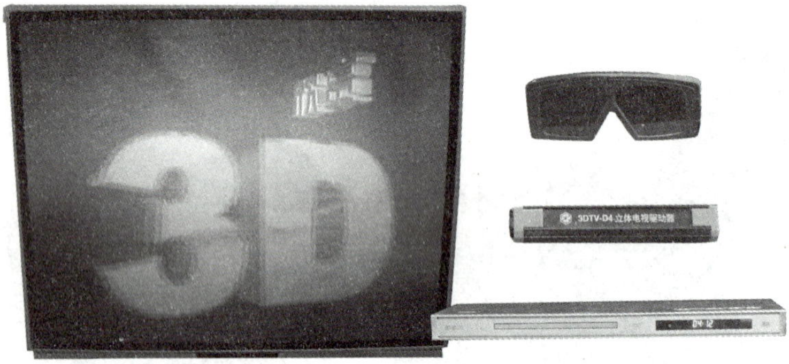

图 6 - 39 - 1　立体影像演示仪

实验原理

人类具有双眼立体视觉，当具有一定视差的图像通过左、右两路信道在电视机上播放时，戴上具有同步开关的液晶眼镜，便可看到精美的立体图像。

用两台摄像机模拟我们的双眼从不同角度拍摄动态图像，将两路图像分奇偶场合成在一个视频通道上。用一台播放机播放合成影像，实行分时播放，即在一个时间轴上交替播放左右影像。

液晶立体眼镜的每个镜片均由两个偏振化方向相互垂直的偏振片组成，两片中间夹有一定厚度的液晶物质。当自然光入射到液晶镜片上时，螺旋向列型液晶在没有电场作用时，其分子螺旋分布具有旋光作用，此时光可以透过两个偏振片；当液晶受电场作用时，液晶分子规则排列，旋光作用消失，入射光不能透过该偏振系统。眼镜中间有一个红外接收窗，接收红外同步发射器发射的同步信号，实现同步遮光。

影片播放的自然光经过液晶立体眼镜左右同步交替遮光后，左右(奇偶)场景分时进入左右眼，从而再现原立体场景。

实验步骤

打开电视、DVD 和红外发射器，播放 3D 影碟，戴上 3D 眼镜按动眼镜上的小开关，观察到液晶眼镜片在不停地闪烁，此时观看播放的影视即可。

思考题

用两台放影机播放可以实现三维视频再现吗？

参考文献

[1] 杨述武. 普通物理实验(第5版)[M]. 北京：高等教育出版社，2015
[2] 吴伟明. 大学物理实验[M]. 北京：科学出版社，2018
[3] 袁广宇，朱德权. 大学物理实验·一级(第3版)[M]. 合肥：中国科学技术大学出版社，2015
[4] 李艳萍，苏中乾. 大学物理实验教程(第3版)[M]. 北京：机械工业出版社，2018
[5] 隋成华. 大学物理实验[M]. 北京：高等教育出版社，2016
[6] 方莉俐，王秀杰. 大学物理实验[M]. 北京：高等教育出版社，2013

图书在版编目（CIP）数据

大学物理实验教程／梅孝安主编．—修订本．--长沙：中南大学出版社，2018.11

ISBN 978－7－5487－0182－8

Ⅰ.①大… Ⅱ.①梅… Ⅲ.①物理学－实验－高等学校－教材 Ⅳ.①04－33

中国版本图书馆CIP数据核字（2011）第009537号

大学物理实验教程

主编　梅孝安

□责任编辑　刘　辉
□责任印制　易红卫
□出版发行　中南大学出版社
社址：长沙市麓山南路　邮编：410083
发行科电话：0731－88876770　传真：0731－88710482
□印　　装　长沙市宏发印刷有限公司

□开　　本　787×1092　1/16　□印张 18.75　□字数 472千字　□插页
□版　　次　2018年11月第2版　□2018年11月第1次印刷
□书　　号　ISBN 978－7－5487－0182－8
□定　　价　46.00元

图书出现印装问题，请与经销商调换